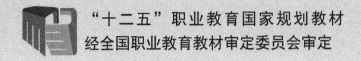

"十二五"职业教育国家规划教材
经全国职业教育教材审定委员会审定

高等职业院校教学改革创新示范教材·软件开发系列

C#程序设计项目教程

主　编　杨　平
副主编　丁　莉　柴旭光　邵慧莹
　　　　王党利　王海宾
参　编　陈步英　霍艳玲　宋海军

电子工业出版社
Publishing House of Electronics Industry
北京·BEIJING

内 容 简 介

本书是面向高等职业教育、高等专科教育的电子信息类专业软件开发教材。全书共 14 章，紧密结合当前流行开发语言 C#，系统地介绍了 C#语言开发环境，算法设计，语法基础，选择结构程序设计，循环结构程序设计，数组和 Array 类，面向对象程序设计，程序调试与异常处理，Windows 窗体应用程序设计，MDI 窗体，XML 文件，绘图，ADO.NET 数据库访问技术。本书中每章主要包括知识讲解、教学案例设计以及任务实施。本书根据不同阶段的教学内容设计了三个项目：控制台应用程序开发项目；窗体应用程序开发项目；数据库应用程序开发项目。这三个项目将书中所涉及到的知识点以项目形式进行整合，使读者在实践中更好地掌握项目开发的过程。在内容组织上将 C#语言基础知识与实际应用相结合，读者可在边学边做中快速掌握使用 C#开发软件，使读者能够对 C#语言有比较直观的认识，具有很强的实用性。

本书内容丰富、结构合理、图文并茂、可操作性强。本书适合作为高等职业技术院校电子信息类学生的专业基础课教材，也可作为普通高等院校大专层次的计算机及相关专业学生的专业基础课教材，同时本书也是广大软件开发爱好者自学的理想参考资料。

未经许可，不得以任何方式复制或抄袭本书之部分或全部内容。
版权所有，侵权必究。

图书在版编目（CIP）数据

C#程序设计项目教程 / 杨平主编. —北京：电子工业出版社，2014.8
高等职业院校教学改革创新示范教材. 软件开发系列
"十二五"职业教育国家规划教材
ISBN 978-7-121-24159-8

Ⅰ. ①C… Ⅱ. ①杨… Ⅲ. ①C 语言—程序设计—高等职业教育—教材 Ⅳ. ①TP312

中国版本图书馆 CIP 数据核字（2014）第 195929 号

策划编辑：左　雅
责任编辑：左　雅　　　文字编辑：薛华强
印　　刷：北京虎彩文化传播有限公司
装　　订：北京虎彩文化传播有限公司
出版发行：电子工业出版社
　　　　　北京市海淀区万寿路 173 信箱　邮编 100036
开　　本：787×1 092　1/16　印张：18.75　字数：480 千字
版　　次：2014 年 8 月第 1 版
印　　次：2020 年 1 月第 5 次印刷
定　　价：39.00 元

凡所购买电子工业出版社图书有缺损问题，请向购买书店调换。若书店售缺，请与本社发行部联系，联系及邮购电话：(010) 88254888，88258888。
质量投诉请发邮件至 zlts@phei.com.cn，盗版侵权举报请发邮件至 dbqq@phei.com.cn。
本书咨询联系方式：(010) 88254580，zuoya@phei.com.cn。

前言

当今社会是一个数字化、网络化、信息化的社会，Internet/Intranet（因特网/企业内部网）在世界范围迅速普及，电子商务的热潮急剧膨胀。社会信息化、数据的分布式处理、各种计算机资源的共享等应用需求推动着计算机软件开发技术的迅速发展。政府、企业的信息化处理，都急需大量掌握软件开发技术的专门人才。根据全国高等职业教育信息类系列教材研讨会的精神，在适当介绍理论知识的基础上，突出实践能力的培养，并且结合作者多年的计算机软件开发教学与研究经验，我们编写了这本适合高等职业院校、高等专科学校电子信息类专业学生使用的专业基础课教材。

本书层次清楚、概念准确、深入浅出、通俗易懂。全书坚持实用技术和工程实践相结合的原则，侧重理论联系实际，结合高等职业院校学生的特点，注重基本能力和基本技能的培养。书中所有任务的编排均来自于工程实践，有很强的针对性和实用性，使学生"学得快、用得上、记得牢"。

全书共分 14 章，主要包括：C#语言开发环境，算法设计，语法基础，选择结构程序设计，循环结构程序设计，数组和 Array 类，面向对象程序设计，程序调试与异常处理，Windows 窗体应用程序设计，MDI 窗体设计，XML 文件，绘图，ADO.NET 数据库等知识供读者学习参考。

本书中每章主要包括知识讲解、教学案例设计以及任务实施；在涵盖所有技术点介绍的同时，最终将具体技术应用到项目实例中，使得读者能够更全面、更容易、更深刻地了解 C#程序编程，本书根据不同阶段的教学内容设计了三个项目：控制台应用程序开发项目、窗体应用程序开发项目、数据库应用程序开发项目；三个项目将书中所涉及到的知识点以项目形式进行整合，使读者在实践中更好地掌握项目开发的过程。

经过细致的调研，编写组老师在本书的编写过程中，力求做到：将现代教学广泛使用的任务驱动思想引入本书，提高了学生学习本课程的主动性；注重新知识、新技术、新内容的讲解，内容紧跟行业技术最新发展状态；保持高职教育特色，进一步加大实训教学的内容，理论联系实际，教材中设置了大量的实践教学案例，激发了学生学习本课程的积极性，有针对性地培养了学生的实践动手能力。

本书由邢台职业技术学院杨平主编并负责编写第 2、3、7、8 章；丁莉编写第 9、14 章；柴旭光编写第 13 章；邵慧莹负责编写第 1、6 章；宋海军编写第 10 章；王党利和陈步英编写第 4、11 章；王海宾和霍艳玲编写第 5、12 章；全书由杨平统稿。在本书编写的过程中，褚建立、贾建中、刘彦舫、张洪星等老师给本书也提出了很多建议，在此一并表示感谢。

本书结构合理，层次清晰，讲解详细透彻，可作为高职高专院校计算机及相关专业学习程序设计语言的教材，也可作为广大从事计算机应用工作的科技人员的参考书。

由于时间仓促和编者水平所限，不当和谬误之处敬请各位专家和读者指正。

编　者

目　录

第 1 章　C#初探 ... 1
- 1.1　C#简介 ... 1
- 1.2　搭建开发环境 ... 4
- 1.3　开发第一个 C#控制台应用程序 ... 8
- 1.4　任务实施 ... 11
- 1.5　问题探究 ... 12
- 1.6　实践与思考 ... 13

第 2 章　算法设计 ... 14
- 2.1　计算机程序和计算机语言 ... 14
- 2.2　算法 ... 15
- 2.3　任务实施 ... 21
- 2.4　问题探究 ... 21
- 2.5　实践与思考 ... 22

第 3 章　语法基础 ... 23
- 3.1　标识符 ... 23
- 3.2　数据类型 ... 24
- 3.3　运算符和表达式 ... 35
- 3.4　数据的输入和输出 ... 43
- 3.5　任务实施 ... 49
- 3.6　问题探究 ... 50
- 3.7　实践与思考 ... 50

第 4 章　选择结构程序设计 ... 52
- 4.1　if 语句 ... 52
- 4.2　switch 语句 ... 60
- 4.3　任务实施 ... 63
- 4.4　问题探究 ... 64
- 4.5　实践与思考 ... 64

第 5 章 循环结构程序设计 ··· 65

- 5.1 while 语句 ·· 65
- 5.2 do-while 语句 ··· 67
- 5.3 for 语句 ·· 69
- 5.4 循环跳转语句 ··· 75
- 5.5 任务实施 ·· 77
- 5.6 问题探究 ·· 78
- 5.7 实践与思考 ·· 78

第 6 章 数组和 Array 类 ··· 80

- 6.1 一维数组 ·· 80
- 6.2 二维数组 ·· 86
- 6.3 Array 类 ·· 90
- 6.4 ArrayList 类和 List<T>类 ··· 91
- 6.5 任务实施 ·· 94
- 6.6 问题探究 ·· 96
- 6.7 实践与思考 ·· 97

第 7 章 面向对象程序设计 ··· 98

- 7.1 类 ··· 98
- 7.2 类的方法 ·· 107
- 7.3 类的构造函数 ··· 114
- 7.4 静态成员和索引器 ··· 118
- 7.5 类的继承 ·· 122
- 7.6 类的多态 ·· 127
- 7.7 接口、委托和事件 ··· 131
- 7.8 任务实施 ·· 137
- 7.9 问题探究 ·· 139
- 7.10 实践与思考 ·· 140

第 8 章 程序调试与异常处理 ··· 142

- 8.1 程序错误 ·· 142
- 8.2 程序的异常处理 ··· 144
- 8.3 任务实施 ·· 148
- 8.4 问题探究 ·· 149

8.5	实践与思考	149

第 9 章 Windows 窗体应用程序设计 150

9.1	Windows 窗体和控件概述	150
9.2	文本类控件	160
9.3	命令类控件	164
9.4	图形类控件	165
9.5	选择类控件	166
9.6	列表类控件	170
9.7	容器类控件	176
9.8	日期时间类控件	177
9.9	其他控件	179
9.10	任务实施	182
9.11	问题探究	185
9.12	实践与思考	185

第 10 章 MDI 窗体设计 187

10.1	MDI 窗体	187
10.2	菜单和快捷菜单	191
10.3	工具栏和状态栏	195
10.4	通用对话框	197
10.5	任务实施	200
10.6	问题探究	204
10.7	实践与思考	205

第 11 章 XML 文件 206

11.1	文件概述	206
11.2	读文件	210
11.3	写文件	212
11.4	任务实施	221
11.5	问题探究	222
11.6	实践与思考	222

第 12 章 绘图 223

12.1	什么是 GDI	223

12.2　任务实施 ··· 236

　　12.3　问题探究 ··· 237

　　12.4　实践与思考 ·· 238

第 13 章　ADO.NET 数据库 ··· 239

　　13.1　ADO.NET 简介 ··· 239

　　13.2　水晶报表 ··· 257

　　13.3　任务实施 ··· 259

　　13.4　问题与探究 ·· 262

　　13.5　实践与思考 ·· 263

第 14 章　项目设计 ··· 264

　　14.1　超市收银模拟系统——控制台应用程序 ···················· 264

　　14.2　银行 ATM 模拟系统——Windows 窗体应用程序 ······· 270

　　14.3　企业客户信息管理系统——数据库设计 ···················· 281

第1章

C#初探

学习目标
1. 熟悉 C#的由来
2. 了解当前 C#方向的岗位需求
3. 了解.NET FrameWork 框架
4. 了解搭建开发环境的过程

技能目标
1. 能够搭建 C#开发环境
2. 熟悉 C#控制台项目的创建
3. 熟悉 C#控制台程序的编辑
4. 熟悉 C#控制台程序的编译和执行

计算机可以帮我们做很多事情,我们也可以编写程序控制计算机完成自己想实现的功能。C#是微软公司推出的面向对象的编程语言,它可以让程序员快速地编写各种基于 Microsoft.NET 平台的应用程序。

1.1 C#简介

知识目标:
1. 熟悉 C#的特点
2. 了解.NET FrameWork 框架结构
3. 了解 C#方向的岗位需求

1.1.1 C#特点

C#是一种安全的、稳定的、简单的、优雅的,由 C 和 C++衍生出来的面向对象的编程语言。

1998 年,Delphi 语言的设计者 Hejlsberg 带领着 Microsoft 公司的开发团队,开始了第一个版本 C#语言的设计。在 2000 年 9 月,国际信息和通信系统标准化组织为 C#语言定义了一个 Microsoft 公司建议的标准。最终 C#语言在 2001 年得以正式发布。

C#是一种最新的、面向对象的编程语言,是专门为.NET 的应用而开发的语言。C#吸收了 C++、Visual Basic、Delphi、Java 等语言的优点,体现了当今最新的程序设计技术的功能和精华。C#继承了 C 语言的语法风格,同时又继承了 C++的面向对象特性,去掉了一些它们的复杂特性(如没有宏和模板,不允许多重继承等)。C#综合了 VB 简单的可视化操作和 C++的高运行效率,以其强大的操作能力、优雅的语法风格、创新的语言特性和便捷的面向组件编程的支持成为.NET 开发的首选语言。并且 C#成为 ECMA 与 ISO 标准规范。

不同的是，C#的对象模型已经面向Internet进行了重新设计，使用的是.NET框架的类库；C#不再提供对指针类型的支持，使得程序不能随便访问内存地址空间，从而更加健壮；C#不再支持多重继承，避免了以往类层次结构中由于多重继承带来的可怕后果。.NET框架为C#提供了一个强大的、易用的、逻辑结构一致的程序设计环境。同时，公共语言运行时（Common Language Runtime）为C#程序语言提供了一个托管的运行时环境，使程序比以往更加稳定、安全。其主要特点有：语言简洁；保留了C++的强大功能；快速应用开发功能；语言的自由性；强大的Web服务器控件；支持跨平台；与XML相融合。

使用C#语言可以创建运行在Windows操作系统上的窗口应用程序，也能开发出分布式组件、Web服务、网络数据库等应用程序。在目前主流的Web开发语言中，C#语言很受广大程序员的喜爱，也是众多企业级架构的选择方式之一。

1.1.2 .NET框架

C#语言是建立在.NET Framework环境之上的。.NET Framework是一个类库，它为C#语言开发的应用程序提供了强大的类库支持，但是，它不仅仅支持C#语言，还支持VB.NET和C++的托管方式。C#语言是.NET Framework平台首选的开发语言。也可以这样说：C#语言就是为.NET Framework平台而产生的语言。.NET Framework是支持生成和运行下一代应用程序和XML Web服务的内部Windows组件，其主要目标如下。

- 提供一个一致的面向对象的编程环境，而无论对象代码是在本地储存和执行，还是在本地执行但在Internet上分布的，或者是在远程执行的。
- 提供一个将软件部署和版本控制冲突最小化的代码执行环境。
- 提供一个可提高代码（包括由未知的或不完全受信任的第三方创建的代码）执行安装性的代码执行环境。
- 提供一个可消除脚本环境或解释环境的性能问题的代码执行环境。
- 使开发人员的经验在面向类型大不相同的应用程序（如基于Windows的应用程序和基于Web的应用程序）时保持一致。
- 按照工业标准生成所有代码，以确保基于.NET Framework的代码可与任何其他代码集成。.NET Framework的体系结构及其各组成部分介绍如图1.1所示。

1. 公共语言规范（CLS）

公共语言运行库支持的语言功能的子集，包括几种面向对象的编程语言的通用功能。符合CLS的组件和工具能够保证与其他符合CLS的组件和工具交互操作。

.NET Framework将CLS定义为一组规则，所有.NET语言都应该遵循此规则才能创建与其他语言可互操作的应用程序，但要注意的是为了使各语言可以互操作，只能使用CLS所列出的功能对象，这些功能统称为与CLS兼容的功能。主要包含了函数调用方式、参数传递方式、数据类型和异常处理方式等。

在程序设计时，如果使用符合CLS的开发语言，那么所开发的程序可以在任何公共语言开发环境的操作系统下运行。

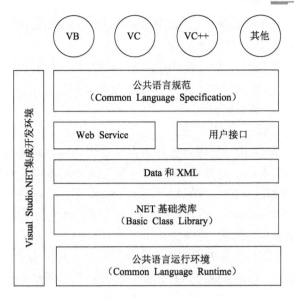

图 1.1 .NET Framework 体系结构

2．Web Service

Web Service 技术，能使运行在不同机器上的不同应用无须借助附加的、专门的第三方软件或硬件，就可相互交换数据或集成。依据 Web Service 规范实施的应用之间，无论它们所使用的语言、平台或内部协议是什么，都可以相互交换数据。Web Service 是自描述、自包含的可用网络模块，可以执行具体的业务功能。Web Service 也很容易部署，因为它们基于一些常规的产业标准以及已有的一些技术，诸如 XML 和 HTTP。Web Service 减少了应用接口的花费。Web Service 为整个企业甚至多个组织之间的业务流程的集成提供了一个通用机制。

.NET Framework 下，有两种方式可以设计应用程序界面，即 Windows From（Windows 窗体或表单）和 Web Form（Web 窗体或表单）。Web Form 是以 ASP.NET 为基础的。ASP.NET 将许多控件加以对象化，让用户能更方便地使用各个控件的属性、方法和事件。

3．XML

XML 可扩展标记语言，标准通用标记语言的子集，是一种用于标记电子文件使其具有结构性的标记语言。它可以用来标记数据、定义数据类型，是一种允许用户对自己的标记语言进行定义的源语言。它非常适合万维网传输，并提供统一的方法来描述和交换独立于应用程序或供应商的结构化数据。

.NET Framework 直接支持 XML 文件的操作。在 XML 文档和数据集之间可以进行数据转换，甚至共享一份数据，程序员可以选择熟悉的方式来处理数据，以提高程序设计效率。本书将在第 11 章讲解 XML 文件。

4．.NET 基础类库

在程序开发过程中，会有许多的功能组件被重复使用，于是将这些组件制作成类库，每一种程序设计语言都拥有各自独立的类库，如 C++的 MFC，Java 的 JDK 等，然而每一种类库都是针对一种语言的，所以这些类库彼此之间并不能互相引用，对于偏好 C# 的程序员而言，所开发的类库就无法被 C++程序员使用。

.NET Framework 下提供了一个巨大的统一基础类库，该类库提供了程序员在开发程序时所需要的大部分功能，而且这个类库可以被使用任何一种支持.NET 的程序语言加以引用，程序员不再需要为了不同的类库而学习不同的程序设计语言。

.NET 基础类库是以面向对象为基础创建的。其实在.NET Framework 下，不论是数字还是字符串，所有的数据都是对象。.NET 中基础类库结构是阶层式的，采用命名空间加以管理，方便程序员进行分类引用。

5. 公共语言运行环境（CLR）

.NET Framework 提供了一个称为公共语言运行库的运行时环境，它运行代码并提供使开发过程更轻松的服务。以前基于 C#开发的程序运行速度慢，是因为其运行环境是以 COM 为基础进行编译和运行的。而在.NET Framework 下，所有的程序语言将使用统一的虚拟机，CLR 将是所有的.NET 语言在执行时所必备的运行环境，这种统一的虚拟机与运行环境可以达到跨平台的目的。

在.NET Framework 下，所有的程序语言在编译时会先转为与平台机器无关的"中间语言"代码，再与原数据一同编译成可执行代码，就可以在任何安装有 CLR 的机器上运行。

当程序第一次被运行时，CLR 会启动"实时编译器"进行实时编译（JIT），它会侦测硬件设备而将程序进一步编译为该机器的本机代码，以确保程序在任何一个平台上都能运行。

6. Visual Studio.NET 集成开发环境

Visual Studio.NET IDE 是开发.NET 应用程序的界面，功能十分强大，可以方便程序员开发各种复杂的应用程序。

7. 程序设计语言

.NET 开发环境支持多种程序设计语言，就.NET Framework 而言，在默认情况下支持 Visual C#、Visual C++、Visual Basic 和 Visual J#等 4 种程序设计语言。

1.2 搭建开发环境

◉ 知识目标：
  1. 熟悉 C#开发环境的搭建过程
  2. 了解 Visual Studio.NET 2010 帮助的获取方式
◉ 技能目标：
  1. 能够搭建 C#开发环境
  2. 掌握 C#的启动和退出
  3. 能够获取 Visual Studio.NET 2010 的帮助

1.2.1 Visual Studio 2010 的安装和环境配置

Visual Studio.NET 2010 可以运行在 Windows XP，Windows 2003，Windows 7 等操作系统上，本教程介绍的是在 32 位 Windows 7 操作系统上安装。

双击 Visual Studio.NET 2010 安装文件夹中的"setup.exe"文件，打开如图 1.2 所示的窗口，单击"安装 Microsoft Visual Studio 2010"按钮，进入"加载安装组件"窗口，如图 1.3 所示。

图 1.2 安装.NET

图 1.3 安装.NET 组件

加载组件后,单击"下一步"按钮,打开如图 1.4 所示的窗口,选中"我已阅读并接受许可条款"选项,单击"下一步"按钮,进入如图 1.5 所示的窗口,选择安装软件的路径,然后单击"安装"按钮,开始安装 Visual Studio.NET 2010,如图 1.6 所示。

图 1.4 同意安装条款　　　　　　图 1.5 选择安装路径

安装结束后,单击"完成"按钮即可。

Visual Studio.NET 2010 支持多种开发语言,安装 Visual Studio.NET 2010 后,如果当前不是 C#开发环境,需要设置默认 C#语言环境。选择"工具"→"导入导出设置"命令,在出现的对话框中选中"重置所有设置"选项,单击两次"下一步"按钮,出现如图 1.7 所示的"导入和导出设置向导"对话框,选中"Visual C#开发设置"选项,单击"完成"按钮,即可完成配置。

图 1.6 开始安装 C#　　　　　　图 1.7 "导入和导出设置向导"对话框

1.2.2 C#的启动和退出

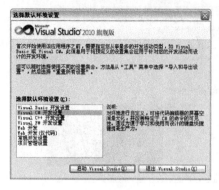

图1.8 设置默认环境

在安装好 Visual Studio.NET 2010 后，单击"开始"按钮，选择"所有程序"→"Microsoft Visual Studio.NET 2010"→"Microsoft Visual Studio.NET 2010"命令，即可启动 Visual Studio.NET 2010 系统。

第一次启动 Visual Studio.NET 2010 时，用户可以选择默认环境设置，在此我们选择"Visual C#开发设置"选项，如图1.8所示。也可以随时使用不同的设置集合，从"工具"菜单中选择"导入和导出设置"选项，然后选择"重置所有设置"选项。

在启动 Visual Studio.NET 2010 后，将出现一个包含许多菜单、工具盒组件窗口的开发环境，同时会出现一个包含入门、指南和资源、最新新闻和项目选项的"起始页"窗口，它是集成开发环境默认的 Web 浏览器主页，如图1.9所示。

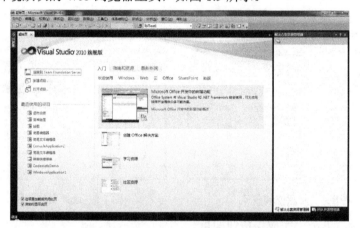

图1.9 Visual Studio.NET 2010 系统初始界面

在启动 Visual Studio.NET 2010 后，选择"文件"→"新建"→"项目"命令，打开"新建项目"对话框，如图1.10所示，选中"项目类型"列表框中的"Visual C#"选项（默认值），其左侧的"Visual Studio 已安装的模板"列表中列出了所有模板。

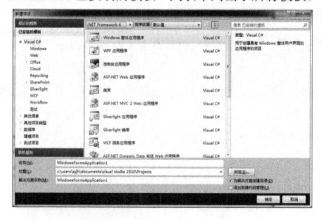

图1.10 "新建项目"对话框

当选中一个模板后（如选中控制台应用程序），在"名称"文本框中输入项目名称（例如ConsoleApplication1），单击"确定"按钮，即可进入 Visual C#集成开发环境，如图 1.11 所示。

图 1.11 控制台应用程序窗口

Visual C#集成开发环境同 Windows 的窗口界面相类似，主要包括以下几个组成部分。

（1）标题栏：显示当前正在编辑的项目名称和使用的应用程序的名称。

（2）菜单栏：显示 Visual Studio.NET 所提供的能够执行各种任务的一种命令。

（3）工具栏：以图标按钮的形式显示常用的 Visual Studio.NET 命令。

（4）工具箱：提供了开发 Visual Studio.NET 项目的各种工具。

（5）编辑器：用户可以在此窗口编辑源代码、HTML 页、CSS 表单以及设计用户界面或网页界面等。

（6）解决方案资源管理器：用于显示解决方案、解决方案的项目及这些项目中的子项。解决方案是创建一个应用程序所需要的一组项目，包括项目所需的各种文件、文件夹、引用和数据连接等。通过解决方案资源管理器，可以打开文件进行编辑，向项目中添加新文件，以及查看解决方案、项目和项目属性。如果集成环境中没有显示"解决方案资源管理器"窗口，可以通过选择"视图"→"解决方案资源管理器"命令来显示该窗口。

（7）属性窗口：用于显示和设置窗体、控件等对象的相关属性。

在 Visual C#集成开发环境中，单击"关闭"按钮或者选择"文件"→"退出"命令，Visual C#会自动判断用户是否修改了项目的内容，并询问用户是否保存文件或直接退出。

1.2.3 使用 Visual Studio 的帮助

在 Visual Studio 2010 集成环境中，有多种手段可以迅速获取帮助信息，这是非常有用的功能，是学习和应用 Visual Studio 2010 的一个非常重要的工具。

Visual Studio 2010 中提供了一个广泛的帮助工具，不再称为 MSDN Library，而叫做

Help Library 管理器(HLM)。选择"开始"→"所有程序"→"Visual Studio 2010"→"Visual Studio 2010 文档"命令,即可进入 Help Library 主界面;或者在工具栏中选择"帮助"→"查看帮助"命令,也可以进入 Help Library 主界面。在 Help Library 管理器中,用户可以查看任何 C#语句、类、属性、方法、编程概念及一些编程的例子。

Help Library 管理器应用程序可以帮助用户管理本地内容存储区中的产品文档。通过 HLM,用户可以从 Web 或媒体中查找并安装新内容,切换至联机状态以获取脱机内容的更新,还可以删除脱机内容。HLM 还可以管理用于自定义帮助体验的设置。

通过 Help Library 管理器,用户可以从 MSDN Online 的内容发布网站下载新内容,以便在脱机帮助中使用。此网站包含 MSDN Online 的部分内容。使用此功能需要接入 Internet,此操作的用时取决于多种因素,其中包括 Internet 连接速度和客户端上正在进行的其他活动。

若要联机查找帮助内容并进行安装,以供脱机使用,请按照以下说明进行操作。从软件应用程序的"帮助"菜单中,启动 Help Library 管理器,步骤如下:选择"帮助"→"管理帮助设置"命令。HLM 启动之后,单击"联机安装内容"按钮。在下一个屏幕上,将显示按产品组织的可用内容。单击内容标题旁边的"添加"按钮,选择要安装的内容。选择完要安装的内容之后,单击屏幕底部的"更新"按钮。HLM 将安装所选内容并报告其进度。

1.3 开发第一个C#控制台应用程序

◆ 知识目标:
1. 熟悉并掌握开发 C#控制台应用程序的步骤
2. 熟悉 C#控制台应用程序结构

◆ 技能目标:
1. 掌握 C#控制台应用程序的创建过程
2. 掌握 C#控制台应用程序结构

在 C#程序设计集成环境中,开发控制台应用程序的一般步骤为:创建项目,编写代码,运行调试程序,保存程序。

1.3.1 第一个 C#控制台应用程序

【实例 1-1】 创建一个 C#控制台应用程序,计算用户输入的两个整数之和。

其设计过程如下。

(1)启动 Visual Studio.NET 2010。

(2)创建项目。在"文件"菜单上,单击"新建项目"按钮,打开"新建项目"对话框。选择"控制台应用程序"选项,输入项目名称"P1_1",指定位置"D:\C#\ch1"文件夹,然后单击"确定"按钮。

说明:当第一次创建一个新项目时,它只存在于内存中,关闭 Visual Studio.NET 2010 集成开发环境时,将提示保存或放弃该项目,出现"保存项目"对话框(在设计时选择"文件"→"全部保存"命令也出现同样的对话框),可以命名一个更有意义的项目名称和选择相应的位置保存(这里将"P1_1"项目保存在"D:\C#\ch1")。在设计应用程序时应及时进行保存，避免因停电等事件导致程序丢失。

出现如图 1.15 所示的界面，将光标移到编辑窗口，输入如下程序（只输入其中的加粗部分，其余部分是由系统自动生成的）：

```csharp
using System;          //导入命名空间
using System.Collections.Generic;
using System.Linq;
using System.Text;
namespace P1_1         //创建命名空间
{
    class program      //创建类，C#默认的类名 program
    {
        static void Main(string[] args)    //C#主方法
        {
            int a,b,c;    //定义变量
            Console.WriteLine("请输入两个整数的值：");
            Console.Write("被加数："); //输出屏幕提示信息
            a=int.Parse(Console.ReadLine()); //从键盘获取字符串并转换成整数
            Console.Write("加数：");
            b=int.Parse(Console.ReadLine());
            c=a+b;    //加法运算
            Console.WriteLine("被加数 a+加数 b={0}",c);    //输出结果
        }
    }
}
```

单击标准工具栏中的按钮，保存项目。按"Ctrl+F5"组合键（对应为选择"调试"→"开始执行（不调试）"命令的快捷键）执行程序，输入 10 和 20，输出结果如图 1.12 所示。

这样，本例控制台应用程序设计完毕。后面 7 个章节中的示例均通过设计这类程序来说明 C#的相关概念，读者应充分掌握控制台程序的设计过程。

1.3.2 控制台程序项目的组成

P1_1 项目的组成如图 1.13 所示。

图 1.12 加法计算运行结果

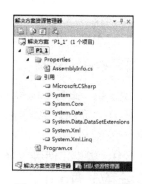

图 1.13 P1_1 项目组成

Properties 部分有一个 AssemblyInfo.cs 文件，它保存程序集的信息，其中包含程序集版本号、说明和版权信息等。程序集是包含编译好的并面向.NET Framework 的代码的逻辑单元，他是完全自我描述性的，可以存储在多个文件中。如果一个程序集存储在多个文件中，其中就会有一个包含入口点的主文件，该文件描述了程序集中的其他文件。这里只将程序集看成本项目下的所有程序文件，Main 为入口主函数。

C#中含有超过 1000 个类，为了便于管理和使用，需将他们进行分类，每个类都放在自己

的类别中，这个类别就称为命名空间。使用这些类应导入相应的命名空间，本项目的"引用"部分指出该项目所引用的命名空间，包括 Microsoft.CSharp、System、System.Core 和 System.Data、System.Data. DataSetExtensions、System.Xml、System.Xml.Linq 等 7 个命名空间。

C#使用 using 关键字来导入命名空间，如【实例 1-1】程序代码部分。

C#中 Console 类在命名空间 System 中声明，使用 Console 类（这里使用它的 ReadLine 和 WriteLine 方法）时就应该使用"using System"语句导入 System 命名空间，如果不引入该命名空间，在使用 Console 类的方法时需加上"System."前缀，如本例程序中不使用"using System"语句时，Console.ReadLine 应改为 System.Console.Readline。

此外，C#是一种纯面向对象的程序设计语言，设计一个程序就是设计一个或多个类，为了避免自己的类与系统中的类名发生重名冲突，每个程序都包含在默认的命名空间中，默认的命名空间和项目名相同，如 P1_1 项目的默认命名空间为 P1_1（见代码第 5 行"namespace P1_1"）。

最后，Program.cs 是 C#程序文件，包含 C#源代码（C#源代码文件的扩展名为".cs"）。

本例中，"D:\C#\ch1\P1_1"文件夹对应解决方案 P1_1，其中 "P1_1.sln"文件是解决方案文件，而"P1_1"文件夹对应 P1_1 项目，它又包含若干子文件夹和"P1_1.csproj"文件，"P1_1.csproj"文件是 P1_1 项目对应的项目文件。为了修改以前的程序，必需打开保存的项目文件（.csproj）或解决方案文件（.sln）。

C#中创建一个项目就是定义若干个类。P1_1 项目对应的命名空间为 P1_1，其中包含一个 Program 类，也可以根据需要定义其他类。Program 类中有一个 Main 函数（也称为方法，其首字母为大写，后面 3 个字母为小写），它为入口主函数。其特点如下。

（1）Main 方法是程序的入口点。

（2）Main 方法在类或结构的内部声明。它必须为静态方法，而不应该是公共方法（在上面的示例中，它默认访问属性为 Private）。

（3）Main 方法可以具有 viod 或 int 返回类型。

（4）声明 Main 方法时既可以使用参数，也可以不使用参数。

（5）参数可以作为从零开始索引的命令行参数来读取。

（6）与 C/C++不同，程序的名称不会被当作第一个命令行参数。

1.3.3　控制台程序的组成

实际上，抛开类、命名空间等其他部分，【实例 1-1】程序就像一个简单的 C 语言程序，有关类的内容会在"面向对象程序设计"任务中介绍。下面仅介绍 C#程序的基本组成。

1．注释

在 C#语言中，提供了两种注释方法：

（1）单行注释//：每一行中"//"后面的内容为注释部分。

（2）多行注释/*　*/；"/*"和"*/"之间的内容为注释部分。

2．输入方法 Console.ReadLine

Console.ReadLine 方法用于获取控制台输入的一行字符串。若只输入一个字符，可用 Console.Read 方法。该方法类似于 C 语言的 scanf 函数，使用 ReadLine 方法只能输入字符串，若要输入数值，需将字符串转换成数值。

3．输出方法 Console.WriteLine

Console.WriteLine 方法将数据输出到控制台并加上一个回车换行符。若不加回车换行符,可用 Console.Write 方法。该方法类似于 C 语言的 printf 函数,有关内容会在"数据输入和输出"任务中介绍。

4. 数据转换

由于 ReadLine 方法只能输入字符串,为了输入数值,需要进行数据类型的转换,C#中每个数据类型都是一个结构,它们都提供可 Parse 方法,以便将数字的字符串表示形式转换为等效数值。

前面例子中,"int.Parse(x)"就是调用 Parse 方法将数字的字符串表示形式"x"转换为它的等效 16 位有符号整数。同样,"float.Parse(x)"将数字的字符串表示形式"x"转换为它的等效单精度浮点数字,"double.Parse(x)"将数字的字符串表示形式"x"转换为它的等效双精度浮点数字。

1.4 任务实施

1. 任务描述

根据本章 1.2 节中所描述的步骤,搭建 C#语言的开发环境,并编写计算长方形面积的测试用例。运行结果如图 1.14 所示。

2. 任务目标

- 掌握 C#语言环境的搭建。
- 掌握 C#控制台应用程序结构。
- 掌握 C#控制台应用程序的开发过程。

图 1.14 计算长方形面积运行结果

3. 任务分析

首先安装 Visual Studio.NET 2010,然后创建控制台应用程序,在 Program.cs 中编写代码。

4. 任务完成

首先创建项目 Task_1,选择"文件"→"新建"→"项目"→"常规"→"空项目"命令,在名称框中输入"Task_1";在 Program.cs 中完成接收用户输入的长方形的长(l)和宽(w),然后计算长方形的面积,并输出结果。右击"解决方案"里的"源文件"选项,选择"添加"→"新建项"命令,然后输入代码,最后按"Ctrl+F5"组合键调试运行。

```
namespace Task_1
{
    class program
    {
        static void Main(string[] args)
        {
            int w,l,area;    //定义变量
            Console.WriteLine("请输入长方形的长和宽:");
            Console.Write("长:");    //输出屏幕提示信息
            l=int.Parse(Console.ReadLine());  //从键盘获取字符串并转换成整数
            Console.Write("宽:");
            w=int.Parse(Console.ReadLine());
            area=l*w;    //乘法运算
            Console.WriteLine("长方形面积是:{0}",area);    //输出结果
```

```
            Console.ReadLine();
        }
    }
}
```

1.5 问题探究

1. 配置 CSC 命令行编译器

有多种技术可以用于编译 C#源代码。除了 Visual Studio.NET 2010 外,还能够使用 C#编译器 CSC.exe 创建.NET 程序集,其中 CSC 表示 C#编译器 (C-Sharp Compiler)。这个工具包含在.NET FrameWork 2.0 SDK 中。需要配置 C#命令行编译器,才能编译 C#文件。

首先需要保证开发用的计算机能辨认 CSC.exe 的存在。如果计算机没有正确配置,就必须先指定含有 CSC.exe 的目录的完全路径(本教程是在 32 位 Windows 7 操作系统下安装的.NET FrameWork 框架,其路径是"C:\Windows\Microsoft.NET\Framework\v2.0.50727"),才能编译 C#文件。然后按以下步骤进行配置。

(1)右键单击"计算机"或"我的电脑"图标,并从弹出的菜单下选择"属性"选项。

(2)选择"高级系统设置"中的"高级"选项卡,并单击"环境变量"按钮。

(3)在"系统变量"对话框中双击 path(路径)变量。

(4)在当前路径值的末尾加入下面这一行"C:\WINDOWS\Microsoft.NET\Framework\v2.0.50727",或者系统盘:"\WINNT\Microsoft.NET\Framework\v2.0.50727",确定后即可。

注意:路径变量里的各个值通过分号隔开。

2. 使用 CSC 编译 C#源程序

首先学会在 DOS 下进入目录文件目录。例如,本书中的 C#文件"1.cs"在"D:\C#"文件夹中,先打开命令提示符窗口(选择"开始"→"所有程序"→"附件"→"命令提示符"命令),进入目录文件并编译"1.cs"文件,如图 1.15 所示。

编译成功后,在"D:\C#"文件夹下会出现一个名为"1.exe"的可执行文件。接下来执行"1.exe"文件,如图 1.16 所示。

图 1.15 进入 DOS 目录文件目录

图 1.16 执行 1.exe 文件

3. 解决控制台程序结果一闪而过的方法

共有四种解决方法:

(1)运行程序的时候,不要用"F5"键执行,应使用"Ctrl+F5"组合键执行,它指的是"启动执行（不调试）"，这样就不会一闪而过了。

（2）在代码的最后加上"Console.ReadLine()"语句；也就是"等待用户输入"，这样DOS窗口直到用户敲击回车键才会关闭。

（3）在程序最后加上"Console.ReadKey()"语句；这样DOS窗口接收一个字符才会退出。

（4）在CMD（命令提示符窗口）下运行程序。

1.6 实践与思考

1．熟悉控制台应用程序的创建、编辑、编译和运行的过程。

2．分别用 Visual Studio.NET 2010 和 CSC 编译器编辑并编译运行下面控制台程序。

（1）编写一个控制台应用程序，程序执行时将出现一行提示，要求用户输入自己的姓名，输入姓名后将显示如下文字："欢迎你，***同学！"。

（2）编写一个控制台应用程序，计算两个整数之差，要求用户输入被减数和减数，并将结果显示在屏幕上。

第 2 章

算法设计

知识目标
1. 了解计算机程序和计算机语言
2. 理解算法的概念和特点
3. 掌握算法的表示方式
4. 掌握流程图的绘制方法

技能目标
1. 理解算法的概念和特点
2. 熟悉流程图的绘制过程

计算机的每一步操作都是根据人们事先制定的指令进行的。算法就是计算机进行操作的步骤。计算机的操作步骤一般是用流程图及一些能代表各种操作的图框来表示的。

2.1 计算机程序和计算机语言

知识目标：
1. 了解计算机程序的概念
2. 了解计算机语言的发展过程

有人以为计算机是"万能"的，会自动进行所有的工作，甚至觉得计算机神秘莫测。这是很多初学者的误解。其实，计算机的每一步操作都是根据人们事先制定的指令进行的。例如，用一条指令要求计算机进行一次加法运算，用另一条指令要求计算机将某一运算结果输出到显示屏幕。为了使计算机执行一系列的操作，因此必须事先编好一条条指令，输入到计算机中。

所谓程序，就是一组能够被计算机识别和执行的命令。每一条指令使计算机执行特定的操作。只要让计算机执行这个程序，计算机就会"自动地"执行各条指令，有条不紊地进行工作。一个特定的指令序列，用来完成一定的功能。为了使计算机系统能实现各种功能，需要成千上万个程序。这些程序大多数是由计算机软件设计人员根据需要设计好的，作为计算机的软件系统的一部分提供给用户使用。此外，用户还可以根据自己的实际需要设计一些应用程序，如学生成绩统计程序，超市收银模拟系统，银行自动取款机模拟系统等。

总之，计算机的一切操作都是由程序控制的，离开程序，计算机将一事无成。所以，计算机的本质是程序的机器，程序和指令是计算机系统中最基本的概念。只有懂得程序设计，才能真正了解计算机是如何工作的，才能更深入地使用计算机。

人与人之间交流需要通过语言。中国人与中国人之间用汉语交流，英国人与英国人之间用英语交流，德国人与德国人之间用德语交流等等。人与计算机之间也需要语言交流，那么就需要创造一种计算机和人都能识别的语言，这就是计算机语言。计算机语言经历了几个发展阶段。

（1）机器语言。计算机工作基于二进制，从根本上说，计算机只能识别和接受由"0"和"1"组成的指令。在计算机发展的初期，计算机的指令长度一般为16，即以16个二进制数（"0"或"1"）组成一条指令，16个"0"和"1"可以组成各种排列组合。例如，用1011100011100000让计算机进行一次加法运算。

这种二进制代码能被计算机直接识别和接受，称为机器指令。机器指令的集合就是该计算机的机器语言。在语言的规则中规定各种指令的表示形式以及它的作用。

显然，机器语言与人们习惯使用的语言差别太大，难学、难写、难记、难检查、难修改、难以推广。因此，初期只有极少数的计算机专业人员会编写计算机程序。

（2）汇编语言。为了克服机器语言的上述缺点，人们创造出汇编语言。它是用一些英文字母和数字表示一个指令。例如，用ADD代表"加"，SUB代表"减"等。

显然计算机并不能直接识别和执行汇编语言的指令，需要用一种名为汇编程序的软件，把汇编语言的指令转换为机器指令。一般情况下，一条汇编语言的指令对应转换为一条机器指令。转换的过程称为"汇编"。

不同型号的计算机其机器语言和汇编语言是互不通用的。机器语言和汇编语言是完全依赖于具体机器特性的，是面向机器的语言。

（3）高级语言。为了克服低级语言的缺点，20世纪50年代创造出了第一种计算机高级语言——FORTRAN语言。

高级语言主要是相对于汇编语言而言的，它并不是特指某一种具体的语言，而是包括了很多编程语言，比如目前流行的C#、Java、VB.NET、C/C++、FoxPro、Delphi等，这些语言的语法、命令格式都各不相同。

2.2 算　　法

◎ 知识目标：
 1. 了解算法的概念
 2. 了解算法的表示方式
 3. 了解计算机解决问题的一般过程
 4. 掌握流程图的绘制方法
◎ 技能目标：
 1. 掌握算法的表示方式
 2. 能够绘制算法流程图

一个程序应注意包括以下两方面的信息。

（1）对数据的描述。在程序中要指定用到哪些数据以及这些数据的类型和数据的组织形式。这就是数据结构。

（2）对操作的描述。即要求计算机进行操作的步骤，也就是算法。

2.1.1　算法概念

数据是操作的对象，操作的目的是对数据进行加工处理，以得到期望的结果。作为程序设计人员，必须认真考虑和设计数据结构和操作步骤（即算法）。著名计算机科学家沃思（Nikiklaus Wirth）提出一个公式：算法+数据结构=程序。

做任何事情都有一定的步骤。例如，中午到食堂打饭，需要遵循以下步骤：第一步，带上饭卡去食堂；第二步，挑选饭菜并到相应窗口排队；第三步，告诉食堂职工自己的意愿并刷卡；第四步，食堂职工办理盛饭菜事宜；第五步，端饭菜离开窗口。这些步骤都是按一定的顺序进行的，缺一不可，次序错了也不行。从事各种工作和活动，都必须事先想好实施的步骤，然后按部就班地进行，才能避免产生错乱。实际上，在日常生活中，由于已养成的习惯，人们并没意识到每件事都需要事先设计出"行动步骤"。

不要认为只有"计算"的问题才涉及算法。广义地说，为解决一个问题而采取的方法和步骤，都可以称为"算法"。例如，描述太极拳动作的图解，就是太极拳的算法。一首歌曲的乐谱，也可以称为该歌曲的算法，因为它指定了演奏该歌曲的每一个步骤，按照其规定就能演奏出预定的曲子。

对同一问题，可以有不同的解题方法和步骤。例如，求 1+2+3+…+100，即（$\sum_{n=1}^{100} n$）。有人可能先进行 1 加 2，再加 3，再加 4，依次相加，一直加到 100，而有人采取这样的方法：$\sum_{n=1}^{100} n$=100+(1+99)+(2+98)+…+(49+51)+50=100+49×100+50=5050。当然，方法有优劣之分。有的方法只需进行很少的步骤，而有些方法则需要较多的步骤。一般来说，希望采用方法简单、运算步骤少的方法。因此，为了有效地进行解题，不仅需要保证算法正确，还要考虑算法的质量，选择合适的算法。为了能编写程序，必须学会设计算法。不要认为任意写出的一些执行步骤就构成一个算法。一个有效算法应该具有以下特点。

（1）有穷性。一个算法应包含有限的操作步骤，而不能是无限的。例如，去食堂打饭，步骤是有限的，不是无限制的操作。事实上，"有穷性"往往指"在合理的范围之内"。如果让计算机执行一个历时 1000 年才结束的算法，这虽然有穷的，但超过了合理的限度，我们也不把它视为有效算法。究竟什么算"合理限度"？这应该由人们的常识和需要判定。

（2）确定性。算法中的每一个步骤都应当是确定的，而不应是含糊的、模棱两可的。例如，有一个健身操的动作 "手举过头顶"，这个步骤就是不确定的，含糊的。是双手都举过头，还是左手或右手？举过头顶多少厘米？不同的人会有不同的理解。算法中的每个步骤应当是明确无误的。算法的含义也应当是唯一的，而不应产生"歧义性"。所谓"歧义性"，是指可以被理解为两种（或多种）可能的含义。

（3）有零个或多个输入。所谓输入是指在执行算法时需要从外界取得必要的信息。例如，用户从键盘输入两个整数，进行加法计算。需要用户从键盘输入两个整数。

（4）有一个或多个输出。算法的目的是为了求解，"解"就是输出。例如，计算两个整数之和，就要将最后的和输出到显示器上。但算法的输出并不一定需要计算机打印输出或屏幕输出，一个算法得到的结果就是算法的输出。没有输出的算法是没有意义的。

（5）有效性。算法中的每个步骤都应该能有效地执行，并得到确定的结果。例如，若 b=0，则 a/b 是不能被有效执行的。

对于一般最终用户来说，他们并不需要在处理每个问题时都要自己设计算法和编写程序，可以使用别人已设计好的现成算法和程序，只需根据已知算法的要求给予必要的输入，就能得到输出的结果。对使用者来说，算法如同一个"黑箱子"一样，他们可以不了解"黑箱子"中的结构，只是从外部特性上了解算法的作用，即可方便地使用算法。例如，对一个"输入 3 个数，求其中最大值"的算法，可以用图 2.1 表示，只要输入 a，b，c 这 3 个数，执行算法后就能得到其中最大的数。

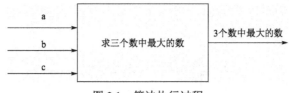

图 2.1　算法执行过程

对于程序设计人员来说，必须学会设计常用的算法，并且根据算法编写程序。

2.2.2　算法的表示

常用的算法表示方法有：自然语言、传统流程图、结构化流程图和伪代码等。本书重点用流程图来表示算法。

1. 流程图及常用符号

流程图是用一些图框来表示各种操作。用图形表示算法，直观形象、易于理解。美国国家标准化协会 ANSI（American National Standard Institute）规定了一些常用的流程图符号，现已为世界各国程序工作者普遍采用，具体符号如图 2.2 所示。

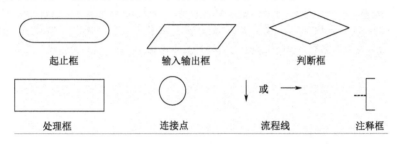

图 2.2　流程图符号

（1）菱形框的作用是对一个给定的条件进行判断，根据给定的条件是否成立决定如何执行其后的操作。它有一个入口，两个出口。

（2）连接点（小圆圈）的作用是将画在不同地方的流程线连接起来。用连接点可以避免流程线交叉或过长，使流程图清晰。

（3）注释框不是流程图中必要的部分，不反映流程和操作，只是为了对流程图中某些框的操作进行必要的补充说明，以帮助读者更好地理解流程图的作用。

2. 三种基本结构和改进的流程图

1966 年，Bohra 和 Jacopini 提出了以下 3 种基本结构，用这 3 种基本结构作为表示一个良好算法的基本单元。

（1）顺序结构。顺序结构基本形式如图 2.3 所示，其中 A 和 B 两个框是按顺序执行的，顺序结构是最简单的一种基本结构。

（2）选择结构。选择结构又称选取结构或分支结构，如图 2.4 所示。此结构中必包含一个判断框。根据给定的条件 P 是否成立而选择执行 A 框或 B 框指定的操作。例如，P 条件可以是 $x \geq 0$ 或 $a > y$，$a+b < c+d$ 等。

注意：无论 P 条件是否成立，只能执行 A 框或 B 框之一，不可能既执行 A 框又执行 B 框。无论走哪一条路径，在执行完 A 框或 B 框之后，都经过 b 点，然后脱离本地选择结构。A 框或 B 两个框中可以有一个是空的，即不执行任何操作，如图 2.5 所示。

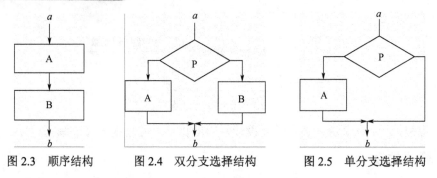

图 2.3　顺序结构　　　图 2.4　双分支选择结构　　　图 2.5　单分支选择结构

（3）循环结构。又称重复结构，即反复执行某一部分的操作。有两类循环结构。

① 当型（while 型）循环结构。当型循环结构如图 2.6（a）所示。它的作用是：当给定的条件 P1 成立时，执行 A 框操作，执行完 A 框后，再判断条件 P1 是否成立，如果仍然成立，再执行 A 框，如此反复执行 A 框，直到某一次 P1 条件不成立时为止，此时不执行 A 框，而从 b 点脱离循环结构。

② 直到型（until 型）循环结构。直到型循环结构如图 2.6（b）所示。它的作用是：先执行 A 框，然后判断给定的 P2 条件是否成立，如果 P2 条件不成立，则再执行 A 框，然后再对 P2 条件作判断，如果 P2 条件仍然不成立，又执行 A 框，如此反复执行 A 框，直到给定的 P2 条件成立为止，此时不再执行 A 框，从 b 点脱离本循环结构。

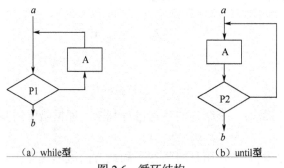

（a）while 型　　　　　　　　（b）until 型

图 2.6　循环结构

当型循环的应用举例如图 2.7 所示，直到型循环的应用举例如图 2.8 所示。

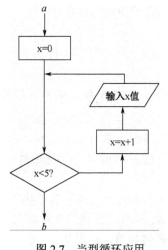　　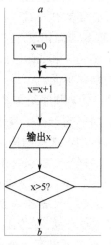

图 2.7　当型循环应用　　　　图 2.8　直到型循环应用

顺序结构、选择结构、循环结构都可以归纳出以下 4 个特点。
- 只有一个入口。图 2.3 至图 2.8 中的 a 点为入口点。
- 只有一个出口。图 2.3 至图 2.8 中的 b 点为出口点。请注意，一个判断框有两个出口，而一个选择结构只有一个出口。不要将判断框的出口和选择结构的出口混淆。
- 结构内的每一部分都有机会被执行到。也就是说，对每一个框来说，都应当有一条从入口到出口的路径通过它。图 2.9 中没有一条从入口到出口的路径通过 A 框。
- 结构内不存在"死循环"（无终止的循环）。图 2.10 就是一个死循环。

由以上 3 种基本结构组成的算法，可以解决任何复杂的问题。由基本结构所构成的算法属于"结构化"的算法，它不存在无规律的转向，只有本结构内才允许存在分支和向前或向后的跳转。

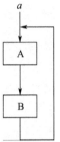
图 2.9　循环结束

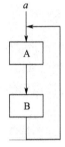
图 2.10　死循环

其实，基本结构不一定只限于顺序、选择和循环结构，只要具有前文描述的 4 个特点的都可以作为基本结构。用户可以自己定义基本结构，并由这些基本结构组成结构化程序。例如，也可以将图 2.11 和图 2.12 这样的结构定义为基本结构。图 2.12 所示的是一个多分支选择结构，根据给定的表达方式的值决定执行哪一个框。图 2.11 和图 2.12 的结构也只有一个入口和出口，并且具有上述全部的 4 个特点。由它们构成的算法结构也是结构化的算法。但是，可以认为诸如图 2.11 和图 2.12 这样的结构是由 3 种基本结构派生出来的。

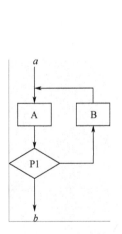
图 2.11　基本结构

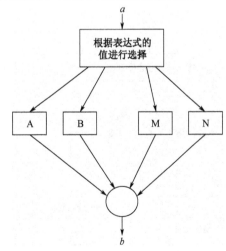
图 2.12　多分支结构

2.2.3　计算机解决问题的一般过程

人们解决问题一般使用两种方法：人工操作和计算机操作。

早期，由于数据量大，人们以手工算法居多，人解决问题的一般过程：第一、观察、分析问题；第二、收集必要的信息；第三、根据已有的知识和经验来判断、推理问题；第四、按照一定的方法和步骤来解决问题。

随着科技的发展和计算机性能的提高，越来越多的人使用计算机来解决各式各样的问题。计算机看起来似乎无所不能，但实际上，计算机只能按照设计好的程序，一步步地进行计算。使用计算机解题的一般过程：第一、分析问题确定要用计算机做什么；第二、寻找解决问题的途径和方法（怎么做）；第三、用计算机进行处理。

一般来说，用计算机解决具体问题时，大致经过以下几个步骤：分析问题；设计算法；编写程序；调试程序；检测结果。

2.2.4 绘制算法流程图

【实例 2-1】 计算长方形的面积。

首先分析该问题，找到解决计算长方形面积的公式：$s = l \times w$；其中 s 代表长方形面积，l 代表长方形的长，w 代表长方形的宽。然后设计计算长方形面积的算法。

计算长方形面积的算法：（1）首先计算机要接收用户输入的长方形长度和宽度两个值；（2）判断长度和宽度的值是否大于零；（3）如果值大于零，将长度和宽度两个值相乘得到面积，若长度与宽度的值小于零，则显示输入错误；（4）将面积显示在计算机显示器上。

下面用流程图表示计算长方形面积算法，如图 2.13 所示。

【实例 2-2】 将装满西瓜汁和橙汁的两个杯子进行互换。

首先分析问题，将两个杯子互换，可以借助第三个杯子。故算法步骤为：（1）先将 A 杯中的西瓜汁倒在 C 杯中；（2）再将 B 杯中的橙汁倒在 A 杯中；（3）最后将 C 杯中的西瓜汁倒在 B 杯中。交换过程如图 2.14 所示。

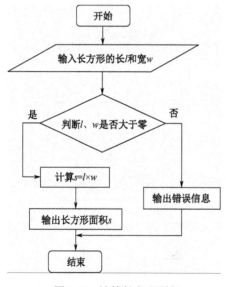

图 2.13 计算长方形面积

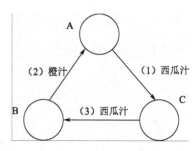

图 2.14 交换过程

2.3 任务实施

1. 任务描述

从键盘先后输入若干个整数,要求打印出其中最大的数,当输入的数小于 0 时结束,请绘制流程图。

2. 任务目标

- 掌握算法概念。
- 掌握流程图的绘制。

3. 任务分析

首先输入一个数,在没有其他数参加比较之前,它显然是当前最大的数,把它放到变量 max 中。让 max 始终存放当前已比较过的数中的最大值。然后输入第二个数,并与 max 比较,如果第二个数大于 max,则用第二个数取代 max 中原来的值。按照此原则,先输入后比较,每次比较后都将值大者放在 max 中,直到输入的数小于 0 时结束。最后 max 中的值就是所有输入数中的最大值。

4. 任务完成

根据任务分析,可以画出如图 2.15 所示的流程图。变量 x 用来控制循环次数,当 x>0 时,执行循环体;在循环体内进行两个数的比较和输入 x 值。在循环体的矩形框内包含一个选择结构。

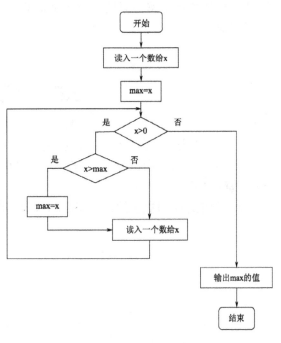

图 2.15 输出最大值流程图

2.4 问题探究

1. N-S 流程图

由若干个小的基本框图构成的流程图简称 N-S 图。例如,先后输入若干个整数,要求打印出其中最大的数,当输入的数小于 0 时结束,其 N-S 流程图如图 2.16 所示。

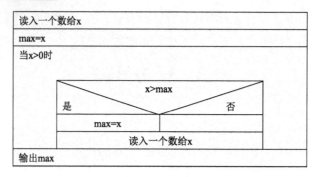

图 2.16　N-S 流程图

2．算法设计的重要性

算法设计是程序设计解决问题的重要环节，程序设计语言千变万化，但是算法是解决问题的根本思路，万变不离其宗。学好算法，用好算法是我们今后编程的基石，同时也为我们在生活中解决问题提供了新的思维方法。因此，保持严谨的态度，任何问题都可以解决。

2.5　实践与思考

1．设计算法，找出全班学生中身高最高的一位同学。并用学过的任一种方式进行描述。

2．关于流程图和框图的绘制工具，互联网上有很多的相关软件，用搜索引擎找一找，并下载后试用一下。

3．如果想学习更多的关于算法的知识，请读者登录互联网深入查询了解。

第 3 章 语法基础

知识目标

1. 掌握标识符的定义
2. 掌握值类型和引用类型
3. 掌握常量和变量
4. 掌握运算符和表达式
5. 掌握数据类型转换
6. 掌握字符串类型
7. 掌握结构和枚举类型

技能目标

1. 理解数据类型
2. 熟悉运算符和表达式的运算
3. 熟悉字符串的操作
4. 熟悉结构和枚举类型

一个好的编程人员，编写一个程序应包括两方面的内容：
（1）数据描述；
（2）操作步骤（即动作的描述）。

数据是操作的对象，操作的结果会改变数据的状况。厨师做菜肴，需要菜谱。菜谱上一般包括：配料（就是所需要的数据，即数据结构，数据的组织形式）和操作步骤（就是算法，即解决问题的方法）。本章主要介绍 C#中所用到的数据的类型，运算符和表达式，以及数据的接收和显示。

3.1 标识符

知识目标：

1. 掌握标识符的定义
2. 掌握程序书写格式

3.1.1 标识符

标识符是程序中用户定义的一些有意义的名称，例如变量和函数的名称。C#的标识符名称遵守以下规则。

（1）所有的标识符只能由字母、数字和下画线这 3 类字符组成，且第一个字符必须为字母或下画线。合法的字符为：26 个大小写字母，0～9 之间的 10 个数字以及下画线。

（2）标识符中不能包含空格、标点符号、运算符等其他符号。

（3）标识符严格区分大小写。

（4）标识符不能与 C#关键字名相同，表 3.1 列出了 C#的关键字。

表 3.1　C#的关键字表

abstract	base	bool	break	byte	case	char
catch	class	checked	const	continue	do	decimal
default	delegate	double	else	enum	event	explicit
extern	finally	false	fixed	float	for	foreach
goto	in	if	implicit	int	interface	internal
is	lock	long	new	null	namespace	object
operator	out	override	params	private	protected	public
readonly	ref	return	sizeof	sbyte	sealed	short
static	string	struct	switch	this	throw	true
try	typeof	ulong	unchecked	unit	ushort	using
virtual	void	while				

（5）标识符不能与C#中的类库名相同。

例如，以下是合法的标识符："_stu"、"name"、"teacher"、"_123"。

以下是不合法的标识符："base"是C#关键字；"3a"是数字开头；"a%4"中不能使用"%"号。

3.1.2　C#书写格式特点

（1）缩进：常用锯齿形书写格式。

（2）字母大小写：C#是大小写敏感的语言，它把同一字母的大小写当作两个不同的字符对待。

（3）程序注释。程序注释分为两种，分别是单行注释与多行注释。

① 单行注释，以双斜线"//"开始，一直到本行尾部，均为注释内容。

② 多行注释，以"/*"开始，以"*/"结束，可以注释多行，也可以注释一行代码中间的一部分，比较灵活。

（4）不使用行号，无程序行概念。

（5）可使用空行和空格。

作为一名优秀程序员，应具备以下素质：使用"Tab"键缩进；注意大括号"{ }"对齐；有足够的注释；有合适的空行。

3.2　数据类型

◎ 知识目标：

1. 掌握常量和变量
2. 掌握值类型和引用类型
3. 掌握数据类型转换
4. 掌握字符串类型

5. 掌握结构和枚举类型

● 技能目标：
1. 掌握常量和变量的声明
2. 掌握值类型和引用类型的声明
3. 熟悉字符串类型的声明
4. 了解结构和枚举类型的声明

3.2.1 常量

常量的值在整个程序中是固定不变的。常量一般分为直接常量和符号常量。

1. 直接常量

直接常量是指把程序中不变的量直接编码为数值或字符串值。例如，以下都是直接常量："100"是整型常量；"1.3"是浮点型常量；"true"是布尔类型常量；"C#程序设计"是字符串常量。

2. 符号常量

符号常量是通过关键字"const"声明的常量，包括常量的名称和它的值。常量声明的格式如下：

```
const 数据类型 常量表达式=初始值；
```

其中，"常量名"必须是C#的合法标识符，在程序中通过常量名来访问该常量。"数据类型"指的是所定义的常量的数据类型，而"初始值"是所定义的常量的值。

符号常量有以下两个特点。

（1）在程序中，常量只能被赋予初始值。一旦赋予一个常量初始值，这个常量的值在程序的运行过程中就不允许改变，即无法对一个常量赋值。

（2）定义常量时，表达式中的运算符对象只允许出现常量和常数，不能有变量存在。

例如，圆周率就可以声明为常量：

```
const float PI=3.1415927；
```

声明常量后，可以使用同一名称表示多处使用的数据，修改也比较方便。

【实例3-1】 在"D:\C#\ch3\"路径下创建项目P3_1，定义符号常量，实现计算圆的面积。结果如图3.1所示。

```
static void Main(string[] args)
{
    const double PI = 3.14159265;
    double R = 2;
    double S = PI * R * R;
    Console.WriteLine("圆的面积为：{0}", S);
    Console.ReadLine();
}
```

图3.1 【实例3-1】结果

3.2.2 变量

变量可以保存特定的数据，用来在程序中进行运算等操作。变量首先需要声明其名称和类型，才能在程序中引用。

变量的命名必须遵循C#语言的命名规范。

（1）变量名只能由字母、数字和下画线组成，首字符必须是字母和下画线。

（2）变量名不能是 C#中的关键字，类库方法名。

（3）变量区分大小写，即大小写含义不同。如：说明变量"X"和"x"是不同的；"score"、"Score"和"SCORE"是三个不同的变量。

另外，一些关于变量命名较好的建议是：变量的命名最好采用小写字母开头，如果变量包含多个单词，则第二个单词及后续单词的首字符采用大写字母；变量名应具有描述性质，这样使程序容易理解。声明变量的语法为：

数据类型 变量名;

例如，声明一个整型变量来表示成绩：

int score;

声明了变量后就可以引用变量，例如，用浮点类型定义商品价格为 10 元：

double price;
price=10;

3.2.3 值类型

C#编程中，大家会经常使用到不同的数据类型，那么 C#编程语言到底有什么类型呢？主要有两大类：值类型和引用类型。

值类型分为简单类型、结构类型和枚举类型。

简单类型包含整数类型、浮点类型、布尔类型和字符类型。各种数据类型及取值范围如表 3.2 所示。

表 3.2 简单数据类型

描 述	位 数	数据类型	取 值 范 围
有符号字节型	8	sbyte	在-128～127 之间
有符号短整型	16	short	在-32768～32767 之间
有符号整型	32	int	在-2147483648～2147483647 之间
有符号长整型	64	long	在-9223372036854775808～9223372036854775807 之间
无符号字节型	8	byte	0～255 之间
无符号短整型	16	ushort	0～65535 之间
无符号整型	32	uint	0～4294967295 之间
无符号长整型	64	ulong	0～18446744073709551615 之间
单精度浮点型	32	float	7 位小数，在$\pm 1.5 \times 10^{-45}$～3.4×10^{38} 之间
双精度浮点型	64	double	15～6 位小数，在$\pm 5.0 \times 10^{-324}$～1.7×10^{308} 之间
十进制类型	128	decimal	28～29 位小数，在 1.0×10^{-28}～7.9×10^{38} 之间
布尔类型	8	bool	true 或 false
字符类型	16	char	unicode 字符

1．整数类型

整数类型的数据值只能是整数。数学上的整数可以是负无穷大到正无穷大，但计算机的存储单元是有限的，因此计算机语言所提供的数据类型都是有一定范围的。C#中提供了 8 种整数类型，它们的取值范围如表 3.2 所示。

定义整数类型变量，例如：

```
sbyte    a=10;           byte    a=10;
short    a=10;           ushort  a=10;
int      a=10;
uint     a=10;        或 uint a=10U;
long     a=10;        或 long a=10L;
ulong    a=10;        或 ulong a=10UL;
```

C#提供多种整数类型，表示各种整型数据，包括有符号和无符号两种。

整数也可表示为八进制数或十六进制数，前导"零"表示该数是八进制数。例如：0777 或 0002；前导 0x（或 0X，这里"0"是阿拉伯数字"0"，不是字母"o"）表示该数十六进制数，例如：

```
long x=0x12ab;      //声明一个整型变量 x，并为其赋值为十六进制的数据 12AB
```

在程序中书写一个十进制的数值常数时，C#默认按照如下方法判断一个数值常数属于哪种 C#数值类型。

- 如果一个数值常数不带小数点，如"3456"，则这个常数的类型是个整型。
- 对于一个属于整型的数值常数，C#按如下顺序判断该数的类型：int，uint，long，ulong。
- 如果一个数值常数带小数点，如"1.2"，则该常数的类型是浮点型中的 double 类型。

2. 浮点类型

浮点类型用来表示小数的数值类型，包含单精度和双精度两种，取值范围和精度都不同。另外，C#提供了十进制 decimal 类型来处理货币类型的计算，避免了浮点计算造成的误差。相应地，精度要求越高，CPU 的计算负担就越重。

对 float 型，在字面值后添加一个"F"或"f"；所有浮点数的默认类型都是 double 型，所以不用加后缀"D"或"d"。浮点类型数值举例如下：

```
float x=2.3F;          //x=2.3
double y=2.7E+23;      //y=2.7×10²³
decimail myMoney=300.5m;
decimal y=99999999999999999m;
decimal x=123.123456789m;
```

3. 布尔类型

布尔类型表示逻辑真和逻辑假，只有 true 和 false 两个取值，分别表示"真"和"假"两个值。布尔类型数值举例如下：

```
bool myBool=false;              bool b=(i>0 && i<10);
```

注意：C#条件表达式的运算结果必须是 bool 型；布尔类型还有一个特点：不能进行数据类型转换。

4. 字符类型

字符型数据采用了 Unicode 标准字符集，最多可容纳 65 536 个字符，能够表示 ASCII 字符集和多个国家的语言字符及一些专业符号。字符字面值可以用几种形式编写：

- 作为一个单引号字符如：char ch= 'A'。
- 作为一个十六进制数如：\X001A。
- 作为一个具有转型的整数，如：(char)32。
- 作为一个单代码数，如：\u001A。

C#语言中还可以使用十六进制的转义符前缀（"\x"）或 Unicode 表示法前缀（"\u"）对字符型变量和 string 类型的变量进行赋值，例如：

```
char mychar2='\x41';    //字母"A"的十六进制表示
char mystr3='\u0041';   //字母"A"的 Unicode 表示
```

C#语言中也可以采用转义符来表示一些特殊的字符，包括一些控制字符。下表中列出了一些定义字符型数据和字符串类型的数据时常用的转义符。C#中提供的转义字符，如表 3.3 所示。

表 3.3 转义字符

转义字符	意 义	ASCII 码	转义字符	意 义	ASCII 码
\a	响铃	007	\\	代表一个反斜线字符"\"	092
\b	退格，将当前位置移动前一列	008	\'	代表一个单引号字符	039
\f	换页，将当前位置移到下页开头	012	\"	代表一个双引号字符	034
\n	换行，将当前位置移动下一行开头	010	\0	空字符	000
\r	回车，将当前位置移到本行开头	013	\ddd	1～3 位八进制所代表的任意字符	3 位八进制
\t	水平制表	009	\xhh	1～2 位十六进制所代表的任意字符	2 位十六进制
\v	垂直制表	011			

【实例 3-2】 在"D:\C#\ch3\"路径下创建项目 P3_2，将用户输入的小写字母转换为大写字母，程序运行结果如图 3.2 所示。

图 3.2 【实例 3-2】结果

```
static void Main(string[] args)
{
    char c1,c2;
    int c;
    Console.WriteLine("请输入一个字符：");
    c1=(char)(Console.Read());
    c2=(char)((int)c1-32);
    c=(int)c2;
    Console.WriteLine("c1={0},c2={1},
    c={2}", c1,c2,c);
}
```

3.2.4 引用类型

引用类型包括类（class）、接口（interface）、委托（delegate）和数组（array）。

1. 类

类是一组具有相同数据结构和相同操作的对象集合。创建类的实例必须使用关键字 new 来进行声明。

类和结构之间的根本区别在于：结构是值类型，而类是引用类型。对于值类型，每个变量直接包含自身的所有数据，每创建一个变量，就在内存中开辟一块区域；而对于引用类型，每个变量只存储对目标存储数据的引用，每创建一个变量，就增加一个指向目标数据的指针。

2. 接口

应用程序之间要相互调用，就必须事先达成一个协议，被调用的一方在协议中对自己所能提供的服务进行描述。在 C#中，这个协议就是接口。接口定义中对方法的声明，既不包括访问限制修饰符，也不包括方法的执行代码。

注意：如果某个类继承了一个接口，那么它就要实现该接口所定义的服务。也就是实现接口中的方法。

3. 委托

委托用语封装某个方法的调用过程；委托的使用过程分为 3 步：

① 定义 delegate void HelloDelegate()。
② 实例化 HelloDelegate hd = new HelloDelegate(p1.Say); //p1.Say 调用的方法。
③ 调用 hd()。

4. 数组

数组主要用于同一数据类型的数据进行批量处理。在 C#中，数组需要初始化之后才能使用。

注意：对于规则多维数组，调用 Length 属性所得的值为整个数组的长度；而调用其 GetLength 方法，参数为"0"时得到数组第一维的长度，参数为"1"时得到数组第二维的长度，以此类推。而对于不规则多维数组，调用 Length 属性和以"0"为参数调用其 GetLength 方法，得到的都是第一维的长度。

3.2.5 字符串

在 C#语言中，字符串是使用 string 关键字声明的一个字符数组，放在一对双引号之中，如"fgh234"、"!#"、"程序设计"等。和数组一样，string 中的字符也有索引值，索引从"0"开始，例如，"abcd"中，字符"b"的索引值是"1"。字符串类型的关键字 string，实际是指向.NET 类库中的 System.String 类，因此字符串实际也是引用类型。以下代码声明了字符串类型数据：

```
string s="helloworld";
```

字符串中可以包含转义符，如"\n"（换行）为：

```
string hello="Hello\nWorld!"; 在屏幕上的显示结果：
Hello
World!
```

1. 字符串的属性和方法

string 类提供了很多字符串处理方法，如格式化数字、比较字符串、分割字符串、取子串、排序字符串等。字符串作为字符数组，同样可以使用各种数组类的方法。下面逐一介绍这些常用方法。

（1）比较字符串的值。使用 string.Equals 方法，判断两个 string 对象是否具有相同的值。

【实例 3-3】 在"D:\C#\ch3\"路径下创建项目 P3_3，将输入的用户名和密码与相对应的值比较，判断是否相等。运行结果如图 3.3 所示。

图 3.3 【实例 3-3】结果

```
static void Main(string[] args)
{
```

```
        string userName = Console.ReadLine();
        string password = Console.ReadLine();
        if (userName.Equals("王五") && password.Equals("12"))
            Console.WriteLine("OK");
        Console.ReadLine();
    }
```

除了 Equals 方法外,还可以用 "==" 和 Compare 方法来判断字符串是否相等。

【实例 3-4】 在 "D:\C#\ch3\" 路径下创建项目 P3_4,使用 Compare 比较字符串。

```
    static void Main(string[] args)
    {
        if (string.Compare("程序", "设计") > 0)
            Console.WriteLine("程序>设计");
        else Console.WriteLine("程序<设计");
        Console.ReadLine();
    }
```

程序运行结果:程序<设计。

(2) 取子串。substring 方法有两种形式:

- public string Substring(int startIndex);
- public string Substring(int startIndex,int length)。

其中,startIndex 表示子字符串的起始位置,length 表示子串的长度,例如:

```
string str = "cartoon";
string str1 = str.Substring(3);      //str1 = "toon";
string str2 = str.Substring(0, 3);   //str2 = "car";
```

(3) 字符串查找。有以下三种方式:

- public int IndexOf(char)——在整个字符串中查找指定的子串;
- public int IndexOf(string, int)——从字符串的指定位置开始查找指定的子串;
- public int IndexOf(string, int, int)——从字符串的指定位置开始,在指定的长度内查找指定的子串。

同样,只要找到指定的子串,那么 IndexOf 方法就返回该子串在字符串中首次出现的位置;如果没有找到则返回 "-1"。字符串查找举例如下:

```
string str = "cartoon";
string str1 = "cart";
int i1 = str.IndexOf(str1);          //i1 = 0;
int i3 = str.IndexOf(str1, 2);       //i3 = -1;
int i4 = str.IndexOf("on");          //i4 = 5;
```

(4) 删除字符串。Remove 得到的是删除了指定子串之后的字符串,有以下两种形式:

- public string Remove(int)——删除字符串从指定位置开始之后的子串;
- public string Remove(int, int)——删除字符串从指定位置开始的指定长度的子串。

例如:

```
string str = "cartoon";
string str1 = str.Remove(2);         //str1 = "ca";
string str2 = str.Remove(0, 3);      //str2 = "toon";
```

(5) 插入一个子串。string 类的 Insert 方法则用于在字符串的指定位置插入一个子串。

例如:

```
string str = "cartoon";
string str1 = str.Insert(3, "on"); //str1 = "carontoon";
```

（6）连接字符串。类似地，字符串的连接也有两种方法，一是通过操作符"+"，二是通过 string 类的静态方法 Concat。比如下面后两句代码的输出均为"Hello, White"：

```
Person p1 = new Person("White");
Console.WriteLine("Hello, " + p1.Name);
Console.WriteLine(string.Concat("Hello, ", p1.Name));
```

2．常用方法汇总

字符串常用方法如表 3.4 所示。

表 3.4　字符串常用方法汇总

方　　法	说　　明
string (char[])	使用指定的字符串数组构建一个新的 string 对象
int Compare(string a,string b,bool case)	比较字符串 a 与 b，case 为 true 时表示不区分大小写。当 a>b 返回正数，当 a<b 返回负数，若 a=b 返回 0
bool EndsWith(string)	确定当前字符串是否以指定的字符串结尾
bool StartsWith(string)	确定当前字符串是否以指定的字符串开头
int IndexOf()	返回指定的字符或字符串在当前字符串中的位置
int LastIndexOf()	返回指定字符或字符串的最后一个匹配项位置
String Insert(int,string)	在当前的字符串中插入一个指定的字符串
string Replace(string,string)	字符串替换
String Remove(int,int)	从指定位置开始删除指定个数的字符
ToUpper()	将字符串中字符转换为大写
ToLower()	将字符串中字符转换为小写
String SubString(int,int)	返回从指定位置开始指定个数的字符串

3.2.6　数据类型转换

在 C#程序中，数据类型转换有隐式类型转换和显式类型转换两种方式。

1．隐式数据转换

隐式数据转换的规则是由低精度的数据自动向高精度的数据进行转换。如表 3.5 所示。

表 3.5　隐式转换

低　精　度	高　精　度
sbyte	short、int、long、float、double 或 decimal
byte	short、ushort、int、uint、long、ulong、float、double 或 decimal
short	int、long、float、double 或 decimal
ushort	int、uint、long、ulong、float、double 或 decimal
int	long、float、double 或 decimal
uint	long、ulong、float、double 或 decimal
long	float、double 或 decimal
ulong	float、double 或 decimal
char	ushort、int、uint、long、ulong、float、double 或 decimal
float	double

【实例3-5】 在 "D:\C#\ch3\" 路径下创建项目 P3_5，熟悉隐式数据的转换。

```
static void Main(string[] args)
{
    int m=10;
    double n;
    n=m;
    Console.Write(n);
    Console.Read();
}
```

上面的代码中，int 类型 m 的值自动转换成 double 类型再赋给 n，反之，如果将 n 的值赋给 m，则会出现无法转换的错误信息。

2. 显式数据转换

显式转换又称为强制类型转换，需要指定转换的类型，转换格式如下：

```
(类型标识符)  表达式
```

例如：

```
char ch=97;
int i=(int)ch;
```

由于显式转换存在高精度数据向低精度数据的转换，因此可能出现丢失数据或数据错误的情况。

3. string 类与其他类型的转换

C#中还经常要进行 string 类型和其他简单类型的转换，这里需要使用 Framework 类库中提供的一些方法。

（1）string 类型转换成其他类型。整型、浮点型、字符型和布尔类型都对应有一个结构类型，该结构类型中提供 parse 方法，可以把 string 类型转换成相应的类型，例如，要把 string 类型转换成 int 类型，则有相应的 int.parse(string)方法，下面举例说明。

【实例3-6】 在 "D:\C#\ch3\" 路径下创建项目 P3_6，熟悉将 string 类型转换成整型。

```
static void Main(string[] args)
{
    string str="123";
    int i=int.Parse(str);
    Console.Write(i);
    Console.Read();
}
```

结果：i 的值为 "123"。

（2）其他类型转换成 string 类型。计算后的数据如果要以文本的方式输出，如在文本框中显示计算后的数据，则需要将数值数据转换成 string 类型，转换方法是执行 ToString 方法，下面举例说明。

【实例3-7】 在 "D:\C#\ch3\" 路径下创建项目 P3_7，熟悉 ToString 方法将其他类型数据转换成 string 类型。

```
static void Main(string[] args)
{
    int j = 5*5;
    string str = "5*5的平方是:" + j.ToString();
    Console.Write(j);
    Console.Read();
}
```

程序输出的结果："5*5 的平方是：25"。

（3）Convert 类。Convert 类中提供了多种数据转换方法，对不同类型之间的数据进行转换。把 string 转换成 double 类型，使用 ToDouble 方法，其形式之一为：

```
Convert.ToDouble(string)
```

【实例 3-8】 在"D:\C#\ch3\"路径下创建项目 P3_8，熟悉 Convert 类进行数据转换类型。

```
static void Main(string[] args)
{
    double d = Convert.ToDouble("123.456");
    Console.Write(d);
    Console.Read();
}
```

程序输出的结果是："123.456"。

3.2.7 结构类型

结构类型用来组合一些相关的信息，形成一种新的复合数据类型。结构类型的元素可由不同的值类型变量构成，这些变量称为结构的成员。例如，把日期作为一种数据类型，其中包含年、月、日三个整型的成员。结构类型采用 struct 来声明，如定义日期结构类型：

```
struct date
{
    public int year;
    public int month;
    public int day;
}
```

结构类型的成员类型没有限制，可以是任何值类型，甚至包含结构类型本身。结构和类非常相似，它们都可以包含字段、方法、属性、事件、索引等成员，结构也可以实现多个接口。C#中的自定义结构类型为值类型，适用于构建一些比较小的数据结构。结构类型的数据被分配在栈上，并且不能继承和引用。

【实例 3-9】在"D:\C#\ch3\"路径下创建项目 P3_9，熟悉 struct 类型的用法，创建 Student 结构体类型数据，声明该类型变量，输入相关数据并输出。运行结果如图 3.4 所示。

```
using System;
namespace P3_9
{
    public struct Student
    {
        public int No;
        public char Sex;
        public int Age;
        public int Score;
    }
    class Program
    {
        static void Main(string[] args)
        {
            Student stu;
            stu.No = 001;
            stu.Sex = '女';
```

图 3.4 【实例 3-9】结果

```
            stu.Age = 19;
            stu.Score = 80;
            Console.WriteLine("学生学号为: {0}", stu.No);
            Console.WriteLine("学生性别为: {0}", stu.Sex);
            Console.WriteLine("学生年龄为: {0}", stu.Age);
            Console.WriteLine("学生成绩为: {0}", stu.Score);
            Console.ReadLine();
        }
    }
}
```

3.2.8 枚举类型

1. 枚举的定义

如果一个变量只有几种可能的值,那么就可以把它声明为枚举类型。下面举例说明:

```
enum Color {Red,Green,Blue}
```

这个例子声明了一个名为 Color 的枚举类型,它的成员有 Red、Green 和 Blue。

枚举的声明以关键字 enum 开始,然后是定义名字、存取权限、类型和枚举的成员。存取权限包括 new、public、protected、internal 和 private。枚举型可以在类以外定义。

2. 枚举的类型

每个枚举类型都有一个相应的类型,可以理解为枚举成员的类型,一个枚举声明可以把枚举成员的类型声明为 byte、sbyte、short、ushort、int、uint、long 或者 ulong。需要注意的是,char 不能被用来声明为枚举元素的类型。一个枚举的声明如果特别声明枚举元素的类型,则默认的类型是 int。比如,规定 Color 中的成员其类型为 long:

```
enum Color :long{Red,Green,Blue}
```

3. 枚举成员的值

每个枚举成员都有相应的取值,可以在定义时指定每个枚举成员所代表的值,这个值必须是整型的。例如:

```
enum Color :long{Red=2,Green=4,Blue=6}
```

如果在定义枚举时没有给枚举成员指定值,则默认第一个元素的值为 0,其后每个元素的值依次增加 1。例如:

```
enum Days{Sun,Mon,Tue};//Sun:0,Mon:1,Tue:2
```

4. 枚举类的方法

System.Enum 类中提供了许多方法可以用来存取 enum 类型中的列举清单项目,常用的方法有以下两种:

- GetNames——取回枚举值中代表特点常数的字符串名称;
- GetValues——取回枚举成员的值。

图 3.5 【实例 3-10】结果

【实例 3-10】 在"D:\C#\ch3\"路径下创建项目 P3_10,熟悉 enum 类型的用法。运行结果如图 3.5 所示。

```
using System;
namespace P3_10
{
    enum MyColor {蓝色=3,白色,红色};
    enum Days { 上旬,中旬,下旬};
    class Program
    {
```

```csharp
            static void Main(string[] args)
            {
                MyColor color;
                Days day;
                color = MyColor.红色;
                day = Days.上旬;
                Console.WriteLine("color:{0},day:{1}",color,day);
                //获取枚举类型中定义的成员名称
                string[] colorNames = Enum.GetNames(typeof(MyColor));
                string[] dayNames = Enum.GetNames(typeof(Days));
                //逐个显示成员名称
                for (int i = 0; i <colorNames.Length; i++)
                    Console.WriteLine(colorNames[i]);
                for (int i = 0; i < dayNames.Length; i++)
                    Console.WriteLine(dayNames[i]);
                //获取枚举类型中成员的值
                int[] colorValues = (int[])Enum.GetValues(typeof(MyColor));
                int[] dayValues = (int[])Enum.GetValues(typeof(Days));
                //逐个显示枚举成员的值
                for (int i = 0; i < colorValues.Length; i++)
                    Console.WriteLine(colorValues[i]);
                for (int i = 0; i < dayValues.Length; i++)
                    Console.WriteLine(dayValues[i]);
                Console.ReadLine();
            }
        }
    }
```

3.3 运算符和表达式

知识目标：

1. 熟悉 C#运算符
2. 熟悉 C#表达式

技能目标：

1. 掌握运算符的应用
2. 掌握 C#表达式的计算方法

运算符是表示各种不同运算的符号。程序中的各种运算通常包括算术运算、逻辑运算和比较运算。由运算符和操作数组成了各种运算表达式，进行数学、关系和逻辑等各种问题的处理。

（1）运算符是表示各种不同运算的符号。例如，加号"+"与减号"−"。

（2）表达式是由变量、常量、数值和运算符组成的，是用运算符将运算对象连接起来的运算式。表达式在经过一系列运算后得到的结果就是表达式的结果，结果的类型是由参加运算的操作数据的数据类型决定的，比如"a+b+c"。

（3）C#中有三大类运算符：

- 一元运算符——带有 1 个运算对象，比如"i++"。
- 二元运算符——带有 2 个运算对象，比如"x+y"。

- 三元运算符——带有 3 个运算对象，条件运算符是唯一的一个三元运算符。

学习 C#运算符需要注意以下几点：运算符与运算量的关系（运算符所需的运算量个数和类型）；运算符的优先级别；结合方向；结果的类型。

3.3.1 算术运算符

C#语言中的算术表达式由运算符和操作数组成，算术运算符如表 3.6 所示。

表 3.6 算术运算符

运算符	描述	举例
+	加法	1+2
-	减法或取负	a-3
*	乘法	x*y
/	除法	m/2
%	取模	20%4
++	自增	i++,++i
--	自减	i--,--i

1. 四则运算符

四则运算包括：加、减、乘、除，此外"%"是求余运算。

例如，"x=7%3"，则 x 的值为 1，因为 7÷3 的余数为 1。

【实例 3-11】 在 "D:\C#\ch3\" 路径下创建项目 P3_11，熟悉加、减、乘、除、取余的运算。运行结果如图 3.6 所示。

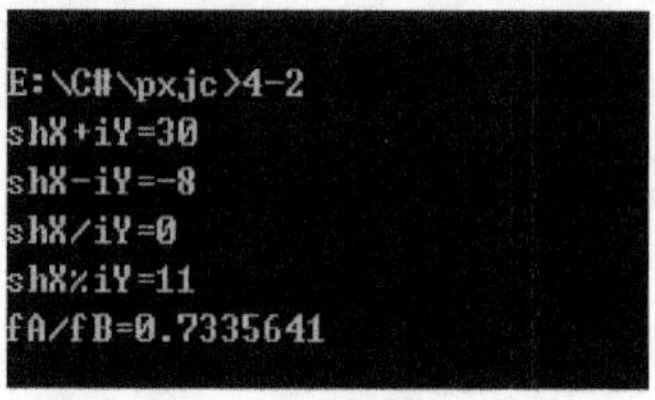

```
static void Main(string[] args)
{
    short shX=11;
    int iY=19;
    float fA=10.6f, fB=14.45f;
    Console.WriteLine("shX+iY={0}",shX+iY);
    Console.WriteLine("shX-iY={0}",shX-iY);
    Console.WriteLine("shX/iY={0}",shX/iY);
    Console.WriteLine("shX%iY={0}",shX%iY);
    Console.WriteLine("fA/fB={0}",fA/fB);
}
```

图 3.6 【实例 3-11】结果

注意：

（1）对于"/"运算，若两数均为整数，结果为取整舍余，例如：5/2=2。

（2）对于"/"运算，若除数和被除数均为浮点数或其中之一为浮点数，结果为实型数，即取整数和小数。例如：5.0/2.0 或 5.0/2 或 5/2.0，结果均为 2.5。

（3）对于"%"运算，只能对整数进行操作（不允许对浮点数操作），结果取余舍整，例如：5%2=1。

2. 自增自减运算

一元运算符，只需要一个操作数（必须是变量）。

（1）作用。作用是变量的值自动加 1 或减 1。

（2）种类。假设"i=3"，则有以下两种情况：

前置 ++i，--i （先执行 i+1 或 i-1，再使用 i 值）

后置 i++，i--　（先使用 i 值，再执行 i+1 或 i-1）

（3）前置运算。先使用 i，然后 i 加 1。例如：

```
int    i=3,k,m;
++i;           //i=i+1;
k=++i;         //i=i+1; k=i;
m=--i;         //i=i-1; m=i;
```

（4）后置运算。先进行 i 加 1，再使用 i。例如：

```
int    i=3,k,m;
i++;           //i=i+1;
k=i++;         //k=i; i=i+1;
m=i--;         //m=i;i=i-1;
```

说明：

- "++"，"--" 不能用于常量和表达式，例如，不允许出现 5++，(a+b)++ 等。
- "++"，"--" 结合方向为自右向左。
- 优先级："-"、"++"、"--" 高于 "*"、"/"、"%" 高于 "+"、"-"。

例如，以下代码输出结果为 "-3"：

```
-i++    ⇔    -(i++)
int i=3,k;     k=-i++;
Console.WriteLine("{0}",k);
```

3．Math 类

.NET 中的 System 命名空间中定义了 Math 类，实现 C#中常用的算术运算功能，常用的方法有以下几种。

（1）Math.Abs(数据类型 x)——返回 x 的绝对值。

（2）Math.pow(double x，double y)——返回 x 的 y 次方。

（3）Math.sqrt(double x)——返回 x 的开根号值。

其他的 Math 类方法如表 3.7 所示。

表 3.7　Math 类常用方法

方　法	说　明
Abs	已重载，返回指定数字的绝对值
Acos	返回余弦值为指定数字的角度
Asin	返回正弦值为指定数字的角度
Atan	返回正切值为指定数字的角度
Atan2	返回正切值为两个指定数字的商的角度
Ceiling	已重载，返回大于或等于指定数字的最小整数
Cos	返回指定角度的余弦值
Cosh	返回指定角度的双曲余弦值
DivRem	已重载，计算两个数字的商，并在输出参数中返回余数
Equals	已重载，确定两个 Object 实例是否相等（从 Object 继承）
Exp	返回指定的 e 次幂。
Floor	已重载，返回小于或等于指定数字的最大整数
GetType	获取当前实例的 Type（从 Object 继承）

续表

方法	说明
Log	已重载，返回指定数字的对数
Log10	返回指定数字以 10 为底的对数
Max	已重载，返回两个指定数字中较大的一个
Min	已重载，返回两个数字中较小的一个
Pow	返回指定数字的指定次幂
Round	已重载，将值舍入到最接近的整数或指定的小数位数
Sign	已重载，返回表示数字符号的值
Sin	返回指定角度的正弦值
Sinh	返回指定角度的双曲正弦值
Sqrt	返回指定数字的平方根
Tan	返回指定角度的正切值
Tanh	返回指定角度的双曲正切值
ToString	返回表示当前 Object 的 String（从 Object 继承）

【实例 3-12】 在 "D:\C#\ch3\" 路径下创建项目 P3_12，使用 Math 类常用方法，计算圆的表面积和体积。运行结果如图 3.7 所示。

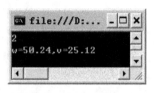

图 3.7 【实例 3-12】结果

```
static void Main(string[] args)
{
    const double PI=3.14;
    double r,w,v;
    r=double.Parse(Console.ReadLine());
    w=4*PI*Math.Pow(r,2);
    v=4/3*PI*Math.Pow(r,3);
    Console.WriteLine("w={0},v={1}",w,v);
}
```

3.3.2 赋值运算符

赋值就是给一个变量赋一个新的值，C#包含简单赋值和多种复合赋值语句。表 3.8 列出了这些赋值运算符。

表 3.8 赋值运算符

符号	描述	举例
=	赋值	x=1
+=	加法赋值	x+=1 等价于 x=x+1
-=	减法赋值	x-=1 等价于 x=x-1
*=	乘法赋值	x*=1 等价于 x=x*1
/=	除法赋值	x/=1 等价于 x=x/1
%=	取模赋值	x%=1 等价于 x=x%1
&=	按位与赋值	x&=1 等价于 x=x&1
|=	按位或赋值	x|=1 等价于 x=x|1
^=	异或赋值	x^=1 等价于 x=x^1
>>=	右移赋值	x>>=1 等价于 x=x>>1
<<=	左移赋值	x<<=1 等价于 x=x<<1

1. 赋值运算符

运算符符号为"=",其格式为:变量标识符=表达式;该运算符的作用是将一个数据(常量或表达式)赋给一个变量。例如:

```
int a;
a=4;          //将 4 赋值给 a
a=4*5+2;      //先计算 4*5+2,然后将 22 赋值给 a
```

注意:左侧必须是变量,不能是常量或表达式。例如:

```
a+b+=c;       //不正确
4+=5;         //不正确
```

2. 复合赋值运算符

复合赋值运算符是由赋值运算符和其他运算符复合而成的。例如:

```
int a=2;
a%=4-1;   //a=?  等价于:a=a%(4-1);
```

例如,a=12;计算 a+=a-=a*a。计算的过程如下:

(1) 变化式子,a=a+(a=a-(a*a))。
(2) 由内向外计算,a=a+(a=12-144)。
(3) 继续计算,a=a+(a=-132)。请注意这时 a 的值已经发生变化。
(4) 再计算,a=-132+(-132)=-264。

3.3.3 关系运算符

关系用于创建一个表达式,该表达式用来比较两个对象,并返回布尔值,关系运算符如表 3.9 所示。关系运算后的结果为 true 或者为 false。其格式为:

操作数 运算符 操作数

其中,操作数可以是常量、变量和表达式。

表 3.9 关系运算符

符 号	描 述	举 例
>	大于	x>5
<	小于	x<y
>=	大于等于	x>=5+y
<=	小于等于	n<=x+y
==	等于	n==m/2
!=	不等于	n!=x/10

例如,假设长方形的长和宽分别为 a 与 b,如何判断用户输入的长和宽是否大于 0?

a>0   b>0

3.3.4 逻辑运算符

逻辑运算和布尔型操作组成逻辑表达式,逻辑运算符如表 3.10 所示。

表 3.10　逻辑运算符

符　号	描　述	举　例
!	逻辑非	!x
&&	逻辑与	x>y && x<z
||	逻辑或	x<a || x>b

逻辑非运算是对原来的结果取反，true 取反后为 false，false 取反后为 true。

逻辑与运算时，只有当两个操作数都为 true 时，结果才为 true；只要有一个操作数为 false，则结果为 false。逻辑或运算时，只要两个操作数有一个为 true 时，结果为 true；当两个操作数都为 false 时，结果为 false。

逻辑与运算（符号&&），如表 3.11 所示。

表 3.11　逻辑与运算

表 达 式 1	表 达 式 2	结　果
f	f	f
f	t	f
t	f	f
t	t	t

逻辑或运算（符号\|\|），如表 3.12 所示。

表 3.12　逻辑或运算

表 达 式 1	表 达 式 2	结　果
f	f	f
f	t	t
t	f	t
t	t	t

逻辑非运算（符号!），如表 3.13 所示。

表 3.13　逻辑非运算

表 达 式	结　果
t	f
f	t

例如，假设长方形的长和宽分别为 a 与 b，如何判断用户输入的长和宽的值都大于 0？

　　(a>0)&&(b>0)

【实例 3-13】 在 "D:\C#\ch3\" 路径下创建项目 P3_13，编写控制台程序，已知长方形的长和宽，计算长方形的面积，并输出。运行结果如图 3.8 所示。

```
static void Main(string[] args)
{
    int a,b;
    double s;
    Console.Write("请输入长方形的长和宽：");
    a=int.Parse(Console.ReadLine());
    b=int.Parse(Console.ReadLine());
    if((a>0)&&(b>0))
        s=a*b;
    Console.WriteLine("s={0}",s);
    Console.ReadLine();
}
```

图 3.8　【实例 3-13】结果

3.3.5 条件运算符

条件运算符是一个三目运算符（符号？：），其中语法格式为：条件表达式？语句 1：语句 2。

例如，求两数中较大者？代码如下：

```
max=a>b?a:b;
```

说明：

（1）先判断条件表达式是 true，还是 false。

（2）如果是 true，则执行语句 1。

（3）如果是 false，则执行语句 2。

【实例 3-14】　在"D:\C#\ch3\"路径下创建项目 P3_14，编写控制台程序，已知长方形的长和宽，计算长方形的面积，并输出。运行结果如图 3.9 所示。

图 3.9　【实例 3-14】结果

```
static void Main(string[] args)
{
    int a,b;
    double s;
    Console.Write("请输入长方形的长和宽：");
    a=int.Parse(Console.ReadLine());
    b=int.Parse(Console.ReadLine());
    s=((a>0)&&(b>0))?a*b:0;
    if(s!=0)
        Console.WriteLine("s={0}",s);
    Console.ReadLine();
}
```

3.3.6 位运算符

位运算是指二进制位的运算，每个二进制位都是由 0 或 1 组成的，进行位运算时，依次取运算对象的每一位，进行位运算。位运算符如表 3.14 所示。

表 3.14　位运算

符　　号	描　　述	举　　例
<<	左移	x>>1
>>	右移	x<<2
&	按位与	x=1&2

续表

符 号	描 述	举 例
|	按位或	x=1|2
^	按位异或	x=1^2
~	按位取反	~x

1．按位取反（非）运算

对二进制数 10010001 进行按位条件取反运算，结果等于 01101110。

2．位与运算

与运算的规则是：1 和 1 进行与运算等于 1，1 和 0 进行与运算 0。

例如：对二进制数 10010001 和 11110000 进行按位与运算，结果为二进制数 10010000。

3．位或运算

或运算的规则是：1 和 1 进行或运算，结果等于 1；1 和 0 进行或运算，结果等于 1；0 和 0 进行运算，结果等于 0。

例如：对二进制数 10010001 和 11110000 进行按位或运算，结果为二进制数 11110001。

4．位异或运算

异或运算的规则是：1 和 1 进行异或运算，结果等于 0；1 和 0 进行异或运算，结果等于 1；0 和 0 进行异或运算，结果等于 0。

例如：对二进制数 10010001 和 11110000 进行按位异或运算，结果为二提制数 01100001。

5．位左移运算

位左移运算是将整个数按位左移若干位，左移后空出的部分填 0。

例如：8 位的 byte 型变量 byte a=0x65（即二进制数 01100101），将其左移 3 位（$a<<3$）的结果是 0x28（即二进制数 00101000）。

6．位右移运算

位右移运算是将整个数按位右移若干位，右移后空出的部分填 0。

例如：8 位的 byte 型变量 byte a= 0x65（即二进制的 01100101），将其右移 3 位（$a>>3$）的结果是 0x0c（即二进制数 00001100）。

7．位运算符同样可以用于 bool 类型

（1）false & false 结果为：false。

（2）true & true 结果为：true。

（3）false | false 结果为：false。

（4）true | false 结果为：true。

注意：bool 类型不能与其他类型的数据进行位运算。例如，1 & true 结果出错。

3.3.7 运算符优先级

由各种运算组合而成的表达式，要按照运算符的优先级进行运算，通常一元运算的优先级较高，其次是算术运算、关系运算和逻辑运算，赋值运算符的优先级较低。表 3.15 总结了各种运算符的优先级并按由高到低的优先顺序排列。

表 3.15　运算符优先级

运算符	举例
初级运算符	( ) . [ ]　++ --　new　typeof　sizeof
一元运算符	+ - ! ~　++ --　数据类型转换
乘除运算符	*　/
加减运算符	+ -
移位运算符	<<　>>
关系运算符	>　<　>=　<=　is　as
比较运算符	==　!=
按位与运算符	&
按位或运算符	|
按位异或运算符	^
布尔与运算符	&&
布尔或运算符	||
三元运算符	?=
赋值运算符	= += -= *= /= %= &= |= ^= <<= >>=

【实例 3-15】 在"D:\C#\ch3\"路径下创建项目 P3_15，熟悉 C#各级运算符的优先级别，运行结果如图 3.10 所示。

```
static void Main(string[] args)
{
    int i=1,j=2,a,b;
    Console.WriteLine("{0},{1},{2}",i++,i,++i);
    Console.WriteLine("{0},{1},{2}",--j,j,j--);
    Console.WriteLine(65>12?65:98);
    a=b=2;
    a+=5;
    b*=5;
    Console.WriteLine("{0},{1},{2}",a,b,a+b);
Console.WriteLine("{0}",5>10&&100>200||38>16);
    Console.ReadLine();
}
```

图 3.10　【实例 3-15】结果

3.4　数据的输入和输出

○ 知识目标：
1. 熟悉数据的输入方法
2. 熟悉数据的显示方法

○ 技能目标：
1. 熟悉程序接收用户输入的数据的过程
2. 掌握程序处理数据结束后，数据的显示方法

程序就是处理数据，很多程序需要接收用户从键盘输入的数据，并把处理后的结果在

计算机的终端显示出来。

3.4.1 数据的输入

首先让我们需要了解 Console 控制台类，对于控制台的一些操作以及特性都可以在 Console 类的成员中找到，下面是关于控制台输出的代码。

控制台输入包括两个可用来实现控制台输入的方法：Read 和 ReadLine。

1. Read 方法

Read 是一个静态的方法，用户可以直接用类名 Console 来调用它，调用格式为：

```
Console.Read();
```

注意：Read 每次只能从标准输入流中读取一个字符，即程序运行到 Read 语句时暂停，直到用户输入任意的字符，并按"Enter"键才返回继续运行，然后程序将接收的字符作为 int 值返回给变量，如果输入流中没有可用字符，那么则返回"-1"。

例如：

```
int i=Console.Read();    或 char ch=(char) Console.Read();
```

如果用户输入了多个字符，然后按"Enter"键，此时输入流中将包含用户输入的字符加上"Enter"键和换行符（\r\n），则 Read 方法只返回用户输入的第一个字符，但用户可以通过对程序的循环控制，多次调用 Read 方法，来循环获取所有输入的字符。

Read 方法返回给变量的数据类型为 int 型，如果需要得到输入的字符，则必须通过数据类型显示转换才可以得到相应的字符。

2. ReadLine

ReadLine 也是静态的方法，调用的格式为：

```
Console.ReadLine();
```

这种方法用于从控制台每次读取一行字符串，直到按下"Enter"键才返回读取的字符串，但此字符串不包含"Enter"键和换行符（\r\n），如果没有接收任何的输入，或接收了无效的输入，那么它返回 NULL。

（1）输入字符串的使用格式为：

```
string s=Console.ReadLine();
```

（2）输入数值数据，将输入的字符串进行类型转换。

● 输入整数，格式如下：

```
string s=Console.ReadLine();
int i=Convert.ToInt32(s);    或 int i=Int32.Parse(s);    或 int i=int.Parse(s);
```

● 输入 float 数，格式如下：

```
string s=Console.ReadLine();
float f=Covert.ToSingle(s);   或 float f=float.Parse(s);
```

● 输入 double 数，格式如下：

```
string s=Console.ReadLine();
double d=Covert.ToDouble(s);
```

3.4.2 数据的输出

C#控制台输出有两种方法：Write 和 WriteLine，它们都是命名空间 System 中 Console

类的方法,且都具有多达 18 种或以上的重载形式,能够直接输出 C#提供的所有基本数据类型。其中,Write 方法输出一个或多个值后不换行,即其后没有新行符;而 WriteLine 同样是输出一个或多个值,但输出完后换行,即其后有一个新行符。

1. 基本的数据输出形式

基本数据类型的简单输出形式:

```
Console.Write("格式串",参数表);            //输出一个或多个值
Console.WriteLine("格式串",参数表);        //输出一个或多个值后,回车换行
```

例如:

```
Console.WriteLine("{0}+{1}={2}",a,b,c);    //使用前 3 个参数
```

【实例 3-16】 在"D:\C#\ch3\"路径下创建项目 P3_16,读程序,写出程序的输出结果。

```
static void Main(string[] args)
{
    short  shValue= 23;
    int  iValue= 7;
    float  fValue = 25.67f;
    double  dValue=11.23;
    char  cValue='f';
    Console.Write("shValue={0}  ",shValue);
    Console.WriteLine();    //只输出一个换行符,即光标移到下已行进行输出
    Console.WriteLine("iValue={0},fValue={1}",iValue,fValue);
    Console.Write("dValue={0}  ",dValue);
    Console.WriteLine("cValue={0}",cValue);
}
```

程序中,{0}和{1}分别代表后面的参数,0 为第一个参数,1 为第二个参数,以此类推。

程序运行结果:

```
shValue=23
iValue=7         fValue=25.67
dValue=11.23     cValue=f
```

2. 一般格式化输出

一般格式化输出的形式为:

```
Console.WriteLine("格式",对象1,对象2);
```

例如:

{0,-8}表示输出第一个参数,且值占 8 个字符宽度,且为左对齐。
{1,8}表示输出第一个参数,且值占 8 个字符宽度,且为右对齐。
{1:D7}表示作为整数输出第二个参数,域宽为 7,用 0 补齐。
{0:E4}表示输出以指数形式表示,且具有 4 位小数。
一般格式化输出的格式说明如表 3.16 所示。

表 3.16 一般格式化输出

格式字符	说 明	注 释	示 例	示例输出
C	区域指定的货币格式		Console.Write("{0:C}",3.1);	$3.1
			Console.Write("{0:C}",-3.1);	($3.1)

续表

格式字符	说　明	注　释	示　例	示例输出
D	整数,用任意的0填充	若给定精度指定符，如{0:D5}，输出将以前导0填充	Console.Wirte("{0:D5}",31);	00031
E	科学表示	精度指定符设置小数位数，默认为6位，在小数点前面总是1位数	Console.Write("{0:E}",310000);	3.100000E+003
F	定点表示	精度指定符控制小数位数，可接受0	Console.Write("{0:F2}",31); Console.Write("{0:F0}",31);	31.00 31
G	普通表示	使用E或F格式取决于哪一种是最简捷的	Console.Write("{0:G}",3.1);	3.1
N	数字	产生带有嵌入逗号的值，如 3,100,000.00	Console.Write("{0:N}");	3,100,000.00
X	十六进制数	精度指定符可以用于前导填充0	Console.Write("{0:X}",230); Console.Write("{0:X}",0xffff);	FA FFFF

3．特殊格式化形式

有关特殊格式化的说明如表 3.17 所示。

表 3.17　特殊格式化输出

说　明　符	说　明
0	零占位符，若可能，则填充位
#	空占位符，若可能，则填充位
.	显示一个句号，用做小数点
,	使用逗号将数字分组
%	将数字显示为百分数，如 2.34 将显示为：234%
\	转义字符
'abc'	显示单引号内的文本
"abc"	显示双引号内的文本

【**实例 3-17**】　在"D:\C#\ch3\"路径下创建项目 P3_17，熟悉特殊格式化的输出形式，写出下面程序的结果。

```
static void Main( )
{
    int iValue = 1025;
    float fValue = 10.25f;
    double dValue = 10.25;
    Console.WriteLine("{0}    {0:000000}",iValue);         //填充0
    Console.WriteLine("{0}    {0:000000}\n",dValue);
    Console.WriteLine("{0}    {0:######}",iValue);         //填充空占位符
    Console.WriteLine("{0}    {0:######}\n",dValue);
    Console.WriteLine("{0}    {0:#,####,#00}",iValue);     //逗号分隔
    Console.WriteLine("{0}    {0:##,###,#00}\n",dValue);
    Console.WriteLine("{0}    {0:0%}",fValue);             //百分号
    Console.WriteLine("{0}    {0:0%}",dValue);
}
```

程序运行结果：
```
1025    001025
10.25   00001
1025    1025
10.25   10
1025    1,205
10.25   10
10.25   1025%
10.25   1025%
```

4．日期与时间的格式化输出

日期与时间的格式化输出如表 3.18 所示。

表 3.18 日期时间格式化输出

格式	指定符名称	格式
d	短日期格式	mm/dd/yy
D	长日期格式	day,month,dd,yyyy
f	完整日期/时间格式（短时间）	day,month,dd,yyyy hh:mm AM/PM
F	完整日期/时间格式（长时间）	day,month,dd,yyyy hh:mm:ss AM/PM
g	常规日期/时间格式（短时间）	mm/dd/yyyy hh:mm
G	常规日期/时间格式（长时间）	mm/dd/yyyy hh:mm:ss
M 或 m	月日格式	month day
R 或 r	RFC1123 格式	ddd,dd month yyyy hh:mm:ss GMP
s	可排序的日期/时间格式	yyyy-mm-dd hh:mm:ss
t	短时间格式	hh:mm AM/PM
T	长时间格式	hh:mm:ss AM/PM
u	通用的可排序日期/时间模式	yyyy-mm-dd hh:mm:ss
U	通用的可排序日期/时间格式	day,month dd,yyyy hh:mm:ss AM/PM

【实例 3-18】 在"D:\C#\ch3\"路径下创建项目 P3_18，熟悉日期与时间格式输出，运行结果如图 3.11 所示。

```
static void Main(string[] args)
{
    DateTime dt = DateTime.Now;
    Console.WriteLine("d  {0:d}",dt);
    Console.WriteLine("D  {0:D}",dt);
    Console.WriteLine("f  {0:f}",dt);
    Console.WriteLine("F  {0:F}",dt);
    Console.WriteLine("g  {0:g}",dt);
    Console.WriteLine("G  {0:G}",dt);
    Console.WriteLine("m  {0:m}",dt);
    Console.WriteLine("M  {0:M}",dt);
    Console.WriteLine("r  {0:r}",dt);
    Console.WriteLine("R  {0:R}",dt);
    Console.WriteLine("s  {0:s}",dt);
    Console.WriteLine("u  {0:u}",dt);
    Console.WriteLine("U  {0:U}",dt);
}
```

图 3.11 【实例 3-18】结果

【实例 3-19】 在"D:\C#\ch3\"路径下创建项目 P3_19，编写 C#控制台应用程序，输入 3 个整数，将它们从小到大排序，并输出。运行结果如图 3.12 所示。

分析：设3个整数存放在变量a，b，c中，借助另一变量t，首先判断a>b，如果a>b，则借助t对a和b进行分别交换；再判断a>c，如果a>c，则借助t对a和c进行交换；经过两次交换后，a肯定是最小的值；剩下b和c，如果b>c，则借助d对b和c进行交换，保证b是剩下两个数中较小的那个数，剩下c就是最大的数。

```
static void Main(string[] args)
{
    Console.WriteLine("请输入一个整数：");
    int a=int.Parse(Console.ReadLine());
    Console.WriteLine("请再输入一个整数：");
    int b=int.parse(Console.ReadLine());
    Console.WriteLine("请再次输入一个整数：");
    int c = int.Parse(Console.ReadLine());
    Console.WriteLine("排序前的三个整数：");
    Console.WriteLine("a 的值为{0},b 的值为{1},c 的值为{2}", a, b, c);
    int t=0;
    //如果a>b，则借助t对a和b进行交换
    if(a>b)
    { t = a; a = b; b = t; }
    //如果a>c，则借助t对a和c进行交换
    if (a>c)
    { t = a;a = c; c = t; }
    //经过两次交换后，a肯定是最小的值，剩下b和c，如果b>c，则借助d对b和c进行交换，保证b是剩下两个数中较小的那个数，剩下c就是最大的数
    if (b>c)
    { t = b;b = c; c =t; }
    Console.WriteLine("a 的值为{0}",a);
    Console.WriteLine("b 的值为{0}",b);
    Console.WriteLine("c 的值为{0}",c);
    Console.WriteLine("排序后的三个整数：");
    Console.WriteLine("a 的值为{0},b 的值为{1},c 的值为{2}", a, b, c);
    Console.ReadLine();
}
```

【实例 3-20】 在"D:\C#\ch3\"路径下创建项目 P3_20，编程 C#控制台应用程序，输入一个华氏温度，要求输出摄氏温度，公式为 $c=5\times(f-32)\div 9$，输入前要有提示信息，输出结果要保留到小数点后两位。运行结果如图 3.13 所示。

图 3.12 【实例 3-19】结果

图 3.13 【实例 3-20】结果

分析：将数学公式转换为 C#表达式：c=5*(f-32)/9。

```
static void Main(string[] args)
{
    double c,f;
    Console.WriteLine("请输入华氏温度：");
    f=double.Parse(Console.ReadLine());
```

```
c=5*(f-32)/9;
Console.WriteLine("c={0:F2}",c);
Console.ReadLine();
}
```

3.5 任务实施

1. 任务描述

设计一个 C#控制台应用程序,声明一个学生结构类型 stu,包含学号、姓名、出生日期成员,定义学生结构的两个变量 stu1 和 stu2 并赋值,求他们出生在星期几以及他们出生相差的天数。

2. 任务目标
- 掌握 C#中常用的数据类型。
- 掌握 C#中常用的运算符。
- 掌握 C#中数据的输入和输出方法。

3. 任务分析

本任务主要有以下几个知识点:
(1) 定义学生结构类型数据;
(2) 求任意一个日期对应的是星期几;
(3) 求两个任意日期之间的天数差。

4. 任务完成

打开 VS.NET 2010,创建项目名为 Task_3 的控制台应用程序,打开 program.cs 文件,在 class Program 之前,首先声明枚举型 WeekDay,用来存放星期;声明有两个元素所组成的结构体类型 stu,然后使用 DateTime 类型及其相关的方法来计算出生时的星期,以及他们相差的天数。具体代码如下。

```
using System;
namespace Task_3
{
    enum WeekDay { 星期日, 星期一, 星期二, 星期三, 星期四, 星期五, 星期六 };
    class Program
    {
        struct stu
        {
            public int Sno;
            public string Sname;
        }
        static void Main(string[] args)
        {
            stu s1, s2;
            s1.Sno = 001;
            s1.Sname = "小明";
            DateTime d1 = new DateTime(1994, 8, 17);
            s2.Sno = 002;
            s2.Sname = "小强";
            DateTime d2 = new DateTime(1989, 10, 23);
            int i = (int)d1.DayOfWeek;
            Console.WriteLine("{0}出生在{1}{2}", s1.Sname, d1, (WeekDay)i);
            int j = (int)d2.DayOfWeek;
```

```
            Console.WriteLine("{0}出生在{1}{2}", s2.Sname, d2, (WeekDay)j);
            Console.WriteLine("{0}和{1}相差天数{2}天", s1.Sname, s2.Sname, d1-d2);
        }
    }
}
```

程序运行结果如图 3.14 所示。

图 3.14　Task_3 运行结果

3.6　问题探究

1. 数据类型的作用

数据类型的作用是区分不同的数据。

2. 声明变量时确定其数据类型的原因

数据在存储时所需要的容量各不相同，不同的数据需要不同的内存空间。

3. 自动生成 0～100 之间的两个整数

```
Random rand=new Random();
a=rand.Next(0,100);        b=rand.Next(0,100);
```

4. C#如何生成随机数

.NET 框架中提供了随机数 Random 类；常用的方法有以下几种。

（1）Next()：返回一个整数的随机数。

（2）Next(int maxvalue)：返回小于指定最大值的正随机数。

（3）Next(int minvalue, int maxvalue)：返回一个大于等于 minvalue 且小于 maxvalue 的整数随机数。

（4）NextDouble()：返回一个 0.0～1.0 之间的 double 精度的浮点随机数。

3.7　实践与思考

1. 编写 C#控制台程序，计算 1×2×3×4×5 的值。
2. 已知圆的半径，求圆的周长和面积。
3. 三位评委为选手打分，求其平均值。
4. 假设个人所得税收取规定：工资大于 1000 元的部分将扣除 5%的个人所得税。小于 1000 元的部分不扣除个人所得税。要求用户输入基本工资，计算税后工资。
5. 输入两个长整数，输出它们整除的商和余数。
6. 输入一个四位数，分别输出每一位数。（例如，输入：1234；输出：千位数 1，百

位数 2，十位数 3，个位数 4）

7．编写控制台程序，自动生成 0～100 之间的两个整数，计算两整数之和，并输出。

8．已知圆的半径 Radius=2.5，计算圆的面积（PI=3.14159）。

9．编写控制台程序，自动生成范围在 1～100 之间三角形的三条边长，如果能构成三角形则计算三角形的面积，并输出；如果无法构成三角形，则输出"不能构成三角形"。

10．从键盘输入两个浮点数，然后输出这两个数相加的结果（要求小数后取 4 位）。

11．编写一个程序，从键盘上输入 3 个数，输出这 3 个数的积及它们的和。要求编写成控制台应用程序。

第 4 章 选择结构程序设计

知识目标
1. 熟悉 if 语句
2. 熟悉 switch 语句
3. 理解选择结构的嵌套

技能目标
1. 掌握 if 语句的应用
2. 掌握 switch 语句的应用
3. 掌握嵌套选择结构

程序设计流程是指程序中语句的执行顺序。多数情况下,程序中的语句是按顺序执行的,但是,只包括顺序结构的程序,所能解决的问题是有限的,于是就出现了复杂的流程结构。1966 年 Bohm 和 Jacopini 证明,任何解题程序的流程都可以由图 4.1 所示的 3 种流程结构——顺序结构、选择(分支)结构和循环结构构成。本章中主要介绍选择结构流程控制。

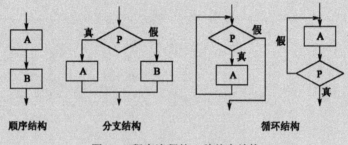

图 4.1 程序流程的 3 种基本结构

4.1 if 语句

○ 知识目标:
1. 熟悉 if 语句结构
2. 熟悉 if-else 语句结构
3. 熟悉 if-else-if 语句结构

○ 技能目标:
1. 掌握 if 语句结构
2. 掌握 if-else 语句
3. 掌握 if-else-if 语句

选择结构是计算机科学用来描述自然界和社会生活中分支现象的手段。其特点是:根据所给定的选择条件是否为真(即分支条件是否成立),而决定从各实际可能的不同分支中执行某一分支的相应操作,并且在任何情况下有"无论分支多寡,必择其一;纵然分支众多,仅选其一"的特性。

4.1.1 选择结构判定条件

C#语言中,选择结构判定条件主要由条件表达式和逻辑表达式所构成。
(1) 关系运算符:">"、"<"、">="、"<="、"= ="、"!="。
(2) 逻辑运算符:"&&"、"||"、"!"。
(3) 条件运算符:C#语言中唯一的三目运算符,条件表达式的一般格式如下。

> 表达式 1 ? 表达式 2 : 表达式 3

条件运算符的执行过程是:先求解表达式 1,当值为非 0 时(即表达式 1 的判断值为真时),则求解表达式 2,此时表达式 2 的值就作为整个条件表达式的值;否则求解表达式 3,此时表达式 3 的值就作为整个条件表达式的值。

条件运算符的优先级高于赋值运算符,但是低于关系运算符和算术运算符。条件运算符的结合性为自右向左。

4.1.2 if 语句

if 结构称为单选择结构。C#继承了 C 和 C++的 if 结构。其语法结构很直观,格式如下:

```
if(条件)
{
    //将执行的语句或语句块
}
```

如果指定的条件成立,则执行大括号里的语句。否则,跳过该语句继续执行。执行过程如图 4.2 所示。

在上面的 if 语句的条件判断中,会用到比较值的 C#运算符。这里要注意,与 C/C++一样,C#里使用"= ="对变量进行比较,而不能使用"=","="用于赋值。如果在条件中要执行多条语句,可以将这多条语句用花括号"{ }"组合为一个语句块。这也适用于其他可以将语句组合成语句块的结构。

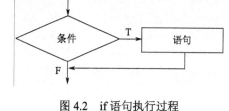

图 4.2 if 语句执行过程

例如,判断给定的整数是否为偶数?代码如下:

```
int a=int.Parse(Console.ReadLine());
if(a%2==0)
{
    Console.WriteLine("a={0},它是偶数。",a);
}
```

注意:与 C++不同,C#中的 if 语句不能直接测试整数,而必须明确再把整数转换为布尔值 true 或 false。

这段代码在执行过程中,会让用户输入一个整数,然后根据用户的输入值来判断是否是偶数。这段代码的执行流程如图 4.3 所示。

读者可能会发现这样一个问题,如果输入的数值不是偶数,程序就没有任何输出提示。这是因为,程序段里没有对不是偶数的数据进行处理的代码。那么,如果想要对输入的数判断其奇偶性，并在程序运行中出现提示信息，那该怎么解决呢？这就要用到下一小节的分支结构 if-else。

【实例 4-1】 在 "D:\C#\ch4\" 路径下创建项目 P4_1，编写控制台程序，输入三角形的三条边长，判断三条边是否可以构成三角形？若可以，则计算三角形的面积（保留 2 位小数）。程序运行结果如图 4.4 所示。

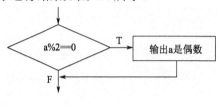

图 4.3　if 结构执行流程　　　　　　　　图 4.4　【实例 4-1】结果

分析：设三角形三条边为 a，b，c，如果三条边都大于零，即 (a>0)&&(b>0)&&(c>0)，并且任意两条边之和都大于第三边，即(a+b>c)&&(a+c>b)&&(b+c>a)，则可以构成三角形，计算其面积。

用代码表示三角形的面积：s=(a+b+c)/2，sqrt(s*(s−a)*(s−b)*(s−c))。

```
static void Main(string[] args)
{
    int a,b,c,s;
    double area;
    Console.WriteLine("请输入三条边：");
    a=int.Parse(Console.ReadLine());
    b=int.Parse(Console.ReadLine());
    c=int.Parse(Console.ReadLine());
    if(((a>0)&&(b>0)&&(c>0))&&((a+b>c)&&(b+c>a)&&(a+c>b)))
    {
        s=(a+b+c)/2;
        area=Math.Sqrt(s*(s-a)*(s-b)*(s-c));
        Console.WriteLine("{0:F2}",area);
    }
}
```

4.1.3　if-else 结构

上面判断数值的奇偶性还不完善，它只做出了对用户输入偶数的提示，而对用户输入的奇数，系统没有任何提示。用户可能认为自己输入的数值有问题或者本程序出了差错，其实，只需要对奇数做判断，并输出信息即可。

if-else 结构也是用于分支结构设计的，和 if 结构相比，它多了对指定条件不满足的处理代码，即 else 语句后的代码或代码块。用 if-else 结构就能很好地解决上面程序的问题。该结构的语法如下：

```
if (条件)
{
    //语句1 或语句块1
}
else
```

```
{
    //语句 2 或语句块 2
}
```

if-else 结构执行的过程，如图 4.5 所示。

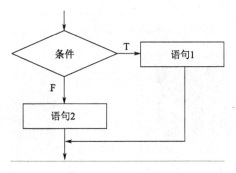

图 4.5 if-else 结构执行过程

将上一节中判断奇偶性的代码改为：

```
int a=int.Parse(Console.ReadLine());
if(a%2==0)
{
    Console.WriteLine("a={0}，它是偶数。",a);
}
else
{
    Console.WriteLine("a={0}，它是奇数。",a);
}
```

可以看到，代码对两种情况（"偶数"和"奇数"）都做了判断。

注意：对于 if 语句，如果条件分支中只有一条语句，可以不用花括号，但是为了保持一致，许多程序员只要使用 if 语句，就会加上花括号。

else 后的语句就是在 if 指定条件不成立的情况下的处理代码。如果从键盘输入"7"，则程序输出："a=7，它是奇数"。

【实例 4-2】 在"D:\C#\ch4\"路径下创建项目 P4_2，编写控制台程序，输入三角形的三条边长，判断三条边是否可以构成三角形？若可以，则计算三角形的面积（保留 2 位小数），否则输出"不能构成三角形"。程序运行结果如图 4.6 所示。

分析过程同【实例 4-1】，代码如下：

```
static void Main(string[] args)
{
    int a,b,c,s;
    double area;
    Console.WriteLine("请输入三条边：");
    a=int.Parse(Console.ReadLine());
    b=int.Parse(Console.ReadLine());
    c=int.Parse(Console.ReadLine());
    if((a+b>c)&&(b+c>a)&&(a+c>b))
    {
        s=(a+b+c)/2;
        area=Math.Sqrt(s*(s-a)*(s-b)*(s-c));
        Console.WriteLine("{0:F2}",area);
    }
    else
```

```
        {
            Console.WriteLine("不能构成三角形！");
        }
}
```

【实例4-3】 在"D:\C#\ch4\"路径下创建项目P4_3，编写控制台程序，输入数值，并输出该数值的绝对值。程序运行结果如图4.7所示。

图4.6 【实例4-2】结果　　　　图4.7 【实例4-3】结果

分析：设输入数值是a，如果a<0，a的绝对值是-a；如果a>0，绝对值就是a。

```
static void Main(string[] args)
{
    int a;
    Console.WriteLine("请输入数值：");
    a=int.Parse(Console.ReadLine());
    if(a<0)
      Console.WriteLine("绝对值是{0}", -a);
    else
      Console.WriteLine("绝对值是{0}",a);
}
```

【实例4-4】 在"D:\C#\ch4\"路径下创建项目P4_4，编写控制台程序，输入一个正整数，判断给定的数值是否为偶数？运行结果如图4.8所示。

分析：设正整数为a，用a除以2求余数，如果余数是0，则a是偶数，否则a是奇数。

```
static void Main(string[] args)
{
    int a;
    Console.WriteLine("请输入正整数：");
    a=int.Parse(Console.ReadLine());
    if(a%2==0)
        Console.WriteLine("{0}是偶数", a);
    else
        Console.WriteLine("{0}不是偶数",a);
}
```

【实例4-5】 在"D:\C#\ch4\"路径下创建项目P4_5，编写控制台程序，判断输入的年份是否为闰年？运行结果如图4.9所示。

图4.8 【实例4-4】结果　　　　图4.9 【实例4-5】结果

分析：闰年的判断方式如下，能被 4 整除却不能被 100 整除的年份是闰年，或能被 400 整除的年份是闰年；设年份为 year。当 year 是 400 的整倍数时为闰年，条件表示为：

```
year%400==0
```

当 year 是 4 的整倍数，但不是 100 的整倍数时为闰年，条件表示为：

```
year%4==0 && year%100!=0
```

对于年份 year，满足上述任何一个条件均为闰年。因此，满足闰年条件的逻辑表达式如下：

```
year%400 == 0) || ((year%4 == 0) && (year%100!= 0))
```

如果(year%400 == 0) || ((year%4 == 0) && (year%100!= 0))为 true，year 是闰年，否则 year 不是闰年。

程序主函数代码如下：

```csharp
static void Main(string[] args)
{
    int year;
    Console.Write("输入年份Y:");
    year = int.Parse(Console.ReadLine());
    if ((year%400 == 0) || ((year%4 == 0) && (year%100!= 0)))
        Console.WriteLine("{0}是闰年", year);
    else
        Console.WriteLine("{0}不是闰年", year);
}
```

注意：

1. if 和 else 同属于一个 if 语句，else 不能作为语句单独使用，它只是 if 语句的一部分，与 if 配对使用。因此程序中不能没有 if 而只有 else。

2. if-else 语句在执行时，只能执行与 if 语句有关的语句或者执行与 else 有关的语句，不能同时执行两者。

3. 在 if 和 else 的后面，可以使用单条的语句，也可以使用复合语句。

4.1.4 if-else-if 结构

if-else-if 语句用于进行多重判断，其语法形式如下：

```
if(条件1)                //判断条件1是否成立
{
    语句1或语句块1        //条件1成立的处理语句
}
else if(条件2)           //条件1不成立的情况下，判断条件2是否成立
{
    语句2或语句块2        //条件2成立的处理语句
}
......
else
{
    语句n+1              //所有条件都不成立的处理语句
}
```

该语句功能是先计算"条件 1"的值，如果为真，则执行"语句 1 或语句块 1"，执行完后跳出该 if-else-if 语句；如果"条件 1"的值为假，则继续计算"条件 2"的值。如图"条件 2"值为真，则执行"语句 2 或语句块 2"，执行完后跳出该 if-else-if 语句；如果"条件

2"值为假,则继续计算"条件3"的值,以此类推。如果所有条件中给出的表达式值都为假,则执行 else 后面的"语句 n+1"。如果没有 else,则什么也不做,转到该 if-else-if 语句后面的语句继续执行,其执行过程如图 4.10 所示。

【实例 4-6】 在"D:\C#\ch4\"路径下创建项目 P4_6,编写控制台程序,将用户输入的分数转换成等级:A(≥90),B(80~89),C(70~79),D(60~69),E(<60),定义分数变量为 x。运行结果如图 4.11 所示。

分析:根据用户所输入的分数,使用多分支 if 语句判断其等级。

```
static void Main(string[] args)
{
    int x;
    Console.WriteLine("请输入分数:");
    x=int.Parse(Console.ReadLine());
    if(x>=90)   Console.WriteLine("等级为 A ");
    else if(x>=80) Console.WriteLine("等级为 B ");
    else if(x>=70) Console.WriteLine("等级为 C ");
    else if(x>=60) Console.WriteLine("等级为 D ");
    else Console.WriteLine("等级为 E ");
}
```

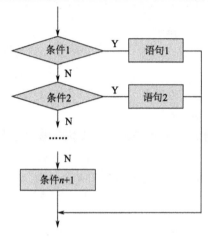

图 4.10 if-else-if 执行过程

图 4.11 【实例 4-6】结果

4.1.5 嵌套 if 结构

假设机票原价是 2000 元,根据用户输入的出行季节以及选择的是头等舱还是经济舱,折扣不同:5~10 月为旺季,头等舱打 9 折,经济舱打 7.5 折;其他时间为淡季,头等舱打 6 折,经济舱打 3 折。

上述案例中,每次订票过程会有两次判断:一是对出行季节的判断,二是对选择舱位级别的判断。这就要用到嵌套 if 结构,所谓 if 语句的嵌套是指在 if 语句中又包含一个或多个 if 语句。嵌套 if 的语法格式如下:

```
if(表达式 1)
{
    if(表达式 2)
    {
        // 表达式 2 为真时执行……
    }
```

```
            else
            {
                // 表达式2为假时执行......
            }
    }
    else
    {
        //表达式1为假时执行......
    }
```

说明：

1. if的个数一定大于或等于else的个数。

2. if和else的配对的原则，从第一个else开始，向上查找，最近的未配对的if与之配对；再用同样的方法依次查找与下一个else配对的if。

3. 有时为了表示语句的逻辑关系，可以加花括号来确定配对关系。以下两个例子体现了花括号对逻辑关系的影响，分别如图4.12与图4.13所示。

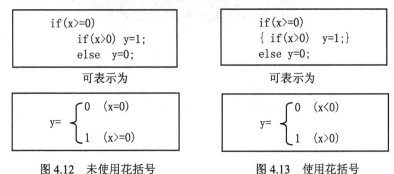

图4.12　未使用花括号　　　　图4.13　使用花括号

【实例4-7】"在 D:\C#\ch4\"路径下创建项目 P4_7，编写控制台应用程序，完成机票预订功能，假设用"1"来表示用户选择的头等舱，用"2"来表示用户选择的经济舱，实现方法的代码如下：

```
static void Main(string[] args)
{
    int price = 2000;    // 机票的原价
    int month;           // 出行的月份
    int type;            // 头等舱为1,经济舱为2
    Console.WriteLine("请输入您出行的月份：1-12");
    month = int.Parse(Console.ReadLine());
    Console.WriteLine("请问您选择头等舱/经济舱？头等舱输入1，经济舱输入2");
    type = int.Parse(Console.ReadLine());
    if (month >= 5 && month <= 10)   // 旺季
    {
        if (type == 1)          // 头等舱
        {
            Console.WriteLine("您的机票价格为：{0}", price * 0.9);
        }
        else if (type == 2)     // 经济舱
        {
            Console.WriteLine("您的机票价格为：{0}", price * 0.75);
        }
    }
    else   // 淡季
```

```
        {
            if (type == 1)          // 头等舱
            {
                Console.WriteLine("您的机票价格为：{0}", price * 0.6);
            }
            else if (type == 2)     // 经济舱
            {
                Console.WriteLine("您的机票价格为：{0}", price * 0.3);
            }
        }
        Console.ReadLine();
    }
```

当用户输入的出行月份是 5 月，选择经济舱的时候，运行效果如图 4.14 所示。

图 4.14 【实例 4-7】结果

4.2 switch 语句

◎ 知识目标：
  1. 熟悉 switch 语句的结构
  2. 熟悉 switch 语句的执行过程

◎ 技能目标：
  1. 掌握 switch 语句的执行过程
  2. 掌握 switch 语句中 break 语句的使用

C# 提供给了一个专门用于处理多分支结构的条件选择语句——switch 语句，switch-case 语句是一种多分支结构。

switch-case 语句适合从一组互斥的分支中选择一个执行。其形式为 switch 语句后面跟一组 case 子句。如果 switch 参数中表达式的值等于某个 case 子句旁边的某个值，就执行该 case 子句的代码，此时不需要使用花括号把语句组合到语句块中，只需要在每个 case 语句的结尾使用 break 标记表示结束。也可以在 switch 语句中包含一个 default 语句，如果表达式不等于任何 case 子句的值，就执行 default 子句的代码。基本语法格式如下：

```
switch ()
{
    case 常量表达式 1:
            语句 1;
            break;   //必须有
    case 常量表达式 2:
            语句 2;
            break;   //必须有
    ……
```

```
    default:
            语句n;
            break;    //必须有
}
```

执行过程说明如下。
- 当条件表达式的值和某个 case 标记后指定的值相等时，执行该 case 标记后的语句。
- 如果条件表达式的值和任何一个 case 标记后指定的值都不相等，则跳到 default 标记后的语句序列执行。
- 如果 switch 块中没有 default 标记，则跳到 switch 块的结尾。
- 如果某个 case 块为空，则会从这个 case 块直接跳到下一个 case 块上。
- 如果 case 后有语句，则此 case 的顺序怎么放都无所谓，甚至可以将 default 子句放到最上面。因此，在一个 switch 语句中，不能有相同的 case 标记。

例如，用户输入今天是星期几，然后根据用户输入的数据进行判断。假设只判断并挑出星期六和星期天，其余显示为"工作日"，实现代码如下：

```
string s = Console.ReadLine();  //定义一个字符串变量，获得控制台输入
switch (s)    //分支判断
{
    case "saturday":        //第一种情况
        Console.WriteLine("今天是星期六");
        break;
    case "sunday":          //第二种情况
        Console.WriteLine("今天是星期天");
        break;
    default:                //默认情况
        Console.WriteLine("今天是工作日");
        break;
}
```

在 C#中，switch 语句里的 case 语句的排放顺序是任意的，甚至可以把 default 语句放在最前面。在 C#中使用 switch 结构有以下注意事项。
- 条件判断的表达式类型可以是整型或字符串，这是与 C++里的 switch 语句的一个不同之处，在 C++里，是不允许用字符串作为测试变量的。
- 每个 case 子句都有 break 标记。
- default 子句也要有 break 标记。
- case 子句中没有其他语句时，可以不需要 break 语句，程序则执行下一个 case 子句
- 每个 case 都不能相同。这包括值相同的不同常量，如下面的编码方式就是不正确的：

```
const string england="uk";
const string britain="uk";
string country="China";
string lauguange="Chinese";
switch(country)
{
    case england:
    case britain:                    //这里将会产生一个编译错误
        language="English";
        break;
}
```

在编译上面代码的时候,会有错误提示消息:标签"case "uk":"已经出现在该 switch 语句中。

【实例4-8】 在"D:\C#\ch4\"路径下创建项目 P4_8,编写控制台程序,实现两个整型数的四则运算。运行结果如图 4.15 所示。

分析: 四则运算包括加(+)、减(-)、乘(*)、除(/),根据用户所输入的运算符,使用 switch 语句完成相应运算。

```
static void Main(string[] args)
{
    int a,b;    char op;
    Console.WriteLine("输入操作数1,运算符,操作数2: ");
    a=int.Parse(Console.ReadLine());
    op=char.Parse(Console.ReadLine());
    b=int.Parse(Console.ReadLine());
    switch(op)
    {
      case '+': Console.WriteLine("{0}+{1}={2}",a,b,a+b); break;
      case '-': Console.WriteLine("{0}-{1}={2}",a,b,a-b); break;
      case '*': Console.WriteLine("{0}×{1}={2}",a,b,a*b); break;
      case '/': Console.WriteLine("{0}/{1}={2}",a,b,a/b); break;
      default:  Console.WriteLine("\n 运算符错误!");     break;
    }
}
```

【实例4-9】 在"D:\C#\ch4\"路径下创建项目 P4_9,编写控制台应用程序,要求用户输入一个字母并检查它是否为元音字母。如图 4.16 所示。

图 4.15 【实例4-8】结果

图 4.16 【实例4-9】结果

分析: 元音字母包括"a"、"e"、"i"、"o"、"u",根据用户所输入的字母,使用 switch 语句来检查是否为元音字母。

```
static void Main(string[] args)
{
    Char ch;
    Console.WriteLine("请输入一个小写字母: ");
    ch = (char)(Console.Read());
    switch (ch)
    {
        case 'a': Console.WriteLine("您输入的是元音字母 a");  break;
        case 'e': Console.WriteLine("您输入的是元音字母 e");  break;
        case 'i': Console.WriteLine("您输入的是元音字母 i");  break;
        case 'o': Console.WriteLine("您输入的是元音字母 o");  break;
        case 'u': Console.WriteLine("您输入的是元音字母 u");  break;
        default: Console.WriteLine("您输入的不是元音字母");   break;
    }
}
```

4.3 任务实施

1. 任务描述

从键盘输入小明的考试成绩,显示所获奖励:

(1) 若成绩为 100 分,爸爸给他买辆自行车;

(2) 若成绩大于等于 90 分,妈妈给他买一部 MP4;

(3) 若成绩小于 90 分且大于等于 60 分,妈妈给他买本参考书;

(4) 若成绩小于 60 分,则什么都不买。

2. 任务目标

- 掌握 C#中选择结构的判定条件。
- 掌握 C#中选择语句的语法结构。

3. 任务分析

本任务主要有以下几个知识点:

(1) 变量的赋值;

(2) 变量的比较;

(3) 应用 if-else 结构,对比较的结果进行判断,根据结果来决定程序的最终走向。

4. 任务完成

打开 VS.NET 2010,创建项目名为 Task_4 的控制台应用程序,打开 program.cs 文件,首先声明存放成绩的变量 score,从键盘输入小明的考试成绩,然后使用 if 选择结构语句显示小明所获的奖励。程序运行结果如图 4.17 所示,具体代码如下:

图 4.17 Task_4 运行结果

```
using System;
namespace Task_4
{
    class Program
    {
        static void Main(string[] args)
        {
            double score;
            score = double.Parse(Console.ReadLine());
            if(score<60)
            {
                Console.WriteLine("什么都不买");
            }
            else if(score<90)
            {
                Console.WriteLine("妈妈买参考书");
            }
            else if(score<100)
            {
                Console.WriteLine("妈妈买MP4");
            }
            else
            {
                Console.WriteLine("爸爸买自行车");
            }
            Console.ReadLine();
```

        }
    }
}

4.4 问题探究

1．else 怎么跟 if 匹配

else 与距离它最近的且还没有跟任何 else 匹配的 if 匹配。

2．if 选择语句中的条件是什么

只要是能得到真或假（true 或 false）的条件就可以。

3．if 结构和 switch 结构应用场合有什么不同

if 结构主要应用于条件判断；switch 结构主要应用于等值判断。

4．多分支条件语句中的 default 标记有什么作用

在 switch 语句中，常常用到 default 标记来处理不满足 case 语句的值，定义 default 标记可以增强处理相应的异常问题。

4.5 实践与思考

1．输入一个字符，判断它是不是一个字母，如果是一个字母，则判断它是大写还是小写，然后再输出所输入的字母及其 ASCII 码值。

2．通过随机数发生器随机产生三个数值作为三角形的三条边长，要求输出三条边长的值（边长为 1~20 之间的整数），并判断这三条边是否可以构成一个三角形，如果可以则计算出三角形的面积，否则输出信息"三条随机的边不能够成三角形"。

3．计算二次方程 $ax^2+bx+c=0$ 的根，其中 a、b、c 的值从键盘输入。

注意：方程可能有三种根，即两个不同的实根；两个相同的实根；两个虚根。

4．从键盘输入三个整数，求其最大值和最小值。

5．完成四则运算，添加运算选择功能，添加除数是否为 0 的判断功能。运行结果如图 4.18 所示。

图 4.18　第 5 题运行结果

6．小明买了一筐鸡蛋，如果其中的坏鸡蛋数量少于 5 个，他就吃掉，否则他就去退货。

第 5 章

循环结构程序设计

知识目标
1. 熟悉 while 语句
2. 熟悉 do-while 语句
3. 熟悉 for 语句
4. 熟悉 break 和 continue 语句
5. 熟悉循环嵌套结构

知识目标
1. 掌握循环语句的应用
2. 掌握 break 和 continue 语句的应用
3. 理解循环嵌套结构

循环控制语句提供重复处理的能力，当某一特定条件为 true 时，循环语句就重复执行，并且每执行一次，就会测试一下循环条件；如果为 false，则循环结束，否则继续循环。C# 支持 4 种格式的循环控制语句：while、do-while、for 和 foreach 语句。foreach 语句将在第 6 章中详细介绍。其他三者可以完成类似的功能，不同之处是它们控制循环的方式有所不同。

5.1 while 语句

○ 知识目标：
1. while 语句结构
2. while 语句执行过程

○ 技能目标：
1. 熟悉 while 语句结构

while 语句的作用是执行一个语句，直到指定的条件为 false。换句话说，当指定条件成立时，程序会重复执行循环体里的语句。可以将 while 语句的作用类比为现实生活中的检票员。不管我们是去看电影还是去游乐场，都要检票进入。检票员的工作就是循环检票，不到最后一个观众或游客，或者未遇到意外情况时，就会不停止检票。

while 语句语句的语法如下：

```
while(条件)
{
    ……   //循环语句
}
```

while 语句的执行过程如图 5.1 所示。

while 语句在每次循环前检查布尔表达式。如果条件是 true，则执行循环，如果是 false，则该循环永远不执行。while 语句一般用于一些简单重复的工作，这也是计算机擅长的。while 语句可以处理事先不知道要重复多少次的循环。

while 语句的特点：先判断表达式，若表达式成立时则执行循环体。

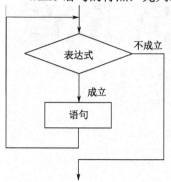

图 5.1 while 语句执行过程

while 语句规则如下。

（1）循环条件中使用的变量需要经过初始化。

（2）while 循环主体中的语句必须修改循环条件的值，否则会形成死循环。

说明：
- 循环体有可能一次也不执行。
- 循环体可以是任意类型的语句。
- 当条件表达式不成立（为 false）或循环体内遇到 break 时，退出 while 循环。
- 无限循环，即 while（true）成立时。

注意：
- while 语句中的"表达式"（即判断条件）可以是任意的布尔型表达式，但一般为关系表达式或逻辑表达式。
- 循环体如果包含一个以上的语句，应该用花括号括起来，以复合语句形式出现。
- 在循环体中应包含使循环趋向于结束的语句，否则形成死循环。
- 循环体允许以空语句的形式出现。

【实例 5-1】在"D:\C#\ch5\"路径下创建项目 P5_1，编写控制台应用程序，求 $\sum_{n=1}^{100} n$ 结果，其运行结果如图 5.2 所示。

分析：计算连加之和，需要先定义一个存放和的变量 sum，初始值为 0，然后将需要将连加的数据逐个加到 sum 上，即 sum=sum+1，sum=sum+2，sum=sum+3，…，sum=sum+n；从这些式子中可以看出，只有加数在发生变化，可以用一个变量 i 来存放加数，每计算完成一个式子后，再进行 i=i+1；一直到 i=100 为止；这就要用循环来完成。

```
static void Main()
{
    int i=1,sum=0;
    while(i<=100)
    {
        sum=sum+i;
        i++;
    }
    Console.WriteLine("sum={0}",sum);
}
```

图 5.2 【实例 5-1】结果

通过【实例 5-1】的学习，练习下面的内容。

（1）"i=1"可否换成 "i=0"？

（2）i 的值最后是多少？

（3）如果循环体没有花括号"{ }"，则执行的结果是多少？

（4）"sum=sum+i"与"i++"可否交换？交换的程序功能是什么？分析循环的边界条件。

（5）扩展问题：计算 1×2×…×10；计算 1+2+…+n。

【实例 5-2】在"D:\C#\ch5\"路径下创建项目 P5_2，编写控制台应用程序，求：1+3+6+…+99 的和。运行结果如图 5.3 所示。

分析：与【实例 5-1】相似，除了第一个数为 1，剩下的所有的数字都相差 3。因此，可以把 1 单独处理，直接初始化 sum=1；循环变量为 i，每次不是增加 1，而是增加 3；一直到 i=99 为止；同样用循环来完成。

```
static void Main(string[] args)
{
        int i=3,sum=1;
        while(i<=100)
        {
            sum+=i; i=i+3;
        }
        Console.WriteLine("sum={0}",sum);
}
```

【实例 5-3】 在 "D:\C#\ch5\" 路径下创建项目 P5_3，编写控制台应用程序，要求用户输入 "高兴" 的英文单词，直到输入正确为止。运行结果如图 5.4 所示。

```
static void Main(string[] args)
{
    while (true)
    {
        Console.Write("请输入'高兴'的英文单词:");
        string vol = Console.ReadLine().Trim();
        if (vol.ToUpper() == "HAPPY")
        {   Console.WriteLine("恭喜你，输入正确");
            break;
        }
        else Console.WriteLine("输入错误，请重新输入！");
    }
}
```

图 5.3 【实例 5-2】结果

图 5.4 【实例 5-3】结果

在上面程序中，由于事先不知道用户要输入多少次才能输入正确的单词，所以用了 while 循环。并且，循环条件设置为 true，能够保证一直循环让用户输入单词。那读者可能会有疑问，如果用户输入正确，就应该终止循环，这又是怎么实现的呢？终止循环的关键就在于 break 语句。该语句的详细讲解，请参考后续章节。

5.2 do-while 语句

⚪ 知识目标：

1. 熟悉 do-while 语句的结构
2. 熟悉 do-while 语句的执行过程

⚪ 技能目标：

1. 掌握 do-while 语句格式

2. 掌握 do-while 语句的执行过程

do-while 语句重复执行的内容是放在花括号"{}"里的一条语句或语句块，直到指定的表达式的值为 false。与 while 语句不同的是，do-while 循环会在计算条件表达式之前执行一次。

do-while 语句的语法格式如下：

```
do
{
……    //循环体
} while(条件);
```

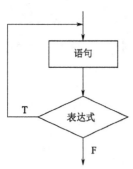

图 5.5 do-while 语句执行过程

do-while 语句的执行过程如图 5.5 所示。

do-while 语句的特点：先执行一次指定的循环内嵌语句，然后判断条件表达式。

do-while 语句总是先执行一次循环体，然后再计算表达式的值。因此，无论表达式的值是否为"真"，循环体至少被执行一次。

在 if 语句和 while 语句中，表达式后面都不能加分号，而在 do-while 语句的表达式后面则必须加分号。

do-while 循环与 while 循环十分相似，它们的主要区别是：while 循环先判断循环条件再执行循环体，所以循环体可能一次也不执行；而 do-while 循环先执行循环体，再判断循环条件，所以循环体至少执行一次。do-while 和 while 语句相互替换时，要注意修改循环控制条件。

在 do 和 while 之间的循环体由多条语句组成时，也必须用花括号"{}"括起来组成一个复合语句，避免死循环。

说明：
- do-while 可转化成 while 结构。
- 至少执行一次循环体。
- 与 while 语句的区别，while 的循环可能一次都不执行，但是 do-while 语句的循环体至少执行一次。

【实例 5-4】 在"D:\C#\ch5\"路径下创建项目 P5_4，编写控制台应用程序，求 $\sum_{n=1}^{100} n$ 的和，要求使用 do-while 语句完成。运行结果如图 5.6 所示。

```
static void Main(string[] args)
{
        int i=1,sum=0;
        do
        {   sum=sum+i;
            i++;
        }while(i<=100);
        Console.WriteLine("sum={0}",sum);
}
```

【实例 5-5】 在"D:\C#\ch5\"路径下创建项目 P5_5，编写控制台应用程序，用 do-while 实现求 5!=5×4×3×2×1，运行结果如图 5.7 所示。

```
static void Main(string[] args)
{
    int i=1,sum=1;
    do
    {  sum=sum*i;
       i++;
    }while(i<=5);
    Console.WriteLine("sum={0}",sum);
}
```

注意：存放乘积的值，初始化时不能为0，必须是1。

图5.6　【实例5-4】结果

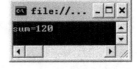
图5.7　【实例5-5】结果

【实例5-6】　"在 D:\C#\ch5\" 路径下创建项目 P5_6，编写控制台应用程序，实现兔子繁殖问题。有一对新生的兔子，从第3个月开始它们每个月都生一对兔子，新生的兔子也是如此繁殖。假设没有兔子死亡，问一年后，共有多少对兔子？运行结果如图5.8所示。

分析：假设第一个月的兔子的数量为 f_1，第二个月的兔子数量为 f_2，第三个月的兔子的数量为 f_3……根据题意，前两个月的兔子都是1对，从第三个月开始，每个月的兔子由两部分组成：上一个月的老兔子和上上月的老兔子在这个月生下的新兔子，因此有：

$f_1=1$，$f_2=1$，$f_3=f_2+f_1=2$，$f_4=f_3+f_2=3$，$f_5=f_4+f_3=5$…

根据这个规律，可以推出下面的递推公式：

$f_1=f_2=1$，$f_n=f_{n-1}+f_{n-2}$（$n\geq 3$）等价式为 $f=f_1+f_2$；$f_1=f_2$；$f_2=f$。

这就是著名的斐波那契（Fibonacci）数列，计算该数列，直到某项大于1000为止，并输出该项的值。具体数值如下：

1，1，2，3，5，8，13，21，34，55，89…

Fibonacci 数列：$f_0=0$，$f_1=1$，$f_2=1$，$f_3=2$，$f_4=3$…$f_n=f_{n-2}+f_{n-1}$。

```
static void Main(string[] args)
{
    int f,f1=1,f2=1;
    do
    {  f=f1+f2;
       f1=f2;
       f2=f;
    }while(f<=1000);
    Console.WriteLine("{0}\n",f);
}
```

图5.8　【实例5-6】结果

5.3　for语句

知识目标：

1. 熟悉循环 for 语句
2. 熟悉循环 for 语句的应用

技能目标：
1. 掌握循环结构 for 语句的使用方法
2. 能应用 for 结构进行程序设计

5.3.1 for 语句

for 循环是 C# 中功能更强，使用更广泛、更灵活的一种循环语句。既可以用于循环次数确定的情况，也可以用于循环次数未知的情况。它的语法格式如下：

```
for(表达式1;表达式2;表达式3)
{
    ……  //循环体
}
```

也可以理解为：

```
for(初始化;条件；迭代)
{
    ……  //循环体
}
```

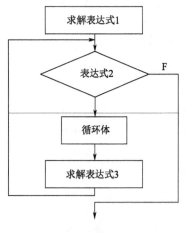

图 5.9 for 语句执行过程

for 循环执行的过程如图 5.9 所示。

初始化通常是一个赋值语句，设置循环控制变量的初值，循环控制变量作为控制循环的计数器。条件是表达式，决定是否重复进行循环。迭代表达式定义了每次循环重复时循环控制变量将要变化的量。这三个循环的主要部分必须要用分号分隔。只要条件检测为真，for 循环就会继续执行，一旦条件为 false 就退出循环，程序从 for 的下一条语句处继续执行。下面代码段使用 for 循环求出 1～100 的和。

```
double sum = 0;      //定义变量，用于保存求和
for (int i = 1; i <= 100; i++)   //定义一个局部
变量 i，作为循环计数器
{
    sum += i;   //将 i 的值累加给 sum
}
Console.WriteLine("the sum is:{0}", sum);
```

for 语句的初始值是 i=1，条件是 i<=100，每循环一次，i 的值增加 1，这是通过 i++ 来实现的。程序最后输出的结果是 "the sum is 5050"。读者可以去验证其正确性。for 循环可以正向或反向运行，并且可以按任意值改变循环控制变量。例如下面的代码段，程序按降序打印从 100～0 的偶数：

```
for (int i = 100; i >= 0; i -= 2)
{
    Console.WriteLine(i);
}
```

这时迭代是 i-=2，即每运行一次循环体，i 的值减少 2。程序运行的结果是按降序打印出 100～0 的所有偶数。

for 循环语句的功能：首先计算表达式 1 的值，然后计算表达式 2 的值，若表达式 2 的值为 "真"，则执行循环体；否则，退出 for 循环，执行 for 循环后的语句。如果执行了循

环体，则循环体每执行一次，都要计算一次表达式 3 的值，然后重新计算表达式 2 的值，依次循环，直至表达式 2 的值为"假"时，就不再继续执行循环体，退出循环。

（1）for 语句执行过程，有如下 5 步。

① 计算表达式 1 的值。

② 计算表达式 2 的值，若其值为"真"（循环条件成立），则转到步骤③中执行循环体；若其值为"假"（循环条件不成立），则转到步骤⑤结束循环。

③ 执行循环体。

④ 计算表达式 3 的值，然后转到步骤②判断循环条件是否成立。

⑤ 结束循环，执行 for 循环之后的语句。

说明：
- for 语句中表达式 1、表达式 2、表达式 3 的类型可以任意，都可省略。但分号不可省略。
- 无限循环的格式为 for(; ;)。
- for 语句可以转换成 while 结构。

（2）for 语句中省略不同的表达式。利用 for 语句来求 1～100 的和，下面举例说明各表达式的省略方式。

① 省略表达式 1。如果省略表达式 1，即不在 for 语句中给循环变量赋初值，则应该在 for 语句前给循环变量赋初值。如果表达式 1 中是与循环变量无关的其他表达式，此时也应该在 for 循环语句之前给循环变量赋值。如：

```
int  i=1,sum=0;
for(  ; i<=100 ; i++)
{
    sum=sum+i;
}
```

② 省略表达式 2，代码如下：

```
for(i=1; ;i++)
{
    if (i<=100)
        sum=sum+i;
}
```

③ 省略表达式 3，代码如下：

```
for(i=1;i<=100;)
{
    sum=sum+i;  i++;
}
```

④ 三个表达式都省略，代码如下：

```
int i=1,sum=0;
for(;;)
{
   if(i<=100)
   {  sum=sum+i;  i++;}
   else  break;    //跳出 for 循环
}
```

【实例 5-7】 在"D:\C#\ch5\"路径下创建项目 P5_7，编写控制台应用程序，计算 1～50 之间奇数的和。运行结果如图 5.10 所示。

```
static void Main(string[] args)
{
```

```
        int i,sum;
        for(i=1,sum=0;i<=50;i+=2)
            sum+=i;
        Console.WriteLine("sum={0}",sum);
}
```

【实例 5-8】 在 "D:\C#\ch5\" 路径下创建项目 P5_8，编写控制台应用程序，判断某数是否为素数。运行结果如图 5.11 所示。

```
static void Main(string[] args)
{   int n,m;
    Console.WriteLine("请输入一个整数:");
    n=int.Parse(Console.ReadLine());
    for(m=2;m<=(int)Math.Sqrt(n);m++)
    { if(n%m==0) break;}
    if(m!=(int)Math.Sqrt(n)+1)
        Console.WriteLine("{0}不是素数。",n);
    else  Console.WriteLine("{0}是素数。",n);
}
```

　　图 5.10　【实例 5-7】结果　　　图 5.11　【实例 5-8】结果

分析：

- 什么是素数？系数指的是只能被 1 和它本身整除的数。
- 如何判断某个数是否是素数？算法比较简单，先看这个数能否被 2 整除，如果能整除，且该数又不等于 2，则该数不是素数。如果该数不能被 2 整除，则再看是否能被 3 整除。如果被 3 整除，并且该数不等于 3，则该数不是素数，否则再判断是否被 4 整除，以此类推，该数只要是能被小于本身的某个数整除时，就不是素数。
- 如果 N 不能被 i 整除，则 N 为素数；i 是个变量，取值范围是：2～N 的平方根。

例如：N=17，N 的平方根就是 4，i=2，3，4；N 对 i 逐个取余数，如果发现其中一次余数为 0，则 N 不是素数；如果没有发现余数为 0，则 N 为素数。

如果一个数不是素数而是合数，那么一定可以由两个自然数相乘得到，其中一个大于或等于它的平方根，一个小于或等于它的平方根。并且成对出现。

比如 18，它可以写成 1×18，2×9 或 3×6。18 的平方根约为 4.2，其中 1、2、3 均小于 4.2，18，9，6 都大于 4.2。如果从 2 到某数的平方根均不能整除这个数，那么它就肯定是素数了。

5.3.2　嵌套循环

　　一个循环的循环体中套有另一个完整的循环结构称为循环的嵌套。这种嵌套过程可以一直重复下去。一个循环外面包含一层循环称为两重循环。一个循环外面包含两层循环称为三重循环。一个循环外面包含多于两层循环称为多重循环。外面的循环语句称为"外层循环"，外层循环的循环体中的循环称为"内层循环"。原则上，循环嵌套的层数是任意的。设计多重循环结构时，要注意内层循环语句必须完整地包含在外层循环的循环体中，不得出现内外层循环体交叉的现象，但是允许在外层循环体中包含多个并列的循环语句，设计和分析多重循环结构时，一定要注意认清每个循环语句。当循环体是单个语句时，比较简单；若循环体是由多个语句组成的复合语句时，需要仔细确认。为了能从程序中清晰地看出循环语句及其循环体，每个循环语句都应该按格式化书写要求来编写。

例如：

```
for(i=4;i>=1;i--)
{
    for(j=1;j<=i;j++)
        Console.Write("#");
    for(j=1;j<=4-i;j++)
        Console.Write("*");
    Console.Write("\n");
}
```

上述程序的运行结果如图 5.12 所示。前面介绍的 while 循环、do-while 循环和 for 循环都可以互相嵌套组成多重循环。循环嵌套的形式很多，下面列举几种，如图 5.13 所示。

图 5.12 运行结果

图 5.13 几种嵌套形式

说明：
- 三种循环可互相嵌套，层数不限。
- 外层循环可包含两个以上的内循环，但不能相互交叉。
- 嵌套循环的执行流程是外层循环每执行一次，内层循环从头到尾执行一次。
- 嵌套循环的跳转。

注意：
- 禁止从外层跳入内层。
- 禁止跳入同层的另一循环。
- 禁止向上跳转。

【实例 5-9】在 "D:\C#\ch5\" 路径下创建项目 P5_9，编写控制台应用程序，输出 100～200 之间的素数。运行结果如图 5.14 所示。

```
static void Main(string[] args)
{
    int n,m;
    for(n=100;n<=200;n++)
    {
        for(m=2;m<=(int)Math.Sqrt(n);m++)
        { if(n%m==0) break;}
        if(m==(int)Math.Sqrt(n)+1)
            Console.Write("{0}   ",n);
    }
}
```

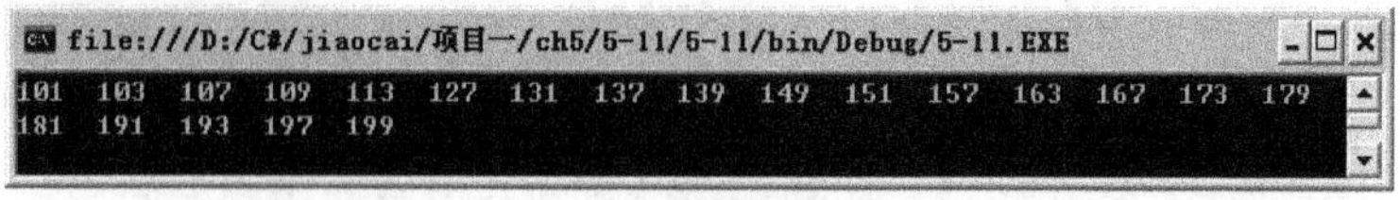

```
101 103 107 109 113 127 131 137 139 149 151 157 163 167 173 179
181 191 193 197 199
```

图 5.14 【实例 5-9】结果

【实例 5-10】 在"D:\C#\ch5\"路径下创建项目 P5_10,编写控制台应用程序,打印九九乘法表。运行结果如图 5.15 所示。

分析:观察九九乘法表,可以看出,九九乘法表是一个"三角形"(严格地说是"梯形"),故可考虑按行输出九行。每一行输出的内容都是"i×j=k",其中 k 是积,由 i 和 j 决定,第 1 行:1×1,只有一个,看不出有什么特点。

第 2 行:1×2　2×2　　　　　　　　　　//1,2 分别乘以 2
第 3 行:1×3　2×3　3×3　　　　　　　 //1,2,3 分别乘以 3
……
第 9 行:1×9　2×9　3×9　…　9×9　　　//1,2,3,…,9 分别乘以 9

因此,各行内容的规律是:设当前为第 i 行,则输出 i×j,j 的取值范围是 1~i。程序代码如下:

```
static void Main(string[] args)
{
    int i,j;
    for(i=1;i<=9;i++)
    {
      for(j=1;j<=i;j++)
        Console.Write("{0}*{1}={2}   ",i,j,i*j);
      Console.Write("\n");
    }
}
```

【实例 5-11】 在"D:\C#\ch5\"路径下创建项目 P5_11,编写控制台应用程序,实现百钱买百鸡问题。其中,公鸡每只 5 元,母鸡每只 3 元,小鸡 3 只一元,问一百元买一百只鸡有几种解法?运行结果如图 5.16 所示。

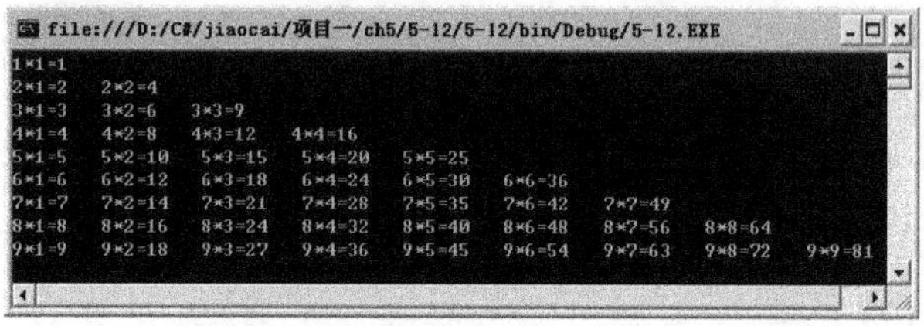

图 5.15 【实例 5-10】结果 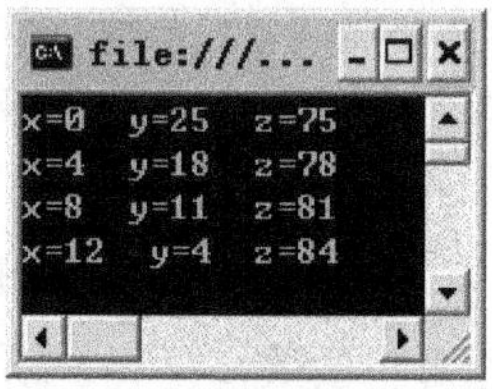　　　　图 5.16 【实例 5-11】结果

分析:下面用穷举法来解此问题。假设 x、y、z 分别为公鸡、母鸡和小鸡的个数,根据题意可得联立方程组如下:

```
x+y+z=100       ①
5*x+3*y+z/3=100 ②
```

三个未知数,只有两个方程式,所以 x、y、z 可能有多组解,因此可用"穷举法"求出 x、y、z 可能满足要求的组合,最后把符合上述两方程的 x、y、z 打印出来,具体算法如下:假设 x、y 的值已知,那么由方程①可求出 z 的值,而 x、y 只可能在 0~100 范围之内。所以可用二重循环来组合它们,每个 x 和 y 的组合都对应一个 z 值,若 x、y、z 的值

满足方程式②，则打印 x、y、z，否则不打印。程序代码如下：

```
static void Main(string[] args)
{
        int x,y,z;
        for(x=0; x<=20; x++)
        for(y=0;y<=33; y++)
        { z=100-x-y;
          if (15*x+9*y+z==300)
              Console.WriteLine("x={0}  y={1}  z={2}",x,y,z);
        }
}
```

5.4 循环跳转语句

◎ 知识目标：
1. 熟悉流程跳转语句 continue 的语法
2. 熟悉流程跳转语句 break 的用法

◎ 技能目标：
1. 能够使用 continue 语句进行流程控制
2. 能够使用 break 语句进行流程控制

5.4.1 continue 语句

让循环跳过正常控制结构，提前进入下一个迭代过程是能够实现的，这要通过 continue 语句来实现。continue 语句迫使循环的下一次迭代发生，跳过这之前的任何代码。例如，下面的代码段可以打印从 0~100 的偶数：

```
for(int i=0; i<=100; i++)
{
    if((i%2)!=0) continue;    //如果 i 是奇数，继续循环，跳过下面一步输出语句
    Console.WriteLine(i);
}
```

上面程序只打印偶数，而不打印奇数。因为程序通过 "(i%2)!=0" 这个条件来进行判断，如果 i 是奇数的时候，该条件成立，执行 continue 语句。continue 语句的作用是跳过循环体中 continue 之后的语句，进入下一次循环，所以会跳过 Console.WriteLine()这一句，进入下一步循环。可以用图 5.17 来简单表示 continue 语句的执行过程。

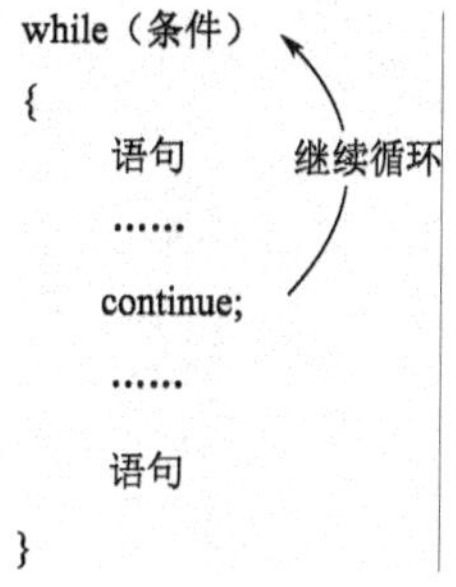

在 while 和 do-while 循环中，continue 语句会导致控制直接跳转到条件表达式，然后继续执行循环。

5.4.2 break 语句

使用 break 语句通常用来强行从循环中退出，跳过循环体中剩余的代码和循环测试条件。在循环内部遇到 break 语句时，循环终止，程序控制从跟在循环后的下一条语句继续执行。也可以用 break 语句从 switch 结构中退出。例如，从 1 开

图 5.17 continue 语句执行

始,每次递增1,求平方数,当平方大于100时退出循环,具体代码如下:

```
for(int i=0; i<100; i++)
{
    if(i*i >=100)  break;
    Console.WriteLine(i);
}
Console.WriteLine("loop complete");
```

该段程序的运行效果如图5.18所示。虽然for循环是用来计算0~100的平方,但是当平方大于100时,会执行break语句,跳出循环;此时只计算了0~9的平方。跳出循环后,程序从for循环的下一条语句,即Console.WriteLine("loop complete")语句开始执行。得到如图5.18所示的运行结果。break语句的执行过程可以用图5.19简单表示。

【实例5-12】 在"D:\C#\ch5\"路径下创建项目P5_12,编写控制台应用程序,假设有5个专卖店促销,每个专卖店每人限购3件衣服,可以随时选择离开,离店时要结账。运行结果如图5.20所示。

图5.18 程序运行结果　　图5.19 break语句执行　　图5.20 【实例5-12】结果

具体代码如下:

```
static void Main(string[] args)
{
    string choice;
    int count = 0;
    for (int i = 0; i < 5; i++)        //外层循环控制依次进入下一个专卖店
    {
        Console.WriteLine("\n 欢迎光临第{0}家专卖店", i + 1);
        for (int j = 0; j < 3; j++)   // 内层循环一次买一件衣服
        {
            Console.Write("要离开吗? y/n");
            choice = Console.ReadLine();
            if (choice == "y")    // 如果离开,就跳出,结账,进入下一个店
            { break; }
            Console.WriteLine("买了一件衣服");
            count++;            // 买一件衣服
        }
        Console.WriteLine("离店结账");
    }
    Console.ReadLine();}
```

程序从外循环进入,将执行循环体内的所有语句。如果在循环体内遇到循环,则将完成所有的循环,程序才跳出到外循环;如果在循环体内遇到break语句,则结束本次循环,跳出到循环体的末尾。

5.5 任务实施

1．任务描述

一个数如果恰好等于它的因子之和，这个数就称为"完数"。例如 6＝1＋2＋3。请编写程序找出 1000 以内的所有完数。

2．任务目标

- 掌握 C#中循环结构语句。
- 掌握 C#中循环的跳转语句。

3．任务分析

本任务主要有以下几个要点：

（1）确定循环的范围是 1～1000；

（2）找出任意给定数的所有因子；

（3）判断该数是否等于所有因子之和。

4．任务完成

打开 VS.NET 2010，创建项目名为 Task_5 的控制台应用程序，打开 program.cs 文件，首先声明存放完数的变量 result，然后使用 for 循环语句找出某数的所有因子，再判断该数是否等于所有因子的和，最后输出这些完数。具体代码如下：

```
using System;
namespace Task_5
{
    class Program
    {
        static void Main(string[] args)
        {
            string result = "";
            for (int i = 1; i < 1000; i++)
            {
                int temp = 0;
                for (int j = 1; j < i; j++)
                {
                    if (i % j == 0)
                    { temp += j;}
                }
                if (temp == i)
                { result += i.ToString() + " "; }
            }
            Console.WriteLine("1000 以内的完数有："+result);
            Console.ReadLine();
        }
    }
}
```

程序运行结果如图 5.21 所示。

图 5.21　Task_5 运行结果

5.6 问题探究

1. while 循环何时退出

有两种情况会退出：(1) 条件为 false 就退出；(2) 遇到 break 语句时退出。

2. 如何防止 while 出现死循环

在循环体中必须有一条使循环趋于结束的语句。

3. do-while 与 while 的区别是什么

while 的循环可能一次都不执行，但是 do-while 语句的循环体至少执行一次。

4. 三种循环的比较

（1）三种循环都可以用来处理同一问题，一般情况下它们可以互相代替。

（2）用 while 和 do-while 循环时，循环变量初始化的操作在 while 和 do-while 语句前完成；for 语句可以在表达式 1 中完成。

（3）while 和 do-while 循环只在 while 后面指定循环条件，且在循环体中应包含使循环趋于结束的语句；for 循环可以在表达式 3 中包含使循环趋于结束的操作。

（4）while 和 for 循环是先判断表达式，后执行语句；do-while 循环是先执行语句后判断表达式。

5. continue 语句可以用在 switch 语句中吗

不允许，因为 switch 语句需要及时终止。

6. break 结构和 continue 结构有什么不同

break 结构主要是跳出当前结构，继续向下执行；continue 结构主要是跳出当前结构，进行下一次循环操作。

5.7 实践与思考

1. 求 1~50 之间奇数之和以及偶数之和。
2. 计算 1-3+5-7+…-99+101 的值
3. 求 $\sum_{k=1}^{100} k + \sum_{k=1}^{50} k^2 + \sum_{k=1}^{10} \frac{1}{k}$
4. 编程输出 1~100 之间能被 3 整除但不能被 5 整除的数，统计有多少这样的数？
5. 假设 7 是一个恶魔数字，如果一个数是 7 的倍数，或者它的数位上含有数字 7，那么这个数也是恶魔数字，编程实现寻找 1~1000 中所有的恶魔数字。
6. 输入一个自然数，要求将自然数的每一位数字按反序输出，例如：输入 69 718，输出 81 796。
7. 计算 1~100 之间奇数和及偶数和。
8. 将 20 元钱兑换成一元、二元、五元的纸币，规定每一种纸币最少要有一张，求出有几种兑换的方法，每种方式具体是怎么兑换的？

9．求 1～100 之间不能被 3 整除的数之和。

10．1～10 之间的整数相加，当得到累加值大于 20 时，查看最后一次累加的当前数是多少？

11．猴子吃桃问题：猴子第一天摘下若干个桃子，当即吃了一半，还不过瘾，又多吃了一个；第二天早上又将剩下的桃子吃掉一半，又多吃了一个。以后每天早上都吃了前一天剩下的一半再加一个。到第 10 天早上想再吃时，只剩下一个桃子了。求第一天共摘了多少桃子？

12．编写程序，估计一个职员在 65 岁退休之前能赚到多少钱。用年龄和起始薪水作为输入，并假设职员每年工资增长 5%。

13．计算复利存款，要求本金、年利率以及存款周期（年）作为输入，计算并输出存款周期中每年年终的账面金额。

计算公式：$a = p(r+1)n$。

其中，p 是最开始输入的本金，r 是年利率，n 是年数，a 是在第 n 年年终得复利存款。

14．编写程序，解决三色球问题。若一个口袋中放有 12 个球，其中 3 个红色球，3 个白色球，6 个黑色球，从中任取 8 个球，问共有多少种不同的颜色搭配？

15．一位百万富翁遇到一位陌生人，陌生人找他谈一个换钱计划：我每天给您 10 万元，而您第 1 天只需要给我 1 分钱，第 2 天我仍然给您 10 万元，您只需要给我 2 分钱，第 3 天我仍然给您 10 万元，您只需要给我 4 分钱……您每天给我的钱是前一天的 2 倍，直到 30 天后，计划终止。请编写一个程序，如果按计划执行，计算 30 天后富翁给了陌生人多少钱，陌生人给了富翁多少钱？

第 6 章

数组和Array类

知识目标
1. 熟悉数组的声明和使用方法
2. 熟悉数组的应用
3. 熟悉 Array 类和 ArrayList 类的应用

技能目标
1. 掌握数组的声明和使用方法
2. 掌握 Array 类和 ArrayList 类的使用方法

数组是一种常用的数据类型,且属于引用类型。它是由一组相同数据类型的元素构成的。在 C#语言的类型系统中,数组是由抽象类 System.Array 派生而来的。在内存中,数组占用一块连续的内存,元素按顺序连续存放在一起,数组中每一个单独的元素并没有自己的名字,但是可以通过其位置(索引)来进行访问或修改。

数组用于处理一组同类型的相关数据。同类型的大量数据的存储,控制台程序设计一般选用数组来完成。在前面章节中涉及的变量,无论是基本类型还是对象类型变量,都属于单一变量,即一次只能存储一个基本类型数据或对象类型的数据。但是,在实际应用中,往往需要处理一批数据。在超市收银系统中,对于 100 件商品的价格,当然可以用声明 price1, price2, price3, …, price100 等变量来分别代表每件商品的价格,其中 price1 代表第一件商品的价格,price2 代表第二件商品的价格……用单一的变量来处理这些数据虽然可以实现,但是代码设计很麻烦。先声明变量,就要声明 100 个变量;处理变量的数据也很麻烦;假设由于物价上涨,每件商品的价格需要再上涨 5%,这时无法用循环处理,只能书写 100 条语句来处理。因此,可以声明具有相同名字、不同下标的一批下标变量来表示同一属性的一组数据,这样,不仅处理起来很方便,而且能更清楚地表示它们之间的关系。这一批下标变量就是数组。

数组是一些具有相同类型的数据按一定顺序组成的变量序列,数组中的每一个数据都可以通过数组名及唯一的一个索引号(下标)来确定。所以,数组用于存储和表示既与取值有关,又与位置(顺序)有关的数据。

6.1 一维数组

知识目标:
1. 熟悉一维数组的声明和初始化
2. 熟悉一维数组元素的访问
3. 熟悉一维数组的应用

技能目标:
1. 掌握一维数组的声明和使用方法

2. 掌握数组元素的应用

数组分为一维数组，二维数组和三维及以上的数组。通常把二维数组成为矩阵，三维及以上的数组称为多维数组。本节主要介绍一维数组。

6.1.1 一维数组的声明、创建与初始化

1．一维数组的声明

数组声明时，主要声明数组的名称和所包含的元素类型，一般格式如下：

```
数组类型[ ]  数组名;
```

其中数组类型是C#中任意有效的数据类型（包括类）；数组名可以是C#中任意有效的标识符。

下面是数组声明的几个例子：

```
int[ ]  num;           //声明一个一维数组num，其数组元素类型是int
double[ ]  fNum;       //声明一个一维数组fNum，其数组元素类型是double
string[ ]  sWords;     //声明一个一维数组sWords，其数组元素类型是string
Student[ ]  stu;       //声明一个一维数组stu，其数组元素类型是Student，Student是
已定义好的类
```

注意：数据类型[ ]是数组类型，变量名放在[ ]后面，这与C和C++是不同的；声明数组时，不能指定长度。定义数组后，必须创建数组，才能使用数组。

2．一维数组的创建

创建数组就是给数组对象分配内存。由于数组本身也是类，因此跟类一样，声明数组时，并没有真正创建数组。使用前，要用new操作符来创建数组对象。

创建方法有以下两种方法：

（1）先声明，后创建。一般格式如下：

```
数据类型[ ]  数组名;
数组名 = new 数据类型[元素个数];
```

例如：

```
int [] num;
num = new int[10];        //声明并创建了一个具有10个整型元素的数组num
string[ ]  str;
str = new string[3];      //声明并创建了一个具有3个字符串数据类型的数组str
double [] dnum;
dnum = new double[5];     //声明并创建了一个具有5个double型数据元素的数组dnum
```

（2）声明的同时创建数组。具体格式如下：

```
数据类型[ ]  数组名 = new 数据类型[元素个数];
```

例如：

```
int[] num = new int[10];
double[] t = new double[4];
string[] st = new string[20];
```

在声明并创建数组后，还可以对其进行初始化。

3．一维数组的初始化

数组在定义的同时给定元素的值，即为数组的初始化。默认情况下，数值类型初始化为0，布尔类型初始化为false，字符串类型初始化为null。

一维数组初始化格式如下：

```
数据类型[ ]  数组名 = new 数据类型[n]{ 元素值0,元素值1,元素值2,…,元素值n-1};
```

其中，数组类型是数组中数据元素的数据类型，n 为数组元素的个数，可以是整型常量或变量，花括号"{}"中是数组元素的初始值。

（1）给定初始值。如果给定初始值部分，各元素取相应的初始值，而且给出的初值个数与"数组长度"相等。此时可以省略"数组长度"，因为花括号"{}"中已列出了数组中全部元素。例如：

```
int [] num = new int[4]{12,34,56,78};
```

该数组在内存中的存储方式如图 6.1 所示。

下标	0	1	2	3
num的元素	12	34	56	78

图 6.1 数组 num 在内存中的存储方式

如果不给出初始值部分，各元素取默认值。例如：

```
int [] num = new int[4]{12,34,56,78};
```

该数组在内存中的存储方式如图 6.2 所示。

下标	0	1	2	3
num的元素	0	0	0	0

图 6.2 数组 num 在内存中的存储方式

在这种情况下，"数组长度"可以是已初始化的变量。例如：

```
int n=5;
int [] num = new int[n];
```

（2）省略数组的大小。如果省略数组大小，这时由数组的初始值个数来确定数组的大小。一般格式如下：

```
数据类型[ ]  数组名 = new 数据类型[ ]{初始值列表};
```

例如：

```
int[ ] num= new int[]{2,4,67,3};           //数组元素的个数为4
int[ ] iNum = new int[]{23,45,67,89,100,234,567,234};  //数组元素的个数为8
```

（3）省略 new、数组大小和数据类型。如果省略 new 和数据类型，则由初始化的类型来决定数组的类型，由初始值的个数来决定数组的大小。

一般格式如下：

```
数据类型[ ]  数组名 = {初始值列表};
```

例如：

```
string[ ]  names = {"wangtao","liuli","sanmao","shanghaitan"}
   int [ ] iNum = {45,28,34,74,84};
```

在这种情况下，不能将数组定义和初始化分开，比如以下是错误的：

```
int[] iNum;
iNum={1,2,3,4,5};
```

6.1.2 一维数组元素的访问

数组元素的访问,需指定数组名称和数组中该元素的下标(或索引)给数组赋值,基本格式为:

```
数组名[索引值] = 数据的值;
```

所有元素下标从 0 开始,到数组长度减 1 为止。由于数组元素下标是有规律的,因此可以选用循环语句来完成数组元素的输入和输出。例如,以下语句接收用户从键盘输入到 price 数组的所有元素值并输出数组 price 中的所有元素值。

```
float[] price=new float[4];     //声明数组
Console.WriteLine("请输入4本书的价格: \n");
for (i = 0;i <= 3; i++)     //输入数组元素
{
    price[i]=float.Parse(Console.ReadLine());
}
for (i = 0;i <=3; i++)
{
    Console.WriteLine("{0}  ",price[i]);
}
```

也可以单独访问数组中的元素,例如:

```
int [] a = new int[4];     //声明数组
a[0] = 24;                 //为数组下标为 0 的元素赋值
a[1] = 54;                 //为数组下标为 1 的元素赋值
a[2] = 87;                 //为数组下标为 2 的元素赋值
a[3] = 93;                 //为数组下标为 3 的元素赋值
```

由以上注意到索引值是从 0~3。也可以看出,在给数组进行大量赋值时较麻烦,不如初始化方便。

6.1.3 foreach 语句

foreach 语句是在 C#中新引入的语句,主要用来遍历数组或集合类中的元素,它表示收集一个集合中的所有元素,并针对各个元素执行内嵌语句。对于支持 IEnumberable 接口的容器类,可使用 foreach 循环来访问其中的每一项。该语句提供一种简单明了的方法来循环访问数组中的元素。其语句格式为:

```
foreach(type 集合元素  in  对象集合)
{
    嵌入语句;
}
```

对象名声明了集合元素相同类型的循环变量,每执行一次循环,foreach 就依次取集合中的一个元素赋值给对象,在循环体中,通过访问该对象来访问集合中的每个元素。在这里,循环变量只是一个只读型局部变量,如果试图改变它的值或将它作为一个 ref 或 out 类型的参数传递时,都将引发编译出错。

foreach 语句中的循环变量是集合类型,如果该集合的元素类型与循环变量类型不一样,则必须有一个显示定义的且从集合中的元素类型到循环变量元素类型的显式转换。

下面使用 foreach 语句输出数组中的所有元素,具体代码如下:

```
float[ ] price=new float[4];
Console.WriteLine("请输入 4 本书的价格：\n");
for (i = 0;i <price.Length; i++)
{price[i]=float.Parse(Console.ReadLine());}
foreach (int i in price)
{Console.WriteLine("{0}  ",i);}
```

【实例 6-1】在"D:\C#\ch6\"路径下创建项目 P6_1，编写控制台应用程序，使用 foreach 语句统计出整型数组中奇数和偶数的个数。

具体代码如下：

```
static void Main()
{
    int odd=0,even=0;
    int[ ] MyPrice=new int[ ]{0,1,2,5,7,8,11,12};
    foreach(int i in MyPrice)
    {   if(i%2==0) even++;
        else odd++;
    }
    Console.WriteLine("{0},{1}",odd,even);
}
```

按"Ctrl+F5"组合键后执行本程序，其结果如图 6.3 所示。

6.1.4　一维数组的越界

若定义并初始化数组 price，代码如下：

```
int[] price=new int[10]{1,2,3,4,5,6,7,8,9,10};
```

数组 price 的合法下标为 0～9，如果程序中使用 price[11]或 price[12]，则超出了数组规定的下标，因此越界了。C#系统会提示以下出错信息。

未处理的"System.IndexOutOfRangeException"异常：索引超出了数组界限。

【实例 6-2】在"D:\C#\ch6\"路径下创建项目 P6_2，编写控制台应用程序，实现输入某类商品的 10 个不同价格，计算并输出这类商品的最高和最低价格。即设计一个控制台应用程序，用户从键盘输入 10 个价格，求其最大值和最小值并输出。

分析：

（1）先定义一个一维数组；

（2）从键盘依次输入某类商品的价格并赋给相应的下标变量；

（3）将第 1 个商品价格当作最高价格 max 或最低价格 min；

（4）从第 2 个商品价格开始逐一与 max 或 min 比较，得到最高和最低价格。

具体代码如下：

```
static void Main(string[] args)
{
    float[] price=new float[10];
    int i
    float max,min;
    for(i=0;i<10;i++)
        price[i]=int.Parse(Console.ReadLine());
    max=price[0];
    for(i=1;i<10;i++)
    {   if(price[i]>max)
            max=price[i]; }
    min=price[0];
    for(i=1;i<10;i++)
```

```
        { if(price[i]<min)
              min=price[i]; }
    Console.WriteLine("max={0}",max);
    Console.WriteLine("min={0}",min);
}
```

按"Ctrl+F5"组合键后执行本程序,其结果如图 6.4 所示。

【实例 6-3】 在"D:\C#\ch6\"路径下创建项目 P6_3,编写控制台应用,使用冒泡排序方法,将超市某类商品价格从小到大排序。

对排序过程进行如下分析。

(1)比较第一个数与第二个数,若为逆序 price[0]>peice[1],则交换;然后比较第二个数与第三个数;依次类推,直至第 n-1 个数和第 n 个数比较为止——第一轮冒泡排序,结果最大的数被安置在最后一个元素位置上。

(2)对前 n-1 个数进行第二轮冒泡排序,结果使次大的数被安置在第 n-1 个元素位置。

(3)重复上述过程,共经过 n-1 轮冒泡排序后,排序结束。

具体代码如下:

```
static void Main(string[] args)
{
    double[] price=new double[5];
    double temp;
    int i,j;
    for(i=0;i<price.Length;i++)
    {price[i]=double.Parse(Console.ReadLine());}
    for(i=0;i<price.Length;i++)
       for(j=0;j<price.Length-i-1;j++)
          if(price[j]<price[j+1])
          {  temp=price[j];
              price[j]=price[j+1];
              price[j+1]=temp;}
    for(i=0;i<price.Length;i++)
       Console.WriteLine("{0,5}",price[i]);
}
```

按"Ctrl+F5"组合键后执行本程序,其结果如图 6.5 所示。

图 6.3 【实例 6-1】结果

图 6.4 【实例 6-2】结果

图 6.5 【实例 6-3】结果

6.2 二维数组

○ 知识目标：
1. 熟悉二维数组的声明和初始化
2. 熟悉二维数组元素的访问

○ 技能目标：
1. 掌握二维数组的声明和使用方法
2. 掌握数组的应用

二维数组可以看成是数组的数组，它们的每一个元素又是一个维数组，因此需要两个下标（索引）来标识某个元素的位置，二维数组经常用来表示按行和按列格式存放信息。这种思想可以推广至多维数组。

6.2.1 二维数组的声明、创建与初始化

1. 二维数组的声明

声明二维数组的一般格式如下：

```
数组类型[,]  数组名;
```

其中数组类型是C#中任意有效的数据类型（包括类）；数组名可以是C#中任意有效的标识符。

下面是数组声明的几个例子：

```
int[,]    num;        //声明一个二维数组num，其数组元素类型是int
double[,] fNum;       //声明一个二维数组fNum，其数组元素类型是double
string[,] sWords;     //声明一个二维数组sWords，其数组元素类型是string
Student[,] stu;       //声明一个二维数组stu，其数组元素类型是Student，Student是
                      已定义好的类
```

对于多维数组，可以进行类似推广。例如，定义一个三维数组P，代码如下：

```
int[,,] p;
```

2. 二维数组的创建

用new操作符来创建数组对象，创建数组后，就为该数组分配内存空间。

创建方法有以下两种方法。

（1）先声明，后创建。一般格式如下：

```
数据类型[,]  数组名;
数组名 = new 数据类型[行元素个数][列元素个数];
```

例如：

```
int [,] num;
num = new int[2][3];        //声明并创建一个2行3列6个整型元素的数组num
string[,]  str;
str = new string[3][4];     //声明并创建一个3行4列12个字符串数据类型的数组str
double [,]  dnum;
dnum = new double[5][6];    //声明并创建一个5行6列30个实型数据元素的数组dnum
```

（2）声明的同时创建数组。一般格式如下：

数据类型[,] 数组名 = new 数据类型[行元素个数][列元素个数];

例如：
```
int[,] num = new int[2][3];
double[,] t = new double[4][5];
string[,] st = new string[2][3];
```

在声明并创建数组后，还可以对其进行初始化。

3. 二维数组的初始化

默认情况下，数值类型初始化为 0，布尔类型初始化为 false，字符串类型初始化为 null。
二维数组初始化的格式如下：

数据类型[,] 数组名=new 数据类型[ ][ ]{元素值 0.0, 元素值 0.1, ……, 元素值 0, n-1};

其中，数组类型是数组中数据元素的数据类型；m，n 分别为行数和列数，即各维的长度，可以是整型常量或变量。花括号"{}"中为初始值部分。

（1）给定初始值。给定初始值情况下，二维数组初始化格式如下：

数组类型[,] 数组名=new 数组类型[m][n] { {元素值 0.0, 元素值 0.1, 元素值 0.n-1},
{元素值 1.0, 元素值 1.1, 元素值 1.n-1}, ……
{元素值 m-1.1, 元素值 m-1.1, 元素值 m-1.n-1} };

例如：
```
int [,] num = new int[2][3]{{1,2,3},{4,5,6}};
```

如果不给出初始值部分，各元素取默认值。

（2）省略数组的大小。如果省略数组大小，这时由数组的初始值个数来确定数组的大小。一般格式如下：

数组类型[,] 数组名=new 数组类型[ ][ ] { {元素值 0.0, 元素值 0.1, 元素值 0.n-1},
{元素值 1.0, 元素值 1.1, 元素值 1.n-1}, ……
{元素值 m-1.1, 元素值 m-1.1, 元素值 m-1.n-1} };

例如：
```
int[,] num= new int[][]{{1,2},{3,4}};      //数组元素的个数为 4，2 行 2 列。
```

（3）省略 new、数组大小和数据类型。如果省略 new 和数据类型，则由初始化的类型来决定数组的类型，由初始值的个数来决定数组的大小。

例如：
```
int[,] iNum = {{45,28,34,74},{84,55,84,82}};
```

在这种情况下，不能将数组定义和初始化分开。例如，以下代码是错误的：
```
int[,] iNum;
iNum={{45,28,34,74},{84,55,84,82}};
```

6.2.2 二维数组元素的访问

数组元素的访问，需指定数组名称和数组中该元素的行下标和列下标。

二维数组所有元素的行下标从 0 开始，到行元素个数减 1 为止；列下标从 0 开始，到列元素个数减 1 为止。

例如，下面的代码中二维数组 a 下标的变化如图 6.6 所示。
```
int[,] a=new int[3][4];
```

例如，以下语句接收用户从键盘输入到 price 数组的所有元素值并输出数组 price 中的所有元素值。

```
float[,] price=new float[2][3];    //声明数组
Console.WriteLine("请输入6本书的价格：\n");
for (i = 0; i<= 1; i++)      //输入数组元素
{   for(j=0; j<=2; j++)
    { price[i,j]=float.Parse(Console.ReadLine()); }
}
for (i = 0; i<=1; i++)
{   for(j=0; j<=2; j++)
    { Console.WriteLine("{0}  ",price [i,j]);}}
```

也可以单独访问数组中的元素，例如：

```
int [,] a = new int[2][3];        //声明数组
a[0][0] = 24;                     //为数组下标为 0,0 的元素赋值
a[1][0]= 54;                      //为数组下标为 1,0 的元素赋值
```

由上例可以看出，在给数组进行大量赋值时，显得较麻烦，不如初始化方便。

6.2.3 foreach 语句输出二维数组元素

C#还可以用 foreach 语句来循环访问二维数组中的元素。下面使用 foeach 语句输出数组中的所有元素。

```
float[,] price=new float[2][3];    //声明数组
Console.WriteLine("请输入6本书的价格：\n");
foreach (int i in price)
{Console.WriteLine("{0}  ",i);}
```

【实例 6-4】 "在 D:\C#\ch6\" 路径下创建项目 P6_4，编写控制台应用程序，输出如图 6.7 所示的九行杨辉三角形。

a[0,0]	a[0,1]	a[0,2]	a[0,3]
a[1,0]	a[1,1]	a[1,2]	a[1,3]
a[2,0]	a[2,1]	a[2,2]	a[2,3]

图 6.6 二维数组元素的下标

图 6.7 【实例 6-4】结果

分析：

（1）第 i 行有 i 个值（i 从 1 开始），正对角线上的值也都是 1。

（2）从第 3 行开始，下三角区域的值（不包括第 1 列和对角线）：第 i 行第 j 列的值为第 i-1 行第 j-1 列的值与第 i-1 行第 j 列的值之和。

具体代码如下：

```
class Program
{
   const int N=10;
   static void Main(string[] args)
   {
       int i,j;
       int[,] a=new int[N,N];
       for (i=1;i<N;i++)    //1 列和对角线元素均为 1
```

```
            {a[i,i]=1;a[i,1]=1;}
        for (i=3;i<N;i++)   //求第3—10行的元素值
            for (j=2;j<=i-1;j++)
                a[i,j]=a[i-1,j-1]+a[i-1,j];
        for (i=1;i<N;i++)              //输出
    {   for (j=1;j<=i;j++)
            Console.Write("{0,-3} ",a[i,j]);
            Console.WriteLine();}
    }
}
```

【实例6-5】 在"D:\C#\ch6\"路径下创建项目P6_5，编写控制台应用程序，输入5个不同厂商生产的6种不同商品的价格，如表6.1所示。计算并输出每个厂商6种商品的平均价格和每件商品的平均价格。运行结果如图6.8所示。

具体代码如下：

```
static void Main()
{   int[,] price=new int[5,6];
    int[] price1=new int[5];
    int[] price2=new int[6];
    int i,j;
    int s1=0;
    int s2=0;
    for(i=0;i<5;i++)
        for(j=0;j<6;j++)
            price[i,j]=int.Parse(Console.ReadLine());
    for(i=0;i<5;i++)
    {   s1=0;
        for(j=0;j<6;j++){s1=s1+price[i,j];}
        price1[i]=s1/6;}
    for(j=0;j<6;j++)
    {   s2=0;
        for(i=0;i<5;i++){s2=s2+price[i,j];}
        price2[j]=s2/5;}
    Console.WriteLine("每个厂商的6种商品的平均价格:");
    for(i=0;i<5;i++)
        Console.Write("{0,5}",price1[i]);
    Console.WriteLine("\n");
    Console.WriteLine("每件商品的平均价格:");
    for(j=0;j<6;j++)
        Console.Write("{0,5}",price2[j]);
}
```

图6.8 【实例6-5】结果

表6.1 商品价格表

	商品1	商品2	商品3	商品4	商品5	商品6
厂商1	46	70	39	56	66	98
厂商2	47	68	41	55	64	99
厂商3	52	64	36	55	69	100
厂商4	40	72	38	57	70	89
厂商5	45	68	40	54	67	96

6.3 Array类

🔵 知识目标：
    1. 理解 Array 类
    2. 熟悉 Array 类的属性和方法

🔵 技能目标：
    掌握 Array 类属性和方法的应用

Array 类是所有数组类型的抽象基类型，它提供了创建、操作、搜索和排序数组的方法。在 C#中，数组实际上是对象，可以使用 Array 具有的属性及其他类成员。

6.3.1 Array 类的属性和方法

Array 类的常用属性如表 6.2 所示，其常用方法如表 6.3 所示。

表 6.2 Array 类常用属性

属 性	说 明
Length	获得一个 32 位整数，该整数表示 Array 的所有维数中元素的总数
Rank	获取 Array 的秩（维数）

表 6.3 Array 类常用方法

方 法	说 明
Copy	静态方法，将一个 Array 的一部分元素复制到另一个 Array 中，并根据需要执行类型强制转换和装箱
CopyTo	非静态方法，将当前一维 Array 的所有元素复制到指定的一维 Array 中
Find	静态方法，搜索与指定谓词定义的条件匹配的元素，然后返回整个 Array 中的第一个匹配项
GetLength	非静态方法，获取一个 32 位整数，该整数表示 Array 的指定维中的元素数
GetLowerBound	非静态方法，获取 Array 的指定维度的下限
GetUpperBound	非静态方法，获取 Array 的指定维度的上限
GetValue	非静态方法，获取当前 Array 中指定元素的值
IndexOf	静态方法，返回一维 Array 或部分 Array 中某个值第一个匹配项的索引
Resize	静态方法，将数组的大小更改为指定的新大小
Reverse	静态方法，反转一维 Array 或部分 Array 中元素的顺序
SetValue	非静态方法，将当前 Array 中的指定元素设置为指定值
sort	静态方法，对一维 Array 对象中的元素进行排序

6.3.2 Array 类中方法的使用

由于 Array 类是数组的抽象基类，抽象基类不能定义其对象，所以 Array 类不能像 String 类那样定义它的对象，但可以对任何定义的数组使用 Array 类的方法和属性。也就是说，采用前面所述方式定义的数组均可看成是 Array 对象。

Array 类常用方法使用格式如下。

（1）Array.Copy(Array1,Array2,n)：从第一个元素开始复制 Array1 中的一系列元素，将它们粘贴到 Array2 中（从第一个元素开始），共复制 n 个元素。

（2）Array.Find(Array,match)：搜索与指定条件 match 相匹配的元素，然后返回整个 Array 中的第一个匹配项。

（3）数组.GetLowerBound(dimension)：返回指定维的下界，dimension 为数组的从零开始的维度。

（4）数组.GetUpperBound(dimension)：返回指定维的上界，dimension 为数组的从零开始的维度。

（5）数组.GetValue(index)：获取一维数组中指定位置 index 的值。

（6）数组.SetValue(data,index)：将某值 data 设置给一维数组中指定位置 index 的元素。

（7）Array.Sort(Array)：对整个一维 Array 中的元素进行排序。

（8）Array.Sort(Array1,Array2)：对两个一维数组进行排序，Array1 包含要排序的关键字，Array2 包含对应的项。

（9）Array.Sort(Array,m,n)：对一维 Array 中起始位置为 m 的 n 个元素进行排序。

【实例 6-6】 在"D:\C#\ch6\"路径下创建项目 P6_6，编写控制台应用程序，将某类商品按照价格从低到高排序。运行结果如图 6.9 所示。

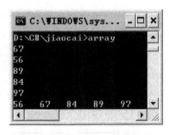

图 6.9 【实例 6-6】结果

具体代码如下：

```
static void Main(string[] args)
{   int[] price=new int[5];
    int i,t;
    for( i=price.GetLowerBound(0);i<=price.GetUpperBound(0);i++)
    {   t=int.Parse(Console.ReadLine());
        price.SetValue(t,i);}
    Array.Sort(price);
    for(i=0;i<price.Length;i++)
        Console.Write("{0}   ",price.GetValue(i));
}
```

6.4 ArrayList类和List<T>类

● 知识目标：
1. 理解 ArrayList 类
2. 熟悉 ArrayList 类的属性和方法

● 技能目标：
1. 掌握 ArrayList 类属性和方法的应用

6.4.1 ArrayList 类

数组是一种很有用的数据结构，但数组也有一定的局限性。C#提供了一个 ArrayList 类（该类位于命名空间 System.Collections 中），用于建立不定长度的数组，由于该类数组的数据类型为 Object，因此在数组中的数组元素可以是任何的数据。

1．声明 ArrayList 对象

定义 ArrayList 类的对象的语法格式如下：

```
ArrayList 数组名 = new ArrayList();
```

例如,声明一个 ArrayList 类的对象 price,price 就可以当作一维数组来使用,代码如下:

```
ArrayList price=new ArrayList();
```

说明:
- 定义了一个名为 price 的动态数组,数组大小不限。
- price 数组元素的类型可以是任何类型,因为该数组元素的类型是 Object。

2. ArrayList 类的属性和方法

ArrayList 类的常用属性如表 6.4 所示,其常用方法如表 6.5 所示。

表 6.4 ArrayList 类常用属性

属性	说明
Count	获取 ArrayList 中实际包含的元素个数
Item	获取或设置指定索引处的元素
Capacity	获取或设置 ArrayList 可包含的元素个数

表 6.5 ArrayList 类常用方法

方法	说明
Add	将对象添加到 ArrayList 的结尾处
AddRange	将一个 ICollection 对象的元素添加到 ArrayList 的末尾
Clear	从 ArrayList 中移除所有元素
Contains	确定某元素是否在 ArrayList 中
CopyTo	将 ArrayList 或它的一部分赋值到一维数组中
IndexOf	返回 ArrayList 或它的一部分中某个值的第一个匹配项的从零开始的索引
Insert	将元素插入 ArrayList 的指定索引处
Remove	从 ArrayList 中移除特定对象的第一个匹配项
RemoveAt	移除 ArrayList 的指定索引处的元素
RemoveRange	从 ArrayList 中移除一定范围的元素
Reverse	将 ArrayList 或它的一部分中元素的顺序反转
sort	对 ArrayList 或它的一部分中的元素进行排序

3. ArrayList 类中方法的使用

ArrayList 是一个可以包含任意数组的集合,使用大小可按需动态增加。ArrayList 类的所有元素都是 Object 类型,因此访问 ArrayList 中的数据元素时,要执行类型转换。另外,ArrayList 类在 System.Collections 命名空间中,声明时要加上该类所在的命名空间。

6.4.2 List<T>类

List<T>类是 ArrayList 类的泛型等效类。该类使用大小可按需动态增加的数组实现 IList<T>泛型接口。提供用于对列表进行搜索、排序和操作的方法。该类的定义放在命令空间 System.Collections.Genderic 中,其中 T 为列表中元素的类型。

1. 声明 List<T>对象

定义 List<T>类的对象其语法格式如下:

```
List<T> 数组名 = new List<T>();
```

例如，以下语句定义一个 List<string>类的对象 arr，其元素类型为 string，可以将它作为一个数组使用，代码如下：

```
List<string> arr = new List<string>();
```

2．List<T>类的属性和方法

List<T>类的常用属性如表 6.6 所示，其常用方法如表 6.7 所示。

表 6.6　List<T>类常用属性

属　　性	说　　明
Count	获取 List 中实际包含的元素个数
Item	获取或设置指定索引处的元素
Capacity	获取或设置 List 可包含的元素个数

表 6.7　List<T>类常用方法

方　　法	说　　明
Add	将对象添加到 List 的结尾处
AddRange	将指定集合的元素添加到 List 的末尾
Clear	从 List 中移除所有元素
Contains	确定某元素是否在 List 中
CopyTo	将 List 或它的一部分赋值到一维数组中
Exists	确定 List 是否包含与指定谓词所定义的条件相匹配的元素
Find	搜索与指定谓词所定义的条件相匹配的元素，并返回整个 List 中的第一个匹配元素
FindAll	检索与指定谓词所定义的条件相匹配的所有元素
FindIndex	搜索与指定谓词所定义的条件相匹配的元素，返回 List 或它的一部分中第一个匹配项的从零开始的索引
FindLast	搜索与指定谓词所定义的条件相匹配的元素，并返回整个 List 中的最后一个匹配元素
Reverse	将 List 或它的一部分中元素的顺序反转
sort	对 List 或它的一部分中的元素进行排序

3．List<T>类中方法的使用

List<T>是一个可以包含任意数组的集合，使用大小可按需动态增加。

【实例 6-7】在"D:\C#\ch6\"路径下创建项目 P6_7，编写控制台应用程序，用 ArrayList 类实现，将添加的某类商品按照价格从低到高排序。运行结果如图 6.10 所示，代码如下：

```
using System.Collections; //ArrayList 位于 Collections 中
static void Main()
{
    ArrayList price=new ArrayList();    //定义动态数组 price
    price.Add(78); price.Add(34);    //使用 ArrayList 类中的 Add 方法
    price.Add(89); price.Add(76);
    price.Add(83);
    int i,n; //动态数组的大小不定,可以让用户输入数组的大小
    Console.WriteLine("请输入数组大小：");
    n=int.Parse(Console.ReadLine());
    Console.WriteLine("请输入数组元素的值：");
    for(i=0;i<n;i++)
        price.Add(int.Parse(Console.ReadLine()));
```

```
            Console.Write("排序前:");   //输出数组元素的值
            foreach(int k in price)
               Console.Write("   {0}",k);
            Console.WriteLine();
            price.Sort();    //从小到大排序
            Console.Write("从小到大排序后: ");   //输出排序后的序列
            foreach(object k in price)
               Console.Write("   {0}",k);
            Console.WriteLine();
        }
```

【实例 6-8】在"D:\C#\ch6\"路径下创建项目 P6_8，编写控制台应用程序，用 List<T> 类实现，将添加的某类商品按照价格从低到高排序。运行结果如图 6.11 所示，代码如下：

```
using System.Collections.Generic;   //List<T>类的声明
static void Main()
{
    List<int> price=new List<int>();
    price.Add(78);    price.Add(56);//添加数组元素的值
    price.Add(98);    price.Add(84);
    Console.WriteLine("排序前序列:");   //输出数组元素的值
    foreach (int k in price)
        Console.Write("{0}   ",k);
    Console.WriteLine();
    Console.WriteLine("容量: {0}", price.Capacity);
    Console.WriteLine("元素个数: {0}",price.Count);
    Console.WriteLine("从小到大排序: ");
    price.Sort();           //排序
    Console.WriteLine("排序后序列:");
    foreach (int k in price)
        Console.WriteLine("{0}   ",k);
}
```

图 6.10　【实例 6-7】结果　　　　图 6.11　【实例 6-8】结果

6.5　任务实施

1．任务描述

定义一个二维数组，用于存储学生的学号、姓名和英语考试成绩，然后再输入学号、姓名和英语成绩。在 C#中编写一个控制台应用程序，实现按英语成绩的升序和降序分别输出成绩单。

2．任务目标

● 掌握一维数组和二维数组的声明和赋值。

● 掌握一维数组和二维数组的排序方法。

- 掌握数组元素的输出。
- 掌握选择法排序算法。

3. 任务分析

其实可以将该任务细分成如下几个子任务。

（1）一维数组和二维数组的声明及赋值。

（2）简单选择法排序算法。

（3）依次输出数组中每个元素的值。

（4）简单选择法排序过程：首先通过 n-1 次比较，从 n 个数中找出最小的，将它与第一个数交换——第一趟选择排序，结果最小的数被安置在第一个元素位置上；再通过 n-2 次比较，从剩余的 n-1 个数中找出关键字次小的记录，将它与第二个数交换——第二趟选择排序；重复上述过程，共经过 n-1 趟排序后，排序结束。

4. 任务完成

打开 VS.NET 2010，创建项目名为 Task_6 的控制台应用程序，打开 program.cs 文件，首先声明二维数组 stu，然后用选择法进行排序，最后分别按升序和降序输出结果。具体代码如下：

```csharp
static void Main(string[] args)
{
    string[,] stu={{"001","赵一","90"},{"002","钱二","78"},{"003","孙三","97"},{"004","李四","86"}};
    string[,] temp = new string[1,3];
    int t;
    for(int i=0;i<stu.GetLength(0);i++)      //简单选择排序
    {
        t=i;
        for(int j=i+1;j<stu.GetLength(0);j++)
        {
            if(stu[t,2].CompareTo(stu[j,2])>0)
            {t=j;}
            if(t!=i)
            { temp[0,0]=stu[t,0]; temp[0,1]=stu[t,1];
              temp[0,2]=stu[t,2]; stu[t,0]=stu[i,0];
              stu[t,1]=stu[i,1]; stu[t,2]=stu[i,2];
              stu[i,0]=temp[0,0]; stu[i,1]=temp[0,1];
              stu[i,2]=temp[0,2];}
        }
    }
    Console.WriteLine("\n 降序输出结果\n");
    for (int i = 0; i < stu.GetLength(0); i++)
    {Console.WriteLine("学号：{0}\t 姓名：{1}\t 英语成绩：{2}", stu[i,0],
                stu[i,1],stu[i,2]); }
    Console.WriteLine("\n 升序输出结果\n");
    for (int i = stu.GetLength(0)-1; i >=0 ; i--)
    {Console.WriteLine("学号：{0}\t 姓名：{1}\t 英语成绩：{2}", stu[i, 0],
                stu[i, 1], stu[i, 2]); }
    Console.ReadLine();}
}
```

程序运行结果如图 6.12 所示。

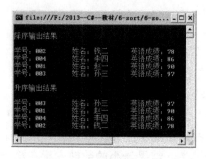

图 6.12　成绩排序结果

6.6　问题探究

1．一维数组元素在计算机内存中如何存放

一维数组声明后并创建数组，接下来计算机就为该数组分配内存空间，数组元素在计算机内存中按照下标顺序存放。

2．如何计算一维数组元素的个数

一维数组的元素个数可以通过数组的 length 属性来获得数组的元素个数。格式如下：

```
数组名.Length
```

3．Array 类如何实现从大到小排序

先用 Array.Sort 从小到大排序，然后用 Array.Reverse 反转数组中元素值，即从大到小排序。

4．二维数组元素在计算机内存中如何存放

二维数组声明并创建数组后，计算机就为该数组分配内存空间，数组元素在计算机内存中主要是按照行优先存放。比如下面的二维数组：

```
int[,] a=new int[3][4];
```

存放顺序是按照数组下标的变化而存放的，顺序如下：

```
a[0,0],a[0,1],a[0,2],a[0,3]
a[1,0],a[1,1],a[1,2],a[1,3]
a[2,0],a[2,1],a[2,2],a[2,3]
```

5．如何生成随机数

随机数 Random 类，常用的方法有以下几种。

（1）Next()：返回一个整数的随机数。

（2）Next(int maxvalue)：返回小于指定最大值的正随机数。

（3）Next(int minvalue，int maxvalue)：返回一个大于等于 minvalue 且小于 maxvalue 的整数随机数。

（4）NextDouble()：返回一个 0.0～1.0 之间的 double 精度的浮点随机数。

例如，随机生成两个 0～100 之间的整数，代码如下：

```
Random rand=new Random();
a=rand.Next(0,100);
b=rand.Next(0,100);
```

6. ArrayList 类如何实现从大到小排序

先用"数组名.Sort"方法从小到大排序,然后用"数组名.Reverse"反转数组中元素值,即从大到小排序。

7. Array 类与 ArrayList 类有什么联系与区别

ArrayList 类实际上是 Array 类的优化版本,具体区别如下:

(1) Array 的容量元素个数是固定的,而 ArrayList 的容量可以根据需要动态扩展;

(2) 可以通过 ArrayList 所提供的方法,在某个时间追加,插入和移除一组元素,而 Array 中一次只能对一个元素进行操作;

(3) Array 的下标是可以设置的,而 ArrayList 的下标始终是 0;

(4) Array 可以是多维的,而 ArrayList 始终是一维的。

6.7 实践与思考

1. 设计一个控制台应用程序,用一维数组存放 10 个整数,求其最大值和次大值。

2. 设计一个控制台应用程序,输入超市中不同厂商生产的某类商品其产品价格,输出高于平均价格的那些商品价格。

3. 编写一个控制台应用程序,定义一个元素个数为 5 的数组,动态接收用户输入的 5 个元素的值,而后对数组进行从小到大排序,并输出排序后的结果。

4. 将第 3 小题的数组按照从大到小排序,并输出其排序结果。

5. 编写一个控制台应用程序,定义一个 4 行 4 列的二维数组,随即产生 16 个 10~99 之间的整数,存入数组中,并把这 4 行 4 列的数据显示出来;把该数组的对角线元素显示出来,所谓的对角线元素排列方式如图 6.13 所示。

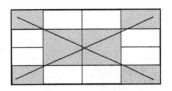

图 6.13 对角线

注意:从左上到右下称为正对角线元素,从左下到右上的称为斜对角线元素。

6. 编写一个控制台应用程序,定义一个 4 行 4 列的二维数组,随机产生 16 个 100~999 之间的整数存入数值,并把这 4 行 4 列的数据显示出来;把该二维数组每行的和、每列的和求出来。

7. 编写一个控制台应用程序,定义一个 5×6 的二维数组,随即产生 30 个 10~99 之间的整数,存入该二维数组中。把该数组的内容按照 5 行 6 列的形式显示出来。再求出该数组的最大值和最小值。

第 7 章 面向对象程序设计

知识目标
1. 熟悉类的定义和对象的创建方法
2. 熟悉属性的定义和构造函数
3. 熟悉类的方法
4. 理解类的继承和多态性
5. 了解类的接口和委托

技能目标
1. 掌握类的定义和对象的创建方法
2. 掌握构造函数和属性的定义
3. 掌握方法的定义和调用
4. 熟悉类的继承和多态性

面向对象程序设计是 C#的基本特征，包含命名空间、类声明、对象定义、构造函数、析构函数、静态成员、属性、方法、索引器、委托和事件等。本章介绍这些概念的实现方式。

7.1 类

- 知识目标：
  1. 理解类的定义
  2. 熟悉类中的成员
- 技能目标：
  1. 掌握类的定义

7.1.1 面向对象程序设计概念

面向对象程序设计（Object-Oriented Programming，OOP）是一种计算机编程架构。是一种基于结构分析的、以数据为中心的程序设计方法。在面向对象的程序中，活动的基本单位是对象，将数据及处理这些数据的操作封装到一个称为类的数据结构中，即对象。对象是代码与数据的集合，是一个封装好了的整体。程序是由一个个对象构成的，对象之间通过一定的"相互操作"传递信息，在消息的作用下，完成特定的功能。

面向对象程序设计中的概念主要包括：类、对象、属性、方法、继承、数据封装、多态、消息传递。

1. 基本概念

（1）类和对象：对象是要研究的任何事物；类是对象的模板，即类是对一组有相同数据和相同操作的对象的定义。一位学生就是一个对象，所有的学生就可以归纳成一类东西并可制成模板，这个模板就是一个学生类，每位学生都是该类的一个实例，即对象。

（2）属性、方法：属性是对象的状态和特点。方法是对象能够执行的一些的操作，它体现了对象的功能。对于学生类的实体学生来说，有学号、姓名等特征。增加一个学生对象的操作就是一个方法。

（3）封装：封装是把一组数据和操作封装在一起，形成一个类。被封装的数据和操作必须通过所提供的公共接口才能够被外界所访问，具有私有访问权限的数据和操作是无法从外界直接访问的，只有通过封装体内的方法才可以访问，这就是封装的隐藏性。隐藏性增加了数据的安全性。

（4）继承：继承是指一个对象从另一个对象中获得属性和操作的过程。当一个新类继承了原来类所有的属性和操作，并且增加了属于自己的新属性和新操作后，则称这个新类为派生类。原来的类是派生类的基类，基类和派生类之间存在着继承关系。

（5）多态：多态是指一个方法只能有一个名称，但可以有许多形态，也就是程序中可以定义多个同名的方法。多态可以用重载来实现，重载就是方法名称相同，但参数类型或参数个数不同，因此就会有不同的具体实现。

2．面向对象的优点和特征

（1）面向对象技术具有如下优点。

① 维护简单。一个类中封装了某一功能，类与类之间具有一定的独立性，从而使类的修改更容易实现。

② 可扩充性。面向对象编程从本质上支持扩充性。如果有一个具有某种功能的类，就可以很快地扩充这个类，创建另一个具有扩充功能的类。

③ 代码重用。由于功能是被封装在类中的，并且类是作为一个独立实体而存在的，一个类库就非常简单了。事实上，任何一个从事.NET Framework 编程语言的程序员都可以使用.NET Framework 类库。

（2）面向对象的主要特征。

① 封装性：封装是一种信息隐蔽技术，它体现于类的说明，是对象的重要特性。封装使数据和加工该数据的方法封装为一个整体，以实现独立性很强的模块，使得用户只能见到对象的外特性，而对象的内特性对用户是隐蔽的，故增强了数据的安全性。

② 继承性：继承性是子类自动共享父类之间数据和方法的机制。它由类的派生功能体现。一个类直接继承其他类的全部描述，同时可修改和扩充。继承具有传递性。继承分为单继承（一个子类只有一个父类）和多重继承（一个子类有多个父类）。类的对象是各自封闭的，如果没有继承性机制，则类对象中的数据、方法就会出现大量重复。继承不仅支持系统的可重用性，而且还促进系统的可扩充性。

③ 多态性：对象根据所接收的消息而做出动作。同一消息被不同的对象接受时可产生完全不同的行动，这种现象称为多态性。用户可利用多态性发送一个通用的信息，而将所有的实现细节都留给接收消息的对象自行决定。因此，同一消息即可调用不同的方法。

3．命名空间

在应用程序开发设计中，根据实际需要，程序设计人员可以创建很多的类。在如此众多的类中，如何找到所要使用的类？面向对象程序设计引入了命名空间概念。命名空间是用来组织和重用代码的编译单元的。在.NET 中，类是通过命名空间来组织的。

与操作系统中的文件管理相似，若把成千上万个文件全部无组织地放在一起，那么找到所需要的文件是很难的。利用文件夹来对文件进行分类管理，则可以对文件进行有效管理和使用。.Net 对类库的管理也采用了类似的方式,可以将命名空间想像成文件夹,类的文件夹就是命名空间,不同的命名空间内,可以定义许多类。在每个命名空间下,所有的类都是"独一"且"唯一"的。

4. 使用命名空间

在 C#中,要创建应用程序必须使用命名空间。使用命名空间有两种方式:一种是明确指出命名空间的位置;另一种是通过 using 关键字引用命名空间。直接定位在应用程序任何一个命名空间都可以在代码中直接使用。

例如:

```
System.Console.WriteLine("大家好!");
```

这个语句调用了 System 命名空间中 Console 类的 WriteLine 方法。这种直接定位的方法对应用程序中的所有命名空间均是适用的。但是使用这种方法在输入程序代码时,往往输入较多的字符,很不方便。因此可以采用 using 关键字导入命名空间。

(1)使用 using 关键字导入命名空间。引用命名空间的方法是利用 using 关键字的格式如下:

```
using [别名=] 命名空间;
```

或:

```
using[别名=] 命名空间.成员;
```

例如,在控制台应用程序中,有如下代码:

```
using System;
namespace App
{
    class program
    {
        static void Main(string[] args)
        {Console.WriteLine("大家好! ");}
    }
}
```

由于 Console 类包含在 System 命名空间中,因此通过 using System 语句引入该命名空间,前缀"Console."就是使用该类的方法。

(2)自定义命名空间。C#中,除了可以使用系统已经定义好的命名空间外,还可以在应用程序中自己声明命名空间,格式如下:

```
namespace 命名空间名称
{
    命名空间定义体
}
```

其中,命名空间名称指出命名空间的唯一名称,必须是有效的 C#标识符。例如:

```
namespace nsApp
{
    class A{…}
    class B{…}
}
```

在 nsApp 命名空间中定义了两个类。这样,在应用程序中,这两个过程可以使用 nsApp 这个命名空间来引用,定义它们的对象如下:

```
nsApp.A  a;
nsApp.B  b;
```

还可以声明两个命名空间 nsApp1 和 nsApp2，它们含有相同名称的类：

```
namespace nsApp1
{
    class S{…}
}
namespace nsApp2
{
    class S{…}
}
```

这时使用不同的命名空间来引用，定义它们的对象：

```
nsApp1.S  s1;
nsApp2.S  s2;
```

命名空间也可以嵌套，即在命名空间中声明其他的命名空间，代码如下：

```
namespace nsApp1
{
    namespace nsApp2
    {
        class S{…}
    }
}
```

这时定义对象如下：

```
nsApp1.nsApp2.S  s1;
```

C#开发项目时，每个项目都会自动附加一个默认的命名空间。如果在应用程序中没有自定义的命名空间，那么应用程序中所定义的所有的类和模式都属于一维的命名空间，其名称就是项目的名称，这个命名空间称为根命名空间。可以通过选择"项目"菜单下的"项目属性"对话框来查看或修改此命名空间。

注意：namespace 语句只能出现在文件级或命名空间级之中。

7.1.2 类

类是 C#程序设计的基本单位，也是面向对象程序设计的基本概念。用类声明的变量叫类的实例，也叫类的对象。在 C#程序设计环境中已预先定义好了大量的类，以供程序设计时使用。用户也可以根据程序设计的需要自定义类。

1．类

类是现实世界中各种实体的抽象概念，而对象则是现实生活中一个个实体。例如，现实世界中大量的汽车、摩托车、自行车等实体是对象，而交通工具则是这些对象的抽象，交通工具就是一个类。

类本质上是一种数据类型，只是这种数据类型与基本数据类型（int、float、char 等）有所不同，它将数据与对数据的操作作为一个统一的整体来定义。在 C#中，类这种数据类型可以分为两种：一种是有系统提供并预先定义的，这些类在.NET 框架类库中；一种是用户自定义数据类型。

对象通过类进行声明，类本质上是一种数据结构，所以用类声明的对象本质上也是一种变量，因此用类声明的对象本质上也是一种变量，因此用类声明变量的放法与用基本数据类型（int、float、char 等）声明变量的方法大致相同。类类型声明的变量叫类的对象或类的实例。对象一旦由类创建，则该对象即具有了类定义中所有的成员。用同一个类可以声明无数个该类的对象，这些对象具有相同的数据，对数据有相同的操作，所不同的仅仅是数据的具体值。正如只要是人类，就具有人所具备的共同特点，如身高体型等，不同的仅仅是高矮胖瘦而已。

2. 类的成员

类的成员可以分为两大类：类本身所声明的以及从基类中继承而来的。既然类这种数据类型是数据与对数据的操作的统一体，那么概括起来类体中的成员有两种：存储数据的成员与操作数据的成员。在 C#中，存储数据的成员叫"字段"，操作数据的成员又有很多种，本章仅介绍"字段"、"属性"、"方法"与"构造函数"。

（1）字段：是类定义中的数据，也叫类定义中的变量。类的字段可以是基本数据类型，也可以是由其他类类型声明的对象。

（2）属性：用于读取和写入"字段"值。"属性"是对类定义中的数据进行操作的成员。因此，属性是一种完成读写"字段"功能的特殊方法。

（3）方法：实质上就是函数，通常用于对字段进行计算和操作，即对类中的数据进行操作，以实现特定的功能。

（4）构造函数：是在用类声明对象时，完成对象字段的初始化工作。构造函数也是对类定义中的数据进行操作的成员。从广义的角度上讲，构造函数也是类定义中的"方法"。构造函数仅仅在创建对象时被使用（调用）。

在 C#中必须先有类的定义，然后才能由类创建对象。

3. 类的定义

一般情况下，在一个类定义中总是包含对字段与属性的声明。

在类定义中需要使用关键字 class，其简单的定义格式为：

```
[类的修饰符] class 类名  [：基类名]
{
          //类成员；
}[;]
```

"类名"是一个合法的 C#标识符，表示数据类型（类类型）名称；"类体"是以一对大括号开始和结束的，在一对大括号后面可以跟一个分号，也可以省略分号。类的所有成员均在类体内声明。

例如，以下声明一个 Rectangle（长方形）类，代码如下：

```
public class Rectangle
{
    //声明字段
    private double length;    //长
    private double width;     //宽
    //声明属性
    public void setdata(double l,double w)
    { length=l;  width=w;}
    public void print()
    { Console.WriteLine("长方形的长={0},宽={1}",length,width);}
}
```

4．声明字段

字段的声明格式与普通变量的声明格式相同。在类体中，字段声明的位置没有特殊要求，习惯上将字段声明放在类体中的最前面，以便于阅读。

例如，长方形类中字段的声明如下：

```
private double length;   //长
private double width;    //宽
```

5．声明属性

属性描述了对象的具体特性，它提供了对类或对象成员的访问。C#中的属性更充分地体现了对象的封装性，属于不直接操作类的字段，而是通过访问器进行访问。

属性在类模块里是采用下面的方式进行声明的，即指定变量的访问级别、属性的类型、属性的名称，然后是 get 访问器或者 set 访问器代码块。属性是类定义中的字段读写器，在类定义中声明属性的语法格式为：

```
修饰符  数据类型 属性名称
{
       get 访问器
       set 访问器
}
```

其中，修饰符有 new、public、protected、internal、private、static、virtual、override 和 abstract。

属性是通过访问器来实现的。访问器是数据字段赋值和检索其值的特殊方法。使用 set 访问器可以为数据字段赋值，使用 get 访问器可以获取数据字段的值。get 完成对数据值的读取，return 用于返回读取的值；set 完成对数据值的设置修改，value 是一个关键字，表示要写入字段的值。

属性名应和其要访问的字段名相关但不相同，可以采取数据成员名第一个单词全用小写，而属性名的所有单词首字母大写的方式。例如，Rectangle 类定义中的字段名为 length（长），则对应的属性名为 Length（长）。

```
public class Rectangle
{
    private double length;   //长
    private double width;    //宽
    public double Length
    { get{return length;} set{length=value;} }
    public double Width
    { get{return width;} set{width=value;} }
    public void print()
    { Console.WriteLine("长方形的长={0},宽={1}",length,width);}
}
```

注意：在属性声明中，只有 set 访问器表明属性的值只能写入而不能读出；只有 get 访问器表明属性的值是只能读出而不能写入；同时具有 set 访问器和 get 访问器表明属性的值的读写都是允许的。

属性可以保护类的字段。通常的情况下，将字段设置为私有的，设置一个对其进行读或写的属性。在属性声明中，如果只有 get 访问器，则该属性为只读属性。只读属性意味着数据成员的值是不能被修改的。在属性声明中如果只有 set 访问器，则该属性为只写属性。

103

在 C#环境中,当选中窗体或控件时,在属性窗口中显示的均为读写属性。

例如,定义一个学生类,代码如下:

```
public class StudentInfo
{
    int stuNo;              // 学号
    string name;            //姓名
    string classNo;         //班级
    public int StuNo
    {get{return stuNo;}set{stuNo=value;}}
    public int Name
    {get{return name;}set{name=value;}}
    public int ClassNo
    {get{return classNo;}set{classNo=value;}}
    public  string print()
    {return "学号:"+stuNo+ "姓名:"+name+ "班级:"+classNo;}
}
```

6. 访问控制

在 Rectangle 类定义中,声明类字段时均使用 private 进行修饰,private 叫访问修饰符。声明类中的成员时,使用不同的访问修饰符,表示对类成员的访问权限不同,或者说访问修饰符确定了在什么范围可以访问类成员。C#中最常用的访问修饰符及其意义如表 7.1 所示。

表 7.1 访问修饰符

访问修饰符	意 义
public(公有)	访问不受限制,可以被任何其他类访问
private(私有)	访问只限于含该成员的类,既只有该类的其他成员能访问
protected(保护)	访问只限于含该成员的类、及该类的派生类

在类定义中,如果声明成员没有使用任何访问修饰符,则该成员被认为是私有的(private)。如果不涉及继承,private 与 protected 没有什么区别。如果成员被声明为 private 或 protected,则不允许在类定义外使用点运算符访问,即在类定义外,类的对象通过点运算符只能访问 public 成员。在一个类定义中,通常字段被声明为 private 或 protected,这样在类定义外,对象通过点运算符将无法从 C#的智能感知列表中看到字段成员,即不能访问字段成员。例如,通过 Rectangle 类声明一个对象 Rect1,则使用点运算符时,在智能感知列表中仅能看到声明的公有属性"Length"、"Width",而无法看到私有的字段,这就是所谓的数据隐藏。

在类定义中,除字段外的其他类成员则被声明为 public,以通过这些成员实现对类的字段成员的操作,类定义中的属性用于完成最基本的对字段的读写操作。

```
public void print()
{Console.WriteLine("长方形的长={0},宽={1}",length,width);}
```

7.1.3 对象

类和对象是不同的概念。类定义对象的类型,但它不是对象本身。对象是基于类的具体实体,有时称为类的实例。只有定义类对象时才会给对象分配相应的内存空间。

1. 声明类的对象

一旦声明了一个类，就可以用它作为数据类型来定义类对象（简称为对象）。定义类的对象分以下两步。

（1）定义对象引用。其语法格式如下：

```
类名 对象名;
```

例如，以下语句定义 Rectangle 类的引用 rect1：

```
Rectangle rect1;
```

（2）创建类的实例。对象声明后，需用"new"关键字将对象实例化，这样才能为对象在内存中分配保存数据的空间。实例化的语法格式如下：

```
对象名 = new 类名();
```

例如，以下语句创建 Rectangle 类的实例 rect1：

```
rect1=new Rectangle();
```

以上两步可以合并成一步，代码如下：

```
Rectangle rect1=new Rectangle();
```

通常将对象引用和对象实例合用，甚至统称为对象，但读者应了解它们之间的差异。上述语句中 Rectangle 部分是创建类的实例，然后传递回对该对象的引用并赋给 rect1，这样就可以通过对象引用 rect1 操作该对象。两个对象引用可以引用同一个对象。例如：

```
Rectangle rect1=new Rectangle();
Rectangle rect2=rect1;
```

2. 访问对象的字段

访问对象字段的语法格式如下：

```
对象名.字段名
```

其中，"."是一个运算符，该运算符的功能是表示对象的成员。

例如：访问长方形的长：

```
rect1.length;
```

3. 调用对象的方法

调用对象的方法的语法格式如下：

```
对象名.方法名（参数表）
```

例如，调用 Rectangle 类中的 print 方法，格式如下：

```
rect1.print();
```

【实例 7-1】在"D:\C#\ch7\"路径下创建项目 P7_1，编写控制台应用程序，定义 student 类，并输出学生相关信息。运行结果如图 7.1 所示。

```
namespace P7_1
{
    class student
    {
        private string xm;      //姓名
        private string xh;      //学号
        private int age;        //年龄
        private string sex;     //性别
        public string XM
        {get{return xm;}set{xm=value;}}
```

```csharp
            public string XH
            {get{return xh;}set{xh=value;}}
            public int Age
            {get{return age;}set{age=value;}}
            public string Sex
            {get{return sex;}set{sex=value;}}
            public void print()
            {Console.WriteLine("该同学的姓名:{0},学号:{1},年龄:{2},性别:{3}",xm,xh,age,sex);}
        }
        class program
        {   static void Main()
            {  student stu1=new student();     //声明对象
               stu1.XM="张三";         //为对象赋值
               stu1.XH="201200001103";
               stu1.Age=17;
               stu1.Sex="男";
               stu1.print();         //调用类中的方法}
        }}
```

图 7.1　【实例 7-1】结果

【实例 7-2】　在"D:\C#\ch7\"路径下创建项目 P7_2，编写控制台应用程序，定义商品类并创建对象，程序运行结果如图 7.2 所示。

```csharp
    namespace P7_2
    {
      class Commodity
      {    private string sh_bh;        //声明字段
           private string sh_mc;
           private double sh_dj;
           private string sh_cs;
           private int sh_js;
           public string BH       //声明属性
           {get{return sh_bh;}set{sh_bh = value;}}
           public string MC
           {get{return sh_mc;}set{sh_mc = value;}}
           public double DJ
           {get{return sh_dj;}set{sh_dj = value;}}
           public string CS
           {get{return sh_cs;}set{sh_cs = value;}}
           public int JS
           {get{return sh_js;}set{sh_js = value;}}
           public void print()     //声明方法
           {Console.WriteLine("\n 商品编号：{0}\n 商品名称：{1}\n 生产厂商：{2}\n 商品单价：{3}",sh_bh,sh_mc,sh_cs,sh_dj);}
      }
      class program
      {   static void Main(string[] args)
          {  Commodity c1 = new Commodity();      //声明对象
```

```
            c1.BH ="11122"; c1.MC = "邢台市";
            c1.DJ =45.6; c1.CS = "菜篮子";
            c1.print(); }
}}
```

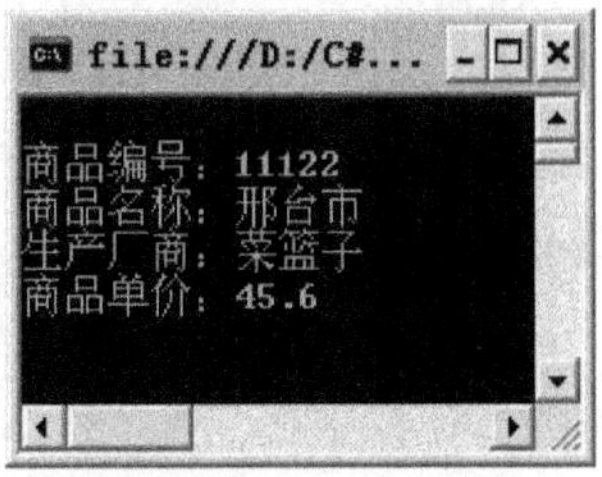

图 7.2 【实例 7-2】结果

7.2 类的方法

● 知识目标：
1. 理解方法的概念
2. 熟悉方法的定义和调用格式
3. 熟悉方法参数的传递
4. 了解方法的重载

● 技能目标：
1. 掌握方法的定义和调用
2. 掌握方法的值传递和引用传递
3. 熟悉方法的重载

7.2.1 方法

方法是把一些相关的语句组织在一起，用于解决某一特定问题的语句块。方法必须放在类定义中。方法同样遵循先声明后使用的规则。在.NET Framework 中存在大量的方法，如 Console 类中的 WriteLine 方法、ReadLine 方法，Int32 的 Parse 方法。

1. 方法的定义

声明方法最常用的语法格式为：

访问修饰符　返回类型　方法名（参数列表）{ }

（1）方法的访问修饰符通常是 public，以保证在类定义外部能够调用该方法。

（2）方法的返回类型用于指定由该方法计算和返回的值的类型，可以是任何值类型或引用类型数据，例如，int、string。如果方法不返回一个值，则它的返回类型为 void。

（3）方法名是一个合法的 C#标识符。

例如，不带参数的方法：

```
public static void SayHello()
{
    System.Console.WriteLine("大家好!");
}
```

参数列表在一对圆括号中，指定调用该方法时需要使用的参数个数、各参数的类型。其中，参数可以是任何类型的变量，参数之间用逗号分隔。如果方法在调用时不需要参数，则不用指定参数，但圆括号不能省略。

实现特定功能的语句块放在一对大括号中，称为方法体，"{"表示方法体开始，"}"表示方法体的结束。如果方法有返回值，则方法体中必须包含一个 return 语句，以指定返回值，该值可以是变量、常量、表达式，其类型必须和方法的返回类型相同。如果方法无返回值，在方法体中可以不包含 return 语句，或包含一个不指定任何值的 return 语句。

例如，带参数的方法：

```
public static int Add(int x,int y)
{
    int z=x+y;
    return z;
}
```

例如，为前面定义的 Rectangle 类声明一个计算面积的方法：

```
public double area()
{
    return length*width;
}
```

该方法的功能是求长方形类对象的面积。该方法的返回类型是一个双精度型值，方法名称为"area"，没有参数，方法体中有一个 return 语句，该语句指定的返回值是一个双精度型表达式。

2．方法的调用

从方法被调用的位置，可以分为在方法声明的类定义中调用该方法和在方法声明的类定义外部调用方法。在方法声明的类定义中调用该方法的语法格式为：

```
方法名（参数列表）
```

在方法声明的定义中调用该方法，实际上是由类定义内部的其他方法成员调用该方法的。例如，为 Rectangle 类声明一个输出长和宽的方法：

```
public string print()
{return "长方形的长和宽为："+length+"  "+width;}
```

在方法声明的类定义外部调用该方法，实际上是通过类声明的对象调用该方法，格式为：

```
对象名.方法名（参数列表）
```

【实例 7-3】 在"D:\C#\ch7\"路径下创建项目 P7_3，编写控制台应用程序，定义长方形 Rectangle 类，在主方法 Main 中调用该类中的输出和求面积方法。运行结果如图 7.3 所示。

```
namespace P7_3
{
    class Rectangle
    {   private double length;
        private double width;
        public double Length
        {get{return length;}set{length=value;}}
        public double Width
        {get{return width;}set{width=value;}}
        public string print()
        {return "长方形的长和宽为："+length+"  "+width;}
        public double area()
```

```
            {return length*width;}
    }
    class program
    {   static void Main(string[] args)
        {   Rectangle rect1 = new Rectangle();
            rect1.Length = 3;
            rect1.Width = 4;
            Console.WriteLine(rect1.print());
            Console.WriteLine("长方形的面积是：{0}",rect1.area());}
}}
```

7.2.2 方法参数传递

在方法的声明与调用中，经常涉及方法参数，在方法声明中使用的参数叫形式参数（形参），在调用方法中使用的参数叫实际参数（实参）。在调用方法时，参数传递就是将实参传递给形参的过程。

方法参数传递按性质可分为按值传递与按引用传递。

1．按值传递

参数按值的方式传递是指当把实参传递给形参时，是把实参的值复制给形参，实参和形参使用的是两个不同内存中的值，所以这种参数传递方式的特点是，在形参的值发生改变时，不会影响实参的值，从而保证了实参数据的安全。值传递的过程为："实参的数值"→"形参的数值"。

基本类型（包括 string 与 object）的参数在传递时默认为按值传递。

【实例 7-4】 在 "D:\C#\ch7\" 创建项目 P7_4，编写控制台应用程序，在主方法中输入两整数的值，然后调用 swap 方法将两整数的值交换，在该方法中交换这两个参数的值，并在主方法中输出交换后的结果。运行结果如图 7.4 所示。

图 7.3　【实例 7-3】结果　　　　　图 7.4　【实例 7-4】结果

```
class program
{
    static void Main(string[] args)
    {   int a,b;
        Console.WriteLine("请输入两整数的值：");
        a=int.Parse(Console.ReadLine());
        b=int.Parse(Console.ReadLine());
        Console.WriteLine("输入的两整数的值：a={0},b={1}",a,b);
        swap(a,b);
        Console.WriteLine("调用 swap 方法后，a={0},b={1}",a,b);
    }
    static void swap(int x,int y)
    {   int t;
        t=x; x=y; y=t;
    }
}}
```

由上例可知，值传递参数中形参值的变化不会影响实参值。

2. 按引用类型传递

方法只能返回一个值，但实际应用中常常需要方法能够修改或返回多个值，这时只靠 return 语句显然是无能为力的。如果需要方法返回多个值，可以使用按引用传递参数，将实参的引用传递给形参，实参与形参使用的是一个内存中的值。这种参数传递方式的特点是形参的值发生改变时，同时也改变实参的值。引用传递的过程如图 7.5 所示。

引用传递共有三种类型的传递方式：ref 引用型参数传递，out 输出型参数传递，params 数组型参数传递。

（1）ref 引用型参数。以 ref 修饰符声明的参数属于引用型参数。引用型参数本身并不创建新的存储空间，而是将实参的存储地址传递给形参，所以对形参的修改会影响原来实参的值。在调用方法前，引用型实参必须被初始化，同时在调用方法时，对应引用型参数的实参也必须使用 ref 修饰符。

【实例 7-5】 在 "D:\C#\ch7\" 创建项目 P7_5，编写控制台应用程序，在主方法中输入两整数的值，然后调用 swap 方法将两整数的值交换，在该方法中交换这两个参数的值，并在主方法中输出交换后的结果。运行结果如图 7.6 所示。

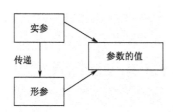

图 7.5　引用传递过程

图 7.6　【实例 7-5】结果

具体代码如下：

```
class program
{
    static void Main(string[] args)
    {
        int a,b;
        Console.WriteLine("请输入两整数的值：");
        a=int.Parse(Console.ReadLine());
        b=int.Parse(Console.ReadLine());
        Console.WriteLine("输入的两整数的值：a={0},b={1}",a,b);
        swap(ref a,ref b);
        Console.WriteLine("调用swap方法后，a={0},b={1}",a,b);
    }
    static void swap(ref int x,ref int y)
    {
        int t;
        t=x; x=y; y=t;
    }}
```

由上例可知，引用型参数传递，对形参值的改变就是相应实参值的改变。

（2）out 输出参数。以 out 修饰符声明的参数属于输出参数。与引用型参数类似，输出型参数也不开辟新的内存区域。它与引用型参数的差别在于，调用方法前无须对变量进行初始化。输出型参数用于传递方法返回的数据，out 修饰符后应跟随与形参的类型相同的类型，用来声明在方法返回后传递的变量经过了初始化。

【实例 7-6】 在 "D:\C#\ch7\" 创建项目 P7_6，编写控制台应用程序，定义方法来计算两整数的商和余数。运行结果如图 7.7 所示。

具体代码如下：

```
class Program
{
    static void Divide(int x,int y,out int sh,out int yu)
    { sh=x/y; yu=x%y; }
    static void Main(string[] args)
    {
        int res,rem;
        Divide(10,3,out res,out rem);
        Console.WriteLine("商：{0}，余数：{1}",res,rem);
    }
}
```

（3）params 数组型参数。以 params 修饰符声明的参数属于数组型参数。params 关键字可以指定在参数数目可变处采用参数的方法参数。在方法声明中的 params 关键字后不允许任何其他参数，并且在方法声明中只允许一个 params 关键字。有数组型参数就不能再有 ref 和 out 修饰符。

【实例 7-7】 在 "D:\C#\ch7\" 创建项目 P7_7，编写控制台应用程序，主方法中输入某类商品的 6 种不同的价格，计算并输出这类商品的平均价格。运行结果如图 7.8 所示。

图 7.7 【实例 7-6】结果

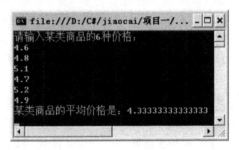

图 7.8 【实例 7-7】结果

具体代码如下：

```
class program
{
    static void Main(string[] args)
    {
        double[] num=new double[6];
        Console.WriteLine("请输入某类商品的6中价格：");
        for(int i=0;i<num.Length;i++)
            num[i]=int.Parse(Console.ReadLine());
        double ave=average(num);
        Console.WriteLine("某类商品的平均价格是：{0}",ave);
    }
    static double average(params double[] num1)
    {   double sum=0.0;
        foreach(int item in num1)
            sum+=item;
        return sum/6;}
}
```

7.2.3 方法重载

有时候方法的功能需要针对多种类型的参数，虽然 C# 有隐式转换功能，但这种转换在有些情况下会导致运算结果的错误，而有时数据类型无法实现隐式转换甚至根本无法转换。有时候方法实现的功能需要处理的数据个数不同，这时会因为传递实参的个数不同而导致方法调用的失败。例如，【实例7-6】中的整型数据交换方法只能实现两个整型变量的值交换，而无法通过隐式或显示转换来实现其他类型变量的值交换。如果在调用方法时传递的是两个浮点型变量，则运行程序时，将出现"无法从'ref float'转换为'ref int'"的编译错误。

为了能使同一功能适用于各种类型的数据，C#提供了方法重载机制。

方法重载是让类以统一的方式处理不同类型数据的一种手段。在C#中，语法规定同一个类中两个或两个以上的方法可以用同一个名字，如果出现这种情况，那么该方法就被称为重载方法。方法重载是声明两个以上的同名方法，实现对不同数据类型的相同处理。

方法重载有三点要求：
- 重载方法必须定义在同一类中；
- 重载的方法名称必须相同；
- 重载方法的形参个数或类型必须不同，否则将出现"已经定义了一个具有相同类型参数的方法成员"的编译错误。

如果想要上例中的交换方法能同时处理整型与浮点型数据，重载的方法声明如下：

```
public void swap(ref int a,ref int b){}
public void swap(ref float a,ref float b){}
```

声明了重载方法后，当调用具有重载的方法时，系统会根据参数的类型或个数寻求最匹配的方法予以调用。根据前述的例子，当执行方法调用时，系统根据传递的实参类型决定调用哪一个方法，从而实现对不同的数据类型进行相同处理。

图7.9　【实例7-8】结果

【实例7-8】　在"D:\C#\ch7\"创建项目P7_8，编写控制台应用程序，在该程序中利用方法重载实现对两个整型，两个双精度型数据比较大小的功能。运行结果如图7.9所示。

具体代码如下：

```
class program
{   static void Main(string[] args)
    {   int a=10,b=20;
        double c=45.6,d=58.9;
        swap(ref a,ref b);
        Console.WriteLine("两整数交换后：{0},{1}",a,b);
        swap(ref c,ref d);
        Console.WriteLine("两双精度数交换后：{0},{1}",c,d);
    }
    static void swap(ref int x,ref int y)
    {   int t; t=x; x=y; y=t; }
    static void swap(ref double x,ref double y)
    {   double t; t=x; x=y; y=t; }
}
```

7.2.4　方法嵌套调用

在调用一个方法的过程中又调用另一个方法，称为方法的嵌套调用。调用的过程如图7.10所示。

【实例7-9】　在"D:\C#\ch7\"创建项目P7_9，编写控制台应用程序，求两个数的最大公约数和最小公倍数。实现要求：把"求两数最大公约数"和"求两数最小公倍数"两个功能独立编写成方法，以便根据需要随时调用。

分析：
- 求最大公约数的数学方法，已知两个整数 a 和 b，a 和 b 两个整数同时能被整除的最大值，就是 a 和 b 的最大公约数。
- 求最小公倍数的数学方法，求 a 和 b 两个数的最小公倍数，最简单的求法就是公式法，求 a×b÷a 和 b 的最大公约数。

因此，要求两个数的最小公倍数必须先求出两个数的最大公约数，Main 方法调用 Least 方法求最小公倍数，在 Least 方法中又需要先调用 Greatest 方法求出最大公约数，用于最后求出最小公倍数，3 个方法形成了嵌套调用关系。程序运行结果如图 7.11 所示。

具体代码如下：

```
class Program
{
    static void Main(string[] args)
    {   Console.Write("请输入两个正整数：");
        int num1 = int.Parse(Console.ReadLine());
        int num2 = int.Parse(Console.ReadLine());
        int result1 = Greatest (num1, num2);
        int result2 = Least(num1, num2);
        Console.WriteLine("{0}和{1}的最大公约数：{2}",num1,num2,result1);
        Console.WriteLine("{0}和{1}的最小公倍数：{2}",num1,num2,result2);
        Console.ReadLine();
    }
    static int Greatest (int a, int b)      //求最大公约数
    {   int t=0,i;
        if(a<b)
        {  t=a;  a=b;   b=t;  }
        for(i=1;i<b;i++)
            if(a%i==0 && b%i==0)
                t=i;
        return t;
    }
    static int Least(int a, int b)   //求最小公倍数
    {   int gcd = Greatest(a, b);    //调用求最大公约数方法
        return (a * b / gcd);
    }
}
```

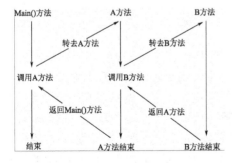

图 7.10　嵌套调用过程

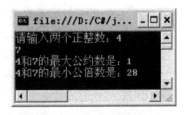

图 7.11　【实例 7-9】结果

7.2.5　方法递归调用

一个方法直接或者间接调用自己称为递归，同时将该方法称为递归方法。如果一个问题要用递归的方法来解决，需满足以下条件。

（1）原问题可转化为一个新问题，而这个新问题与原问题有相同的解决方法。
（2）新问题可继续采用这种转化，在转化过程中问题有规律地递增或递减。
（3）在有限次转化后，问题得到解决，即具备递归结束的条件。

【实例 7-10】 在"D:\C#\ch7\"创建项目 P7_10，编写控制台应用程序，已知有 5 个人坐在一起，问第 5 个人多少岁，他说比第 4 个人大 2 岁；问第 4 个人，他说比第 3 个人大 2 岁；问第 3 个人，他说比第 2 个人大 2 岁；问第 2 个人，他说比第 1 个人大 2 岁；最后问第 1 个人，他说是 10 岁。试问第 5 个人多大？运行结果如图 7.12 所示。

图 7.12 【实例 7-10】结果

具体代码如下：

```
class Program
{   //求第 n 个人年龄的递归方法
    static int Age(int n)
    {   int c;
        if (n == 1) c = 10;   // 终止递归的条件
        else c = Age(n - 1) + 2;
        return c;
    }
    static void Main(string[] args)
    {    Console.Write("请输入要计算年龄的人的序号：");
        int n=int.Parse(Console.ReadLine());
        Console.WriteLine("第{0}个人{1}岁",n,Age(5));
        Console.ReadLine();}
}
```

7.3 类的构造函数

🔵 知识目标：
1. 理解什么是构造函数
2. 熟悉构造函数的声明和调用

🔵 技能目标：
1. 掌握构造函数的声明
2. 掌握对象创建时构造函数的调用

构造函数是一种特殊的方法成员，其主要作用是在创建对象（声明对象）时初始化对象。一个类定义必须且至少有一个构造函数，如果定义类时，没有声明构造函数，系统会提供一个默认的构造函数，如果声明了构造函数，系统将不再提供默认的构造函数。

如果只有默认构造函数，在创建对象时，系统将不同类型的数据成员初始化为相应的默认值。如数值类型被初始化为 0，字符类型被初始化为空格，字符串类型被初始化为 null，逻辑类型被初始化为 false 等。如前面定义的 Rectangle（长方形）类中未声明构造函数，则系统将提供一个默认的构造函数，当使用该类声明一个对象时，对象的长、宽均为 0.0。

如果想在创建对象时，将对象的数据成员初始化为指定的值，则需要专门声明构造函数。

7.3.1 声明构造函数

声明构造函数与声明普通方法相比，有两个特别的要求，一是构造函数不允许有返回类型（包含 void 类型），二是构造函数的名称必须与类名相同。

由于通常声明构造函数是为了在创建对象时，对数据或数据成员初始化，所以构造函数往往需要使用形参。例如，前面的 Rectangle 类，创建一个长方形类对象时，需要给出长方体的长、宽，所以长方形类构造函数可以声明如下：

```
public Rectangle(double l,double w)
{
    length=l; width=w;
}
```

由于声明了上述带参数的构造函数，所以系统不再提供默认构造函数，这样在创建对象时，必须按照声明的构造函数的参数要求给出实际参数，否则将产生编译错误，例如：

```
Rectangle rect1=new Rectangle(2,3);
```

由上述创建对象的语句可知，new 关键字后面实际是对构造函数的调用。

构造函数是在创建给定类型的对象时执行的类方法，构造函数具有如下性质。

- 构造函数的名称与类的名称相同。
- 构造函数尽管是一个函数，但没有任何类型，即它既不属于返回值函数也不属于 void 函数。
- 一个类可以有多个构造函数，但所有构造函数的名称都必须相同，它们的参数各不相同，即构造函数可以重载。
- 当类对象创建时，构造会自动地执行；由于它们没有返回类型，因此不能像其他函数那样进行调用。
- 当类对象声明时，调用哪一个构造函数取决于传递给它的参数类型。
- 构造函数不能被继承。

【实例 7-11】 在"D:\C#\ch7\"创建项目 P7_11，编写控制台应用程序，在程序中定义 Rectangle 类，该类除了包含字段、属性与求面积的方法外，还包含一个构造函数，在使用该类声明对象时，输入创建对象的数据，则所输入的数据作为参数创建对象，显示对象所包含的数据，并求出对象的面积。运行结果如图 7.13 所示。具体代码如下：

图 7.13 【实例 7-11】结果

```
namespace P7_11
{
    class Rectangle
    {   private double length;
        private double width;
        public double Length
        { get{return length;} set{length=value;} }
        public double Width
        { get{return width;} set{width=value;} }
        public Rectangle(double l,double w)
        { length=l; width=w; }
        public string print()
        { return "长方形的长和宽为："+length+"  "+width; }
        public double area()
```

```
            { return length*width; }
    }
    class program
    {   static void Main(string[] args)
        {   Console.WriteLine("请输入长方形的长和宽：");
            double l=double.Parse(Console.ReadLine());
            double w=double.Parse(Console.ReadLine());
            Rectangle rect1=new Rectangle(l,w);
            rect1.print();
            Console.WriteLine("长方形的面积是：{0}",rect1.area());
    }}}
```

7.3.2 调用构造函数

当定义类对象时，构造函数会自动执行。因为一个类可能会有包括默认构造函数在内的多个构造函数，下面讨论如何调用特定的构造函数。

（1）调用默认构造函数。不带参数的构造函数称为默认构造函数。无论何时，只要使用 new 运算符实例化对象，并且不为 new 提供任何参数，就会调用默认构造函数。假设一个类包含有默认构造函数，调用默认构造函数的语法如下：

```
类名 对象名 = new 类名();
```

如果没有为对象提供构造函数，则默认情况下 C#将创建一个构造函数，该构造函数实例化对象，并将所有成员变量设置为相应的默认值。

（2）调用带参数的构造函数。假设一个类中包含有带参数的构造函数，调用这种带参数的构造函数的语法如下：

```
类名 对象名 = new 类名（参数表）；
```

其中，"参数表"中的参数可以是变量，也可以是表达式。

7.3.3 重载构造函数

构造函数与方法一样可以重载，重载构造函数的主要目的是为了给创建对象提供更大的灵活性，以满足创建对象时的不同需要。例如，在创建一个 Rectangle 对象时，可能需要创建一个长方形的特例——正方形，这时仅需要给定一个棱长的参数即可，因此需要一个只接受一个参数的构造函数，那么可以再声明一个含一个参数的构造函数。代码如下：

```
public Rectangle(double l)
{ length=l;  width=l;}
```

由于该构造函数与之前叙述的构造函数的参数个数不同，所以是一个合法的构造函数重载。有了这个构造函数后，就可以声明只有一个实参的对象。代码如下：

```
Rectangle rect1=new Rectangle(l);
```

如果在声明带参数的构造函数后，还想保留默认构造函数，则必须显示声明一个默认构造函数，显示声明的默认构造函数实际上是一个不实现任何功能的空函数。代码如下：

```
public Rectangle(){}
```

【实例 7-12】在"D:\C#\ch7\"创建项目 P7_12，编写控制台应用程序，在程序中定义 Rectangle 类，该类除了包含字段、属性与求面积的方法外，还包含长方形和正方形两个构造函数；创建对象时，根据给定的参数个数将对象初始化为长方形和正方形。运行结果如

图 7.14 所示。具体代码如下：

```
namespace P7_12
{
    class Rectangle
    {   private double length;
        private double width;
        public double Length
        { get{return length;} set{length=value;} }
        public double Width
        { get{return width;} set{width=value;} }
        public Rectangle(double l,double w)
        { length=l; width=w; }
        public Rectangle(double l)
        { length=l; width=l; }
        public string print()
        { return "长方形的长和宽为："+length+"  "+width; }
        public double area()
        { return length*width; }
    }
    class program
    {   static void Main(string[] args)
        {   Console.WriteLine("请输入长方形的长和宽：");
            double l=double.Parse(Console.ReadLine());
            double w=double.Parse(Console.ReadLine());
            Rectangle rect1=new Rectangle(l,w);
            rect1.print();
            Console.WriteLine("长方形的面积是：{0}",rect1.area());
            Rectangle rect2=new Rectangle(l);
            Console.WriteLine("正方形的面积是：{0}",rect2.area());}
    }}
```

【实例 7-13】 在 "D:\C#\ch7\" 创建项目 P7_13，编写控制台应用程序，定义商品类并声明构造函数，创建对象时为字段赋初始值。运行结果如图 7.15 所示。具体代码如下：

```
namespace P7_13
{
    class Commodity
    {   private string sh_bh;
        private string sh_mc;
        private double sh_dj;
        private string sh_cs;
        private int sh_js;
        public string BH
        { get { return sh_bh;} set { sh_bh = value;} }
        public string MC
        { get { return sh_mc;} set { sh_mc = value;} }
        public double DJ
        { get { return sh_dj;} set { sh_dj = value;} }
        public string CS
        { get { return sh_cs;} set { sh_cs = value;} }
        public int JS
        { get { return sh_js;} set { sh_js = value;} }
        public Commodity(string bh,string mc,double dj,string cs)
        { sh_bh=bh; sh_mc=mc; sh_cs=cs; sh_dj=dj; }
        public void print()
        { Console.WriteLine("商品编号：{0},商品名称：{1},生产厂商：{2},商品单价：{3}",sh_bh,sh_mc,sh_cs,sh_dj);
        }
    }
```

```
class program
{    static void Main(string[] args)
    {    Commodity c1 = new Commodity("1122","糖果",45.6, "邢台大众制品厂");
         c1.print();}}}
```

图 7.14 　【实例 7-12】结果　　　　　　图 7.15 　【实例 7-13】结果

7.4 静态成员和索引器

● 知识目标：
1. 理解什么是静态成员
2. 了解静态数据成员
3. 了解静态方法
4. 了解索引器的概念
5. 了解 this 关键字

● 技能目标：
1. 掌握静态数据成员的声明
2. 掌握静态方法的声明

7.4.1 静态成员

类可以有静态成员，如静态数据成员（字段），静态方法等。静态成员属于类所有，而非静态成员属于类的对象所有。提出静态成员的目的是为了解决数据共享的问题。

声明静态成员需要使用 static 修饰符。

1. 静态数据成员（字段）

非静态的字段（数据）总是属于某个特定的对象，其值总是表示某个对象的值。例如，当说到长方体的长（length）时，是指某个长方体对象的长，而不可能是全体长方体对象的长。相应的，在前面定义的 Cuboid（长方体）类的 length 成员就是一个非静态的字段。

有时可能会需要类中有一个数据成员来表示全体对象的共同特征。例如，在 Cuboid 类中用 2 个数据成员来统计长方体和正方体的个数，那么这两个数据成员表示的就不是某个长方体或正方体对象的特征，而是全体长方体或正方体的特征，这时就需要使用静态数据成员。例如：

```
class Rectangle
{
   private static int RectNum;
   private static int squareNum;
   private double length;
   private double width;
}
```

静态数据成员 RectNum 和 squareNum 不属于任何一个特定的对象，而是属于类，或者说属于全体对象，是被全体对象共享的数据。

2．静态方法

非静态的方法包括非静态的构造函数总是对某个对象进行数据操作。例如，Rectangle 类中的计算面积方法，总是某个对象的计算面积的方法。相应的，在之前的例子中 Rectangle 类中 area 方法成员就是一个非静态的方法成员。

如果某个方法在使用时并不需要与具体的对象相联系，比如，方法操作的数据并不是某个具体对象的数据，而是表示全体对象特征的数据，甚至方法操作的数据与对象数据根本无关，那么这时，可以将该方法声明为静态方法。例如，要操作之前的 Rectangle 类的静态字段成员 RectNum 和 squreNum，则应该声明一个静态方法。

静态方法同样适合用修饰符 static 声明，静态方法属于类，只能使用类调用，不能使用对象调用的。

【实例 7-14】在"D:\C#\ch7\"创建项目 P7_14，编写控制台应用程序，在该程序中定义一个 Rectangle 类，该类除了包含非静态成员外，还包含两个静态数据成员，用来统计长方形和正方形的对象个数，两个静态方法用来返回长方形和正方形的个数。运行结果如图 7.16 所示。具体代码如下：

图 7.16 【实例 7-14】结果

```
namespace P7_14
{
    class Rectangle
    {       //声明字段
        private static int RectNum;
        private static int squareNum;
        private double length;
        private double width;
        public double Length         //声明属性
        { get{return length;} set{length=value;} }
        public double Width
        { get{return width;} set{width=value;} }
        public Rectangle(double l,double w)      //声明构造函数
        { length=l; width=w; RectNum++; }
        public Rectangle(double l)
        { length=l; width=l; squareNum++; }
        public string print()       //声明方法
        { return "长方形的长和宽为："+length+" "+width; }
        public double area()
        { return length*width; }
        public static int GetRectNum()
        { return RectNum;}
        public static int GetsqureNum()
        {return squareNum;}
    }
    class program
    {   static void Main(string[] args)
        {Console.WriteLine("请输入长方形的长和宽：");
            double l=double.Parse(Console.ReadLine());
            double w=double.Parse(Console.ReadLine());
            Rectangle rect1=new Rectangle(l,w);
            rect1.print();
            Console.WriteLine("长方形的面积是：{0}",rect1.area());
```

```
            Rectangle rect2=new Rectangle(1);
            Console.WriteLine("正方形的面积是：{0}",rect2.area());
            Console.WriteLine("创建了{0}个长方形。",Rectangle.GetRectNum());
            Console.WriteLine("创建了{0}个正方形。",Rectangle.GetsqureNum());}
    }
}
```

7.4.2 索引器

索引器提供了一种访问类或结构的方法，即允许按照与数组相同的方式对类、结构或接口进行索引。索引器允许类或结构的实例按照与数组相同的方式进行索引。索引器与属性相类似，不同之处在于它们的访问器采用参数。

要声明类或结构上的索引器，需使用 this 关键字，其语法格式如下：

```
public int this[int index]   //索引器声明
{
  // get 和 set  访问器
}
```

其中，this 关键字引用类的当前实例。可以看出，索引器像对普通属性一样，为它提供 get 和 set 方法，这些访问器指定当使用该索引器时将引用到什么内部成员。

例如，设计带索引器的 Rectangle 类，其中 num 数组字段存放长方形的长和宽。

具体代码如下：

```
class Rectangle
{
    const int Max=2;
    private int[ ] num=new int[Max];
    public int this[int index]
    {  get { if (index >= 0 && index < Max) return num[index];
            else  return num[0];   }
        set{ if (index >= 0 && index < Max)
              num[index] = value; }
    }
    public void print()
    {   int sum=0;
        Console.WriteLine("长方形面积是：{0}",num[0]*num[1]);
        for (int i = 0; i < Max; i++)
        { sum += num[i]; }
        Console.WriteLine("长方形长和宽的和是：{0}",sum);
}}
```

创建 Rectangle 对象 cb，类中的索引器允许访问长方形的长和宽，并输出相关信息。

具体代码如下：

```
class Program
{   static void Main(string[] args)
    {  int i;
       Cuboid cb = new Cuboid();
       cb[0]=2;
       cb[1]=3;
       for (i = 0; i < 2; i++)
       {Console.WriteLine("各边长是:{0}",cb[i]); }
       cb.print();}
}
```

从定义上可看出，索引器与属性类似，但两者之间有以下差别。

- 属性允许调用方法，如同它们是公共数据字段；索引器允许调用对象上的方法。如同对象是一个数组。
- 属性可通过简单的名称进行访问；索引器可通过索引器进行访问。
- 属性可以作为静态成员或实例成员；索引器必须作为实例成员。
- 属性的 get 访问器没有参数；索引器的 get 访问器具有与索引器相同的形参。
- 属性的 set 访问器包含隐式 value 参数；索引器的 set 访问器除了 value 参数外，还具有与索引器相同的形参表。

C#并不将索引类型限制为整数。例如，可以对索引器使用字符串。通过搜索集合内的字符串并返回相应的值，可以实现此类的索引器。由于访问器可被重载，字符串和整数可以共存。

【实例 7-15】 在"D:\C#\ch7\"创建项目 P7_15，编写控制台应用程序，使用静态成员实现计算顾客所购买某类商品的数量。运行结果如图 7.17 所示。具体代码如下：

```
namespace P7_15
{
  class Commodity
  {   private static int CommNum;  //声明字段
      private string sh_bh;
      private string sh_mc;
      private double sh_dj;
      private string sh_cs;
      private int sh_js;
      public string BH    //声明属性
      { get{return sh_bh;} set{sh_bh = value;} }
      public string MC
      { get{ return sh_mc;} set{sh_mc = value;} }
      public double DJ
      { get{ return sh_dj;} set{sh_dj = value;} }
      public string CS
      { get{ return sh_cs;}  set{sh_cs = value;} }
      public int JS
      { get{ return sh_js;} set{sh_js = value;} }
      public Commodity(string bh,string mc,double dj,string cs)
      { sh_bh=bh;  sh_mc=mc;  sh_cs=cs;  sh_dj=dj;  CommNum++; }
      public int GetCommNum()
      { return CommNum;}
      public void print()
      { Console.WriteLine("商品编号：{0},商品名称：{1},生产厂商：{2},商品单价：{3}",sh_bh,sh_mc,sh_cs,sh_dj);
      }
  }
  class program
  { static void Main(string[] args)
    { Commodity c1 = new Commodity("1122","糖果",45.6, "邢台市大众制品厂");
      c1.print();
      Console.WriteLine("该顾客购买了{0}种商品。",Commodity.GetCommNum());
  }}}
```

图 7.17 【实例 7-15】结果

7.5 类的继承

> 知识目标：
> 1. 理解什么是继承
> 2. 熟悉派生类的声明
> 3. 理解密封类
> 4. 了解虚方法和函数重载
> 5. 了解抽象类和抽象方法

> 技能目标：
> 1. 掌握派生类的声明
> 2. 掌握密封类的定义

7.5.1 类的继承

继承是面向对象编程的重要特征。类的继承性是指在进行类定义时不需要编写代码就可以包含另一个类定义的数据成员、属性成员、方法成员等。也就是说，C#允许基于某一个已经定义的类来创建一个新类。在类的继承中，被继承的类称为基类的父类，继承的类称为派生类或子类。如果一个类 A 继承自另一个类 B，就把类 A 称为 "B 的子类"，而把类 B 称为 "A 的父类"。继承可以使得子类具有父类的各种属性和方法，而不需要再次编写相同的代码。在子类继承父类的同时，可以重新定义某些属性，并重写某些方法，即覆盖父类的原有属性和方法，使其获得与父类不同的功能。

1. 类的继承性

类的继承将人们认识世界时形成的概念体系引入到程序设计领域。现实世界中的许多实体之间存在联系，形成了人们认识的分层次概念体系。

在面向对象程序设计中，当一个类从另一个类派生出来时，派生类就自然具有了基类中的所有成员。这样，基类定义中这些成员的代码，已不需要在派生类定义中重写，而在派生类的定义中，只需书写派生类成员即可。这样，一方面，可以提高代码的重用性，从而提高了程序设计的效率；另一方面，又为程序设计中可能存在的特别需求提供了编写代码的自由空间，从而增强了已有程序设计成果的可扩展性。事实上，.NET 框架类库就是一个庞大的分层类结构体系，其中 Object 类是最基本的类，处于该体系的最高层，其他所有类都是直接或间接由 Object 类继承而来的。即使用户自定义类时不指定继承关系，系统仍然将该自定义类作为 Object 类的派生类。例如，交通工具继承图如 7.18 所示。

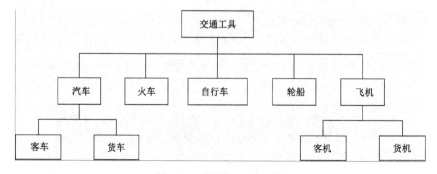

图 7.18 交通工具继承图

2. 类的继承性相关规则

在 C#中，类的继承遵循以下规则。

（1）派生类只能继承于一个基类。

（2）派生类可以自然继承基类的成员，但不能继承基类的构造函数成员。

（3）类的继承可以传递。例如，假设 C 类继承 B 类，B 类又继承 A 类，那么 C 类具有了 B 类与 A 类的成员。在 C#中，Object 类是所有类的基类，也就是说，所有的类都具有 Object 类的成员。

（4）派生类是对基类的扩展，派生类定义中可以声明新的成员，但不能消除已继承的基类成员。

（5）基类中的成员声明时，不管它是什么访问控制方式，总能被派生类继承，访问控制方式的不同只决定派生类成员是否能够访问基类成员。

（6）派生类定义中如果声明了与基类同名的成员，则基类的同名成员将被覆盖，从而使派生类不能直接访问同名的基类成员。

（7）基类可以定义虚方法成员等，这样派生类能够重载这些成员以表现类的多态性。

7.5.2 声明派生类

在.NET 类库中，绝大多数类可以作为基类来产生派生类。派生类的声明格式如下：

```
[类修饰符]class 派生类:基类;
```

类修饰符：访问控制修饰符可以是 public、protected 和 private。通常都使用 public 以保证类的开放性，并且 public 可以省略，因为类定义的访问控制默认为是 public。

"：基类"：表示所继承的类。

C#中派生类可以从它的基类中继承字段、属性、方法、事件、索引器等，实际上除了构造函数和析构函数，派生类隐匿地继承了基类的所有成员。

在本章 7.3 节中，曾经定义一个 Rectangle 类，并在长方形类中增加了一个正方形类的构造函数，以创建正方形对象。现在利用类的继承机制，可以使正方形类成为长方形类的一个派生类。具体代码如下：

```
public class Rectangle
{   private double length;        //声明字段
    private double width;
    public double Length          //声明属性
    { get{return length;}  set{length=value;} }
    public double Width
    public string print()         //声明方法
    { return "长方形的长和宽为："+length+"  "+width; }
    public double area()
    { return length*width; }
}
```

派生类定义如下：

```
public class Square:Rectangle
{   public double squarea()
    { return Length*Length;}
}
```

7.5.3 protected 访问修饰符的作用

在类的继承中，为了使基类的字段在派生类定义中能够直接被使用，通常用 protected 修饰符来限定，而不使用 private 修饰符。因为如果在基类中使用 private 修饰符声明字段，则其将不允许派生类成员访问；而 protected 修饰符，既保证不能在类定义外直接访问字段，又允许其派生类成员访问。

将 Rectangle 类中的 length 字段的修饰符修改为 protected，代码如下：

```
protected double length;
```

则派生类 square 对基类 Rectangle 中 length 字段的访问修改为：

```
public class Square:Rectangle
{
    public double squarea()
    { return length*length;}
}
```

基类中 protected 修饰的字段在派生类中可以直接访问。

7.5.4 声明派生类对象

基类与派生类定义完成后，用派生类声明的对象将包含基类的成员（除了构造函数）。因此，派生类对象可以直接访问基类成员。比如创建 square 子类的对象，代码如下：

```
Square sq1=new Square();
sq1.length=5;
```

【实例 7-16】 在"D:\C#\ch7\"创建项目 P7_16，编写控制台应用程序，根据前面所讲内容，创建长方形基类和正方形子类，创建并显示基类和子类对象的信息。运行结果如图 7.19 所示。

图 7.19 【实例 7-16】结果

```
namespace P7_16
{
    public class Rectangle
    {    protected double length;    //声明字段
         private double width;
         public double Length         //声明属性
         { get{return length;} set{length=value;} }
         public double Width
         { get{return width;} set{width=value;} }
         public string print()         //声明方法
         { return "长方形的长和宽为："+length+"  "+width; }
         public double area()
         { return length*width; }
    }
    public class Square:Rectangle
    {    public double squarea()
         { return length*length;}
    }
    class program
    {   static void Main(string[] args)
        { Rectangle rect1=new Rectangle();
          rect1.Length=2;
          rect1.Width=3;
```

```
            Console.WriteLine("长方形的面积是：{0}",rect1.area());
            Square sq1=new Square();
            sq1.Length=5;
            Console.WriteLine("正方形的面积是：{0}",sq1.squarea());}
}}
```

7.5.5 基类构造函数的调用

C#中，创建对象时自动调用构造函数，为对象分配内存并初始化对象的数据。创建派生类对象，同样需要调用构造函数。由于派生类不继承基类的构造函数，那么派生类的基类部分字段由谁来完成初始化呢？当然仍由基类的构造函数来完成。也就是说，创建派生类对象时，会多次调用构造函数。比如【实例 7-16】中执行"Square sq1=new Square();"语句，创建派生类对象 sq1，系统将先调用基类 Rectangle 的默认构造函数，从而完成基类部分字段的初始化。然后再调用派生类 Square 的默认构造函数，来完成派生类自身字段的初始化，当然在上例 Square 类中没有自身的字段，也就无需对字段初始化。

由上面的分析可以看出，在创建派生类对象时，调用构造函数的顺序是先调用基类构造函数，再调用派生类的构造函数，以完成为数据成员分配内存空间并进行初始化工作。

如果派生类的基类本身是另一个类的派生类，则构造函数的调用次序按由高到低顺序依次调用。例如，假设 A 类是 B 类的基类，B 类是 C 类的基类，则创建 C 类对象时，调用构造函数的顺序为：先调用 A 类的构造函数，再调用 B 类的构造函数，最后调用 C 类的构造函数。

如果基类中显示声明了带参数的构造函数，那么派生类创建对象时，要调用基类构造函数时，就必须向基类构造函数传递参数。向基类构造函数传递参数，必须通过派生类的构造函数实现，其格式如下：

```
public 派生类构造函数名(形参列表):base(向基类构造函数传递的实参列表){}
```

"base"是关键字，表示调用基类的有参构造函数。传递给基类构造函数的"实参列表"通常包含在派生类构造函数的"形参列表"中。下面是为长方形类添加有参构造函数：

```
    public Rectangle(double l, double w)
    {length=l; width=w; }
```

则派生类 Square 也必须声明构造函数。

由于派生类 Square 仅需要一个参数（边长），而基类的构造函数则需要 2 个参数。因此，派生类在向基类传递参数时，除了传递一个有效参数"l"外，另一个参数以"0"代替。有了上面的构造函数，则可以这样来创建对象：

```
    Square sq =new Square(l);
```

在执行上述语句时，会首先将前面 2 个参数传递给基类的有参构造函数，由基类构造函数将基类数据成员按指定的值初始化。

【实例 7-17】 在"D:\C#\ch7\"创建项目 P7_17，编写控制台应用程序，根据前面所讲内容，定义 Rectangle 基类和派生类 Square，主方法中输入派生类对象的数据，创建派生类对象，将对象的数据显示出来。运行结果如图 7.20 所示。具体代码如下：

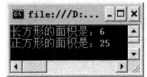

图 7.20 【实例 7-17】结果

```
namespace P7_17
{
    public class Rectangle
    {
        protected double length;   //声明字段
        private double width;
        public double Length      //声明属性
        { get{return length;} set{length=value;} }
        public double Width
        { get{return width;} set{width=value;} }
        public Rectangle(double l, double w)    //声明带参数构造函数
        {length=l; width=w;}
        public string print()      //声明方法
        { return "长方形的长和宽为："+length+"  "+width; }
        public double area()
        { return length*width; }
    }
    public class Square:Rectangle
    {   public Square(double l):base(l,0){}
        public double squarea()
          { return length*length;}
    }
     class program
     {   static void Main(string[] args)
         {  Rectangle rect1=new Rectangle(2,3);
            Console.WriteLine("长方形的面积是：{0}",rect1.area());
            Square sq1=new Square(5);
            Console.WriteLine("正方形的面积是：{0}",sq1.squarea());
}}}
```

7.5.6 密封类

如果某类不允许被继承，则该类必须被定义为密封类。C#中提供了 sealed 关键字用来禁止继承。要禁止继承一个类，只需要在声明类时加上 sealed 关键字就可以了，这样的类称为密封类。

一个类被定义为密封类，可能是因为这个类需要特殊的实现方式，并且不允许其他类继承；或者是为了提高性能。由于密封类不存在被继承的问题，因而也不存在虚方法调用问题，这样程序运行时，就可以对密封类的方法调用进行优化。

定义密封类需要使用 sealed 关键字，其格式为：

访问修饰符 sealed class 类名称{}

例如：

```
public sealed class A
{ public void print(){Console.WriteLine("我是密封类。");} }
```

C#还允许将一个非密封类定义中的某个方法声明为密封方法。一旦方法被声明为密封方法，将不允许在派生类中重载该方法。例如：

```
public class B
{ public sealed void print(){Console.WriteLine("我是密封方法。");} }
```

上述 B 类中定义了一个密封方法，这意味着在其派生类中，不能再出现该名称的方法。

7.6 类的多态

多态性是面向对象编程的显著特点。继承的多态性需要在基类中声明虚方法,在抽象类中声明抽象方法,而在派生类中对虚方法、抽象方法进行重写。

在类的继承中,C#允许在基类与派生类中声明具有同名的方法,而且同名的方法可以有不同的代码。例如,基类 Rectangle 与派生类 Square 可以具有相同名字的求面积方法 area,但是基类中的 area 方法求面积代码是"长×宽",而派生类 Square 中的 area 方法求面积代码是"边长的平方"。也就是说,在基类与派生类的相同功能(如求面积)的方法中可以有不同的具体表现,从而为解决同一个问题提供多种途径。

在 C#中,基类对象允许引用派生类对象,派生类对象不允许引用基类对象。这样在程序运行过程中,一个基类对象名称既可能指向基类对象,也可能指向派生对象。

多态性就是指在程序运行时,基类对执行一个基类与派生类都具有的同名方法调用时,程序可以根据基类对象类型的不同进行正确的调用。

在 C#中可以通过多种途径实现多态性,主要包括虚方法、抽象类和抽象方法。

7.6.1 虚方法

在 C#中,可以用不同的方式在基类与派生类中声明同名方法,但是要实现多态性,基类中的同名方法需要声明为虚方法。使用 new 关键字声明与基类同名的方法,格式如下:

```
public new 方法名称(参数列表){}
```

以 Rectangle 基类与 Square 派生类为例,可以将基类与派生类中计算面积的方法名称都声明为 area。基类 Rectangle 定义 area 方法如下:

```
public double area()
{ return length*width;}
```

派生类 Square 中使用 new 关键字声明与基类同名的 area 方法如下:

```
public new double area()
{ return length*length;}
```

需要说明的是这种在派生类中声明与基类同名方法的方式,并不是继承的多态性。假定在程序运行过程中,有一个基类对象名称引用的是派生类对象,则用这个对象调用 area 方法时,实际调用的仍然是基类中的方法。也就是说,程序并不能正确区别基类对象的类型(是基类还是派生类),原因是基类中的同名方法没有声明为虚方法。

(1)声明虚方法。要实现继承的多态性,在类定义方面,必须分别用 virtual 关键字与 override 关键字在基类与派生类中声明同名的方法。其中,基类与派生类中的方法名称与参数列表必须完全一致。基类中的声明格式如下:

```
public virtual 方法名称(参数列表){}
```

派生类中声明格式如下:

```
public override 方法名称(参数列表){}
```

【实例 7-18】 在"D:\C#\ch7\"创建项目 P7_18,编写控制台应用程序,把【实例 7-17】

中基类 Rectangle 的 area 方法声明为虚方法，并重写派生类 Square 中的 area 方法，实现类的多态。

具体代码如下：

```
namespace P7_18
{
    public class Rectangle
    { //声明字段
        protected double length;
        private double width;
        public double Length        //声明属性
        { get{return length;} set{length=value;} }
        public double Width
        { get{return width;} set{width=value;} }
        public Rectangle(double l, double w)    //声明带参数构造函数
        {length=l; width=w;}
        public string print()       //声明方法
        { return "长方形的长和宽为:"+length+"  "+width; }
        public virtual double area()
        { return length*width; }
    }
    public class Square:Rectangle
    {   public Square(double l):base(l,0){}
        public override double area()
        { return length*length;}
    }
    class program
    {   static void Main(string[] args)
        { Rectangle rect1=new Rectangle(2,3);
          Console.WriteLine("长方形的面积是：{0}",rect1.area());
          Square sq1=new Square(5);
          Console.WriteLine("正方形的面积是：{0}",sq1.area());}
    }
}
```

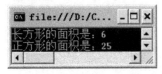

图 7.21 【实例 7-19】结果

程序运行结果如图 7.21 所示。

在上面的程序中，Rectangle 基类定义中包含用 virtual 关键字声明的虚方法，功能是计算长方形对象的面积。Square 派生类定义中包含用 override 关键字声明的 area 方法，该方法覆盖其基类成员的 area 方法，计算正方形对象的面积。这样就实现了多态。

（2）调用基类方法。在派生类中声明与基类同名的方法，也叫方法重载。在派生类重载基类方法后，如果想调用基类的同名方法，可以使用 base 关键字。在派生类 Square 的求面积方法中调用基类的 area 方法，代码如下：

```
base.area();
```

7.6.2 抽象类与抽象方法

为了实现多态，必须在基类中声明虚方法，但有时基类中声明的虚方法无法实现具体的功能。例如，计算几何图形的面积不可能有具体实现的方法。只有计算具体某一几何图形的面积的方法，如长方形的面积可以计算，正方形的面积可以计算等，唯独几何体的面积无法计算，因为它是抽象的。

抽象类是指基类的定义中声明不包含任何实现代码的方法，实际上就是一个不具有任

何具体功能的方法。这种方法唯一的作用就是让派生类重写。

在基类定义中,只要类体中包含一个抽象方法,该类即为抽象类。在抽象类中也可以声明一般的虚方法。

(1)声明抽象类与抽象方法。声明抽象类与抽象方法均需使用关键字 abstract。格式为:

```
public abstract class 类名称
{
    public abstract 返回类型 方法名称(参数列表);
}
```

抽象方法不是一般的空方法,抽象方法声明时,没有方法体,只有方法头后跟一个分号。例如,定义一个几何形抽象类,代码如下:

```
public abstract class Shape
{
    protected double dx;
    protected double dy;
    protected double dz;
    public Shape(double x,double y,double z)
    { dx=x; dy=y; dz=z; }
    public Shape(double x,double y)
    { dx=x; dy=y;}
    public abstract double area();
}
```

在 Shape(几何形状)抽象类中声明了一个 area 抽象方法,该方法不提供任何功能,即没有方法体和方法体中的代码。

(2)重载抽象方法。当定义抽象类的派生类时,派生类自然从抽象类继承抽象方法成员,并且必须重写(重载)抽象类的抽象方法,这是抽象方法与虚方法的不同,因为对于基类的虚方法,其派生类可以不必重写(重载)。重载抽象类方法必须使用 override 关键字。

重载抽象方法的格式为:

```
public override 返回类型 方法名称(参数列表){}
```

其中,方法名称与参数列表必须与抽象类中的抽象方法完全一致。

例如,为抽象类 Shape 定义一个 Rectangle 派生类,代码如下:

```
public class Rectangle:Shape
{
    public Rectangle(double l,double w):base(l,w){};
    public double Length{get{return length;} set{length value;}}
    public double Width{get{return width;} set{width=value;}}
    public override double area(){return length*width;}
}
```

在 Rectangle 类定义中,重载了 Shape 抽象类中的 Cubage 抽象方法,当调用 Cuboid 类对象的 Cubage 方法时,该方法将返回长方体体积值。

【实例 7-19】 在 "D:\C#\ch7\" 创建项目 P7_19,编写控制台应用程序,在该程序中定义几何图形抽象类和其派生类(长方形、正方形、三角形)。该程序实现如下功能,根据输入参数创建对象,输出该对象的数据并计算其面积。

```
namespace P7_19
{
  public abstract class Shape
  { protected double dx;
    protected double dy;
```

```
      protected double dz;
      public double Dx{get{return dx;} set{dx=value;}}
      public double Dy{get{return dy;} set{dy=value;}}
      public double Dz{get{return dz;} set{dz=value;}}
      public Shape(double x,double y,double z)
      { dx=x; dy=y; dz=z; }
      public Shape(double x,double y)
      { dx=x; dy=y;}
      public abstract double area();
  }
  public class Rectangle:Shape
  { public Rectangle(double l,double w):base(l,w){}
      public override double area(){return dx*dy;}
  }
  public class Square:Shape
  { public Square(double l):base(l,0){}
      public override double area(){return dx*dx;}
  }
  public class Triangle:Shape
  { public Triangle(double x,double y,double z):base(x,y,z){}
      public override double area()
      { double p=(dx+dy+dz)/2;
        return Math.Sqrt(p*(p-dx)*(p-dy)*(p-dz));}
  }
  class program
  {   static void Main(string[] args)
      { Console.WriteLine("请输入几何形的类型：1.正方形 2.长方形 3.三角形");
        int n=int.Parse(Console.ReadLine());
        if(n==1)
        { Console.WriteLine("请输入正方形的边长：");
          double x=double.Parse(Console.ReadLine());
          Square sq=new Square(x);
          sq.area();
        }
        if(n==2)
        { Console.WriteLine("请输入长方形的长和宽：");
          double l=double.Parse(Console.ReadLine());
          double w=double.Parse(Console.ReadLine());
          Rectangle rt=new Rectangle(l,w);
          rt.area();
        }
        if(n==3)
        { Console.WriteLine("请输入三角形的三条边：");
          double x=double.Parse(Console.ReadLine());
          double y=double.Parse(Console.ReadLine());
          double z=double.Parse(Console.ReadLine());
          Triangle tr=new Triangle(x,y,z);
          tr.area();
}}}}
```

程序运行结果如图 7.22 所示。

【实例 7-20】 在 "D:\C#\ch7\" 创建项目 P7_20，编写控制台应用程序，完成人员基类和派生类超市会员的定义，并创建超市会员对象，显示相关数据。

```
namespace P7_20
{
  public class Person
  { protected string xm;
    protected string ident;
    protected int age;
```

```
            public string XM{get{return xm;} set{xm=value;}}
            public string Ident{get{return ident;} set{ident=value;}}
            public int Age{get{return age;} set{age=value;}}
            public Person(string xm,string ident,int age)
            {this.xm=xm; this.ident=ident; this.age=age;}
            public void print()
            {Console.WriteLine("姓名:{0},年龄:{1},身份证号:{2}",xm,age,ident);}
        }
        public class Member:Person
        { private string memID;
          public string MemID
          {get{return memID;} set{memID=value;}}
          public Member(string xm,string ident,int age,string memID):base
(xm,ident,age)
          {this.memID=memID;}
          public void memprint()
          { Console.WriteLine("姓名:{0},年龄:{1},身份证号:{2},会员号:{3}",xm,
age,ident,memID);}
        }
        class program
        { static void Main(string[] args)
          {
            Member m1=new Member("张三","111111111111111111", 27, "201200012");
            m1.memprint();
}}}
```

程序运行结果如图 7.23 所示。

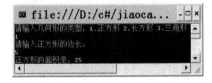
图 7.22 【实例 7-19】结果

图 7.23 【实例 7-20】结果

7.7 接口、委托和事件

● 知识目标：
1. 理解接口、委托和事件的概念
2. 了解接口的声明
3. 了解委托的声明和调用
4. 了解事件的声明和调用

● 技能目标：
1. 熟悉接口的声明
2. 熟悉委托的声明和调用
3. 熟悉事件的声明和调用

7.7.1 接口

接口是类之间交互内容的一个抽象，把类之间需要交互的内容抽象出来定义成接口，可以更好地控制类之间的逻辑交互。

接口只包含成员定义,不包含成员的实现,成员的实现需要在继承的类或者结构中实现。接口的成员包括方法、属性、索引器和事件,但不包含字段。

接口和抽象类在定义上和功能上有很多相似的地方,但两者之间也存在着差异。接口最适合为不相关的类提供通用功能,通常在设计小而简练的功能块时使用接口。

1. 接口的定义

一个接口声明属于一个类型说明,其一般语法格式如下:

```
[接口修饰符] interface 接口名[ :父接口列表]
{
   //接口成员定义体
}
```

其中,接口修饰符可以是 new、public、protected、internal 和 private。new 修饰符是在嵌套接口中唯一被允许存在的修饰符,表示用相同的名称隐藏一个继承的成员。

2. 接口的成员

接口可以声明零个或多个成员。一个接口的成员不止包括自身声明的成员,还包括从父接口继承的成员。所有接口成员默认都是公有的,接口成员声明中包含任何修饰符都是错误的。

(1) 接口方法成员。声明接口的方法成员的语法格式如下:

```
返回类型 方法 ([参数表]);
public interface IPict
{
    int DeleteImage();
    void DisplayImage();
}
```

(2) 接口属性成员。声明接口的属性成员的语法格式如下:

```
返回类型  属性名 {get;或 set;};
public interface IPict
{
   int x{get;}
   int y{get;}
}
```

(3) 接口索引器成员。声明接口的索引器成员的语法格式如下:

```
数据类型 this [索引参数表]{get;或 set;};
public interface IPict
{
    int this[int index]
    {
       get;
       set;
    }
}
```

(4) 接口事件成员。声明接口的事件成员的语法格式如下:

```
event 代表名 事件名
public delegate void mydelegate();   //声明一个委托
public interface IPict
{  event mydelegate myevent;}
```

3. 接口的实现

类负责接口功能的实现。接口实现的语法格式如下：

```
class 类名：接口名列表
{
    //类实体；
}
```

当一个类实现一个接口时，这个类就必须实现整个接口，而不能选择实现接口的某一部分。一个接口可以由多个类来实现，而在一个类中也可以实现一个或多个接口。一个类可以继承一个基类，并同时实现一个或多个接口。

【实例7-21】在"D:\C#\ch7\"创建项目 P7_21，编写控制台应用程序，将长方形 Rectangle 类实现接口，接口 IPict 的成员为 area。

```
namespace P7_21
{
    public interface IPict{ double area();}
    public class Rectangle:IPict
    { double dx;
      double dy;
      public Rectangle(double x,double y){dx=x; dy=y;}
      public double area(){return dx*dy;}
    }
    class program
    { static void Main(string[] args)
        { Rectangle rect=new Rectangle(2.3,3.4);
          Console.WriteLine("长方形面积：{0}",rect.area());}
}}
```

程序运行结果为，长方形面积：7.82。

7.7.2 委托

委托是一个类，它定义了方法的类型，使得可以将方法当作另一个方法的参数来进行传递，这种将方法动态地赋给参数的做法，可以避免在程序中大量使用 if-else（或 switch）语句，同时使得程序具有更好的可扩展性。通过使用 Delegate 类，委托实例可以封装属于可调用实体的方法。委托具有以下特点：

- 委托类似于 C++函数指针，但它是类型安全的。
- 委托允许将方法作为参数进行传递。
- 委托可用于定义回调方法。
- 委托可以链接在一起。例如，可以对一个事件调用多个方法。
- 方法不需要与委托签名精确匹配。

1. 定义和使用委托

定义和使用委托有 3 个步骤，即声明、实例化和调用。

（1）声明委托类型。声明委托类型就是告诉编译器这种类型代表了哪种类型的方法。使用以下语法声明委托类型：

```
[修饰符] Delegate 返回类型 委托类型名 （参数列表）；
```

在声明一个委托类型时，每个委托类型都描述参数的数目和类型，以及它可以引用的方法的返回类型。每当需要一组新的参数类型或新的返回类型时，都必须声明一个新的委托类型。例如：

```
private delegate void mydelegate(int n);
```

以上声明了一个委托，带有一个整型参数，没有返回值。

(2) 实例化委托。声明了委托类型后，必须创建一个它的实例，即创建委托对象并使之与特定方法关联。定义委托对象的语法格式如下：

委托类型名 委托对象名；

另外，委托对象还需实例化为调用的方法，通常将这些方法放在一个类中（也可以将这些方法放在程序的 Program 类中），假设一个 DeleClass 类如下：

```
class DeleClass
{
    public void fun1(int n)
    { Console.WriteLine("{0}的2倍={1}", N, 2*n);}
    public void fun2(int n)
    { Console.WriteLine("0的3倍={1}", n,3*n);}
}
```

可以通过以下语句实例化委托对象 p，代码如下：

```
Deleclass dc= new Deleclass();
mydelegate p = new mydelegate(dc.fun1);
```

其中，DeleClass 类中的"fun1"方法有一个 int 形参，其返回类型为 void，它必须与 mydelegate 类型的声明相一致。

2. 调用委托

创建委托对象后，通常将委托对象传递给将调用该委托的其他代码。通过委托对象的名称（后面跟着要传递给委托的参数，放在括号内）调用委托对象。其使用语法格式如下：

委托对象名（实参列表）；

例如，调用委托 p，代码如下：

```
p(5);
```

委托对象是不变的，即设置与它们匹配的签名后就不能再更改签名了。到那时如果其他方法具有同一签名，也可以指向该方法。例如：

```
DeleClass dc=new Deleclass();
mydelegate p=new mydelegate(obj.fun1);
p(5);
p=new mydelegate(obj.fun2);
p(3);
```

对于 p(5)语句的执行过程是：p 是一个委托对象，它已指向 obj.fun1 时间处理方法，现在将参数"5"传递给 obj.fun1 方法，然后执行该方法，相当于执行 obj.fun1(5)。一个委托对象可以指向多个事件处理方法，从而激活多个事件处理方法的执行。

【实例 7-22】 在"D:\C#\ch7\"创建项目 P7_22，编写控制台应用程序，说明委托的使用。运行结果如图 7.24 所示。

具体代码如下：

图 7.24 【实例 7-22】结果

```
namespace P7_22
{
    delegate double mydelegate(double x,double y);
    class Deleclass
    { public double add(double x,double y)
        { return x+y; }
```

```
        public double sub(double x,double y)
        { return x-y; }
        public double mul(double x,double y)
        { return x*y; }
        public double div(double x,double y)
        { return x/y; }
    }
    class program
    {   static void Main(string[] args)
        {   Deleclass obj=new Deleclass();
            mydelegate p=new mydelegate(obj.add);
            Console.WriteLine("10+5={0}",p(10,5));
            p=new mydelegate(obj.sub);
            Console.WriteLine("10-5={0}",p(10,5));
            p=new mydelegate(obj.mul);
            Console.WriteLine("10*5={0}",p(10,5));
            p=new mydelegate(obj.div);
            Console.WriteLine("10/5={0}",p(10,5));}
}}
```

7.7.3 事件

事件是用于通知其他对象发生了本对象发生了特定的事情的类型成员。事件是.NET 类型成员中相对较为难以理解和实践的一个成员，因为事件的定义不是继承自基础的数据类型，而是对委托（delegate）的封装。

事件是类在发生其关注的事情时，用来提供通知的一种方式。例如，Windows 操作系统桌面属性对话框中的"确定"按钮，封装用户界面控件的类可以定义一个在用户单击时发生的一个事件。控制类不关心单击按钮时发生了什么，但是它需要告知派生类单击事件已经发生，然后，派生类可以选择如何响应。

当发生与某个对象相关的事件时，类和结构会使用事件将这一个对象通知给用户。这种通知即为引发事件。引发事件的对象称为事件的源或者发送者。对象引发事件的原因很多，如响应时丢失网络连接就会引发一个事件。表示用户界面元素的对象通常会引发事件来响应用户的操作，如单击按钮或者选择菜单。

1．事件的创建和使用

下面介绍在 C#中创建和使用事件的步骤。

（1）为事件创建一个委托类型。所有事件是通过委托来激活的，其返回值类型一般为 void 型。为事件创建一个委托类型的语法格式如下：

```
delegate void 委托类型名（[触发事件的对象名，事件参数]）；
```

例如，创建一个委托类型 mydelegate，其委托的事件处理方法返回类型为 void，不带任何参数，代码如下：

```
public delegate void mydelegate();
```

（2）创建事件处理的方法。当事件触发时要调用事件处理方法，需设计相应的事件处理方法，可以将它放在单独的类中，也可以放在触发事件的类中。

例如，设计一个包含事件处理方法的单独类 myeventhandler，代码如下：

```
class myeventhandler
{
    public void OnHandler1()
    { Console.WriteLine("调用 OnHandler1 方法");}
}
```

(3) 声明事件。事件是类成员,以关键字 event 声明,其一般语法格式如下:

[修饰符] event 委托类型名 事件名;

其中,"修饰符"指出类的用户访问事件的方式,可以为 public、private、protected、internal、Protectedinternal、static 或 virtual 等。

一般在声明事件的类中包含触发事件方法。例如:

```
myEvent
{    public event mydelegate1 Event1;
     public void FireEvent1()
     {if(Event1!=null)  Event1();}}
```

(4) 通过委托对象来调用被包含的方法。向类事件(列表)中添加事件处理方法的一个委托,这个过程称为订阅事件,该过程通常是在主程序中进行的,首先必须声明:一个包含事件的类对象,其事件处理方法和该对象是相互关联的,其格式如下:

事件类对象名.事件名 += new 委托类型名(事件处理方法);

其中,还可以使用"-="、"+"、"-"等运算符添加或删除事件处理方法。最后调用触发事件的方法便可触发事件。例如,触发前面创建的事件 Event1,并在屏幕上显示"调用 OnHandler1 方法",代码如下:

```
Myevent b=new myevent();
myeventHandler a=new myeventHandler();
b.Event1+=new mydelegate1(a.OnHandler1);
b.FireEvent1();
```

【实例 7-23】 在"D:\C#\ch7\"创建项目 P7_23,编写控制台应用程序,说明委托和事件的使用。具体代码如下:

```
namespace P7_23
{
  public delegate void PowerCutEventHandler(object sender, EventArgs e);
  class Building
  {    public void PowerCut()
       {  if (PowerCutEventResponse != null)
           PowerCutEventResponse(null, null);}
  }
  class Person
  {    public void Response()
       {  Building client = new Building();
          client.PowerCutEventResponse += new PowerCutEventHandler
(pdfClient_responseNotifyEvent);
          client.PowerCut();   //这里假设停电发生}
       private void pdfClient_responseNotifyEvent(object sender, EventArgs e)
       { Console.WriteLine("我是学生,我要买蜡烛继续学习。");}
}}
```

参数说明:

- sender——消息的发送方;
- EventArgs——默认的消息处理类(不含附加数据),可定义为自己的消息处理类。

7.8 任务实施

1. 任务描述

制作一个猜拳游戏，根据玩家的输入，来与计算机进行游戏：如果玩家赢，则玩家积分加 1，如果玩家输，则玩家积分减 1，如果平局，玩家积分不变。

2. 任务目标

- 掌握类的定义和对象的创建。
- 掌握构造函数的创建。
- 掌握方法的定义和调用。
- 掌握类中方法的调用。

3. 任务分析

首先创建一个猜拳类，该类有如下几个方法。

（1）提示玩家选择角色，可以是：刘备、曹操、孙权。
（2）提示玩家出拳，可以是：石头、剪刀、布。
（3）电脑随机出拳，并显示电脑出的是什么。
（4）对胜负进行判断，并对玩家的积分进行相应的修改。
（5）输出玩家的最终分数。

4. 任务完成

打开 VS.NET 2010，创建项目名为 Task_7 的控制台应用程序，打开 program.cs 文件，首先定义 Guess 类，包含姓名、姓名代码、用户出拳、电脑出拳和积分共 5 个变量；定义 compare 来比较用户和电脑出拳，并给出积分。主方法中然后使用随机数函数 Random 让电脑自动产生一个数字，比较用户猜想的数字和电脑随机产生的数字是否相同，并进行相应处理。具体代码如下：

```csharp
namespace Task_7
{
  public class Guess
    { public int nameNum = 1;
      public String name;
      public int myChoice;
      int comChoice;
      public int points = 0;
      public String Name()
      {  if (nameNum == 1){name = "曹操";return "欢迎你，曹操";}
         else
           { if (nameNum == 2){name = "刘备";return "欢迎你，刘备";}
              else{name = "孙权";return "欢迎你，孙权";}}
      }
      public String mychoice()
      { if (myChoice == 1)  return name + "你出的是石头";
        else{ if (myChoice == 2) return name + "你出的是剪刀";
             else  return name + "你出的是布";}
      }
      public String comchoice()
```

```csharp
        {
            Random r = new Random();
            comChoice =(int)r.Next(1,3);
            if (comChoice == 1)return "电脑出的是石头";
            else{ if (comChoice == 2) return "电脑出的是剪刀";
            else return "电脑出的是布";}
        }
        public String compare()
        { if (myChoice == comChoice) return "平局, 积分不变";
            else{ if ((myChoice == 1 && comChoice == 2) || (myChoice == 2 && comChoice == 3) || (myChoice == 3 && comChoice == 1))
                {points += 1;return "你赢了, 积分+1";}
                else{points -= 1;return "你输了, 积分-1";}}
        }
    }
    class Program
    { static void Main(string[] args)
        { Console.WriteLine("请输入你选择的角色?: 1、曹操  2、刘备  3、孙权");
            string ctn = "y";
            Guess guess=new Guess ();
            guess.nameNum=int.Parse(Console.ReadLine());
            Console.WriteLine(guess.Name());
            do{
                Console.WriteLine("请选择你要出的拳: 1、石头  2、剪子  3、布");
                guess.myChoice = int.Parse(Console.ReadLine());
                Console.WriteLine(guess.mychoice());
                Console.WriteLine(guess.comchoice());
                Console.WriteLine(guess.compare());
                Console.WriteLine("是否继续?（y/n）");
                ctn=Console.ReadLine();
            }while(ctn=="y");
            Console.WriteLine("游戏结束"+"    "+guess.name+"积分是"+guess.points);
            Console.ReadLine();}}
    }
```

程序运行结果如图 7.25 所示。

图 7.25 猜拳游戏结果

7.9 问题探究

1．类和对象的区别和联系

（1）类是抽象的、概念的，代表一类事物。
（2）对象是具体的、实体的，代表一个具体事物。
（3）类是对象的模版，对象是类的一个个体、实例。

2．类和对象的关系

类是对象的抽象，而对象是类的具体实例。类是抽象的，不占用内存；而对象是具体的，占用存储空间。类是用于创建对象的蓝图，它是一个定义包括在特定类型的对象中的方法和变量的软件模板。

3．方法的递归调用过程

递归调用的过程可分为如下两个阶段。
（1）第一个阶段称为"回推"。
（2）第二个阶段称为"递推"。
本章【实例 7-10】递归调用的过程如图 7.26 所示。

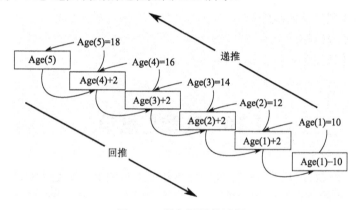

图 7.26 递归调用的过程

4．什么是析构函数

在对象不再需要时，希望确保函数所占的存储空间能被收回。C#中提供了析构函数用于专门释放被占用的系统资源。析构函数具有如下性质。

- 析构函数在类对象销毁时自动执行。
- 一个类只能有一个析构函数，而且析构函数没有参数，即析构函数不能重载。
- 析构函数的名称是"～"加上类的名称（中间没有空格）。
- 与构造函数一样，析构函数也没有返回类型。
- 析构函数不能被继承。

5．何时调用析构函数

当一个对象被系统销毁时自动调用类的析构函数。

6．静态方法可以重载吗

静态方法与非静态方法一样都可以重载。

7．基类中字段的访问

基类中的字段只允许子类来访问，而其他类必须通过属性来访问。

将基类的该字段修饰符改为"protected"即可实现其他类不能访问该字段。

8．有关自己定义的委托和事件

委托和事件是类中比较难理解的部分，那么如何使用自己定义的委托和事件？

（1）定义一个合适的委托，定义委托时可以使用参数，如【实例 7.23】中的 object sender 和 EventArgs。

参数说明：

- sender——消息的发送方；
- EventArgs——默认的消息处理类（不含附加数据），可定义为自己的消息处理类。

强烈建议使用标准的委托定义事件。

（2）定义事件并设置激发事件的代码。一般事件需要在一个类中声明。激活事件的代码如下：

```
if (PowerCutEventResponse != null)
{PowerCutEventResponse(null, null);}
```

（3）接收方登记事件处理器。格式如下：

```
s1.事件标识 += new 定义的委托（要实现的功能代码）
```

将事件与要实现的功能挂钩。

（4）自定义处理方法。

（5）等待事件的发生。

7.10　实践与思考

1．编写一个控制台应用程序，定义一个方法 year，判断某年是不是闰年？主方法中输出 2000～3000 年中的所有闰年。

2．编写一个控制台应用程序，定义一个方法 ss，判断某数是不是素数？主方法中输出 100～200 之间的所有素数。

3．编写一个控制台应用程序，使用方法重载，定义方法 smallest，分别计算 2 个整数的最小值，3 个整数的最小值，10 个整数的最小值，10 个多精度类型的最小值，并在主方法中调用这个 smallest 方法。

4．定义一个学生类，该类仅包含"学号"、"姓名"与"性别"字段，且字段的访问控制为 public，在主方法中声明类的对象，从键盘输入对象的值，最后在屏幕上输出对象的值。

5．编写手机类，输出你现在所用的手机的相关信息，如图 7.27 所示。

6．编写音乐类，输出你最喜欢的一首歌曲的相关信息，如图 7.28 所示。

7．定义一个圆类（Circle），设置该类的字段、属性和构造函数，主方法中声明类的对象，从键盘输入圆的半径，计算周长和面积；并输出半径、周长和面积。要求定义构造函数（以半径为参数，缺省值为 0，周长和面积在构造函数中生成）。

手机类
属性： 品牌 型号 价格 颜色
方法： 显示手机的相关信息

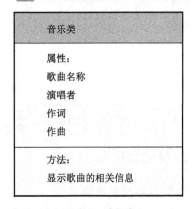

图 7.27　手机类　　　　　　　　图 7.28　音乐类

8．定义一个学生类，该类仅包含"学号"、"姓名"与"性别"字段，且字段的访问控制为 public，再声明一个静态字段和一个静态方法，用来统计所创建学生对象的个数，在主方法中声明类的对象，从键盘输入对象的值，最后在屏幕上输出对象的值和个数。

9．定义一个圆类，设置该类的字段、属性和构造函数，并声明一个静态字段和一个静态方法，用来统计所创建学生对象的个数，主方法中声明类的对象，从键盘输入圆的半径，计算周长和面积；并输出半径、周长和面积以及所创建圆的个数。要求定义构造函数（以半径为参数，缺省值为 0，周长和面积在构造函数中生成）。

10．定义基类 Student 与派生类 Student_1，主方法中创建并显示派生类对象的信息。基类字段声明为 public，包括"学号"、"姓名"、"性别"、"年龄"等。派生类字段声明为 public，包括"成绩1"和"成绩2"，程序运行结果如图 7.29 所示。

图 7.29　第 10 题运行结果

11．在程序中，定义 Student 基类及派生类 Student_1。在基类定义中，包括"学号"、"姓名"、"性别"、"年龄"等字段，显示声明默认构造函数，声明含"学号"、"姓名"、"年龄"等参数的构造函数重载，声明用于显示对象信息的方法。在派生类定义中，包括两门课程成绩的字段，显示声明默认构造函数，声明含"学号"、"姓名"、"性别"、"年龄"与两门课程成绩参数的构造函数重载，声明求两门课程总分与两门课程平均分的方法。在主方法中，使用用户输入的数据，通过派生类构造函数创建派生类对象，并将对象的数据显示出来。

12．简述 C#中接口的特点。

13．简述 C#中委托和事件的联系和区别。

第 8 章 程序调试与异常处理

知识目标

1. 了解程序错误的类型
2. 熟练应用 VS.NET 2010 的调试器调试程序错误
3. 了解异常及异常处理的概念

技能目标

1. 掌握程序调试的方法
2. 掌握应用 try-catch 捕获和处理异常
3. 能利用异常机制处理日常问题

VS.NET 中公共语言运行库支持基于异常对象和受保护代码块概念的异常处理模型。运行库在异常发生时创建一个表示该异常的对象。也可以通过从适当的基异常派生类来创建自己的异常类。

8.1 程序错误

在编写程序时，我们经常会遇到各种各样的错误，这些错误中有些容易发现和解决，有些则比较隐蔽甚至很难发现。

8.1.1 程序错误分类

C#程序错误总体上可以归纳为三类：语法错误、逻辑错误和运行时错误。

1. 语法错误

语法错误是指不符合 C#语法规则的程序错误。例如，变量名的拼写错误、数据类型错误、标点符号的丢失、括号不匹配等。语法错误是三类程序错误中最容易发现，也是最容易解决的一类错误，这类错误发生在源代码的编写过程中。在 VS.NET 2010 中，源代码编辑器能自动识别语法错误，并用红色波浪线标记错误。只要将鼠标停留在带有此标记的代码上，就会显示出其错误信息，同时显示在错误列表窗口中。

如图 8.1 所示，语句应该以英文分号结尾，而不是以中文分号结尾。

其实，语法错误是可以避免的。Visual Studio.NET 2010 提供了强大的智能感知技术，要尽量利用该技术辅助书写源程序，不但可提高录入速度，还可以避免语法错误。如图 8.2 所示，当输入了"Convert."时，系统会自动显示 Convert 类的所有成员方法，通过光标移动键查找并定位于某个方法，按空格键，即可完成相关的诸如"Convert.ToDateTime"之类的录入操作。

2. 逻辑错误

逻辑错误通常不会引起程序本身的运行异常。因为分析和设计不充分，造成程序算法有缺陷或完全错误，这样根据错误的算法书写程序，自然不会获得预期的运行结果。因此，逻辑错误的实质是算法错误，是最不容易发现的，也是最难解决的，必须重新检查程序的流程是否正确以及算法是否与要求相符，有时可能需要逐步地调试分析，甚至还要适当地添加专门的调试分析代码来查找其出错的原因和位置。

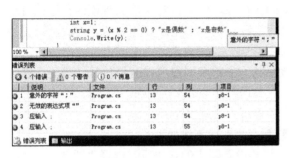
图 8.1 语法错误示例

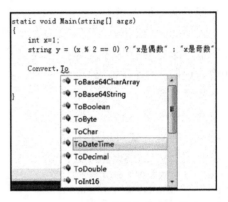
图 8.2 VS.NET 中的智能感知技术

逻辑错误无法依靠.NET 编译器进行检查，只有依靠程序设计员认真、不懈的努力才能解决。正因如此，寻找新算法、排除逻辑错误才是广大程序设计员的价值所在。

3．运行时错误

运行时错误是指在应用程序试图执行系统无法执行的操作时产生的错误，也就是我们所说的系统报错。这类错误编译器是无法自动检查出来的，通常需要对输入的代码进行手动检查并更正。

【实例 8-1】 在 "D:\C#\ch8\" 创建项目 P8_1，设计一个控制台应用程序，求每隔 3 个位置上的 2 个数组元素之和，并保存在前一元素中。

本例中在运行时出现了错误，如图 8.3 所示。

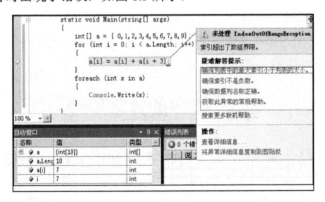
图 8.3 运行时错误示例图

8.1.2 调试程序错误

1．Visual Studio.NET 2010 的调试方式

VS.NET 2010 提供多种调试方式，包括逐语句方式、逐过程方式和断点方式等。

其中，逐语句方式和逐过程方式都是逐行执行程序代码。所不同的是，当遇到方法调用时，前者将进入方法体内继续逐行执行，而后者不会进入方法体内跟踪方法本身的代码。

所以如果在调试的过程中想避免执行方法体内的代码，就可以使用逐过程方式；相反，如果想查看方法体代码是否出错，就得使用逐语句方式。

在 VS.NET 2010 中，选择"调试"菜单的"逐语句"命令或者按"F11"键，可启用逐语句方式，连续按"F11"键可跟踪每一条语句的执行。而选择"调试"菜单的"逐过程"命令或者按"F10"键，可启用逐过程方式。

2. Visual Studio.NET 2010 的断点方式

通过逐行执行程序来寻找错误，效果确实很棒。但是，对于较大规模的程序或者已经知道错误范围的程序，使用逐语句方式或逐过程方式，都是没有必要的。为此，可使用断点方式调试程序。

断点是一个标志，它通知调试器应该在某处中断应用程序并暂停执行。与逐行执行不同的是，断点方式可以让程序一直执行，直到遇到断点才开始调试。显然，这将大大加快调试过程。Visual Studio.NET 2010 允许在源程序中设置多个断点。

设置断点的操作方法如下。

右击想要设置断点的代码行，选择"断点"→"插入断点"命令即可；也可以单击源代码行左边的灰色区域（或者将插入点定位于想设置断点的代码行），按"F9"键。如图 8.4 所示，断点以红色圆点表示，并且该行代码也高亮显示。

图 8.4 设置断点

3. 人工寻找逻辑错误

在众多的程序错误中，有些错误是很难发现的，尤其是逻辑错误，即便是功能强大的调试器也显得无能为力。这时可以适当地加入一些人工操作，以便快速地找到错误。常见的方法有两种：

（1）注释可能出错的代码。这是一种比较有效的寻找错误的策略。如果注释掉部分代码后，程序就能正常运行，那么就能判定该代码出错了；反之，错误应该在别处。

（2）适当地添加一些输出语句，再观察是否成功显示输出信息，即可判断包含该输出语句的分支和循环结构是否有逻辑错误，从而进一步分析错误的原因。

8.2 程序的异常处理

一个优秀的程序员在编写程序时，不仅要关心代码正常的控制流程，同时也要把握好系统可能随时发生的不可预期的事件。它们可能来自系统本身，如内存不够、磁盘出错、网络连接中断、数据库无法使用等；也可能来自用户，如非法输入等。一旦发生这些事件，程序都将无法正常运行。

8.2.1 异常的基本概念

所谓异常就是那些能影响程序正常执行的事件，而对这些事件的处理方法称为异常处理。异常处理是必不可少的，它可以防止程序处于非正常状态，并可根据不同类型的错误来执行不同的处理方法。

【实例 8-2】 在"D:\C#\ch8\"创建项目 P8_2，设计一个运算除法的控制台应用程序，如果用户输入的除数为零，这时系统会抛出"尝试除以零"的异常。如图 8.5 所示。

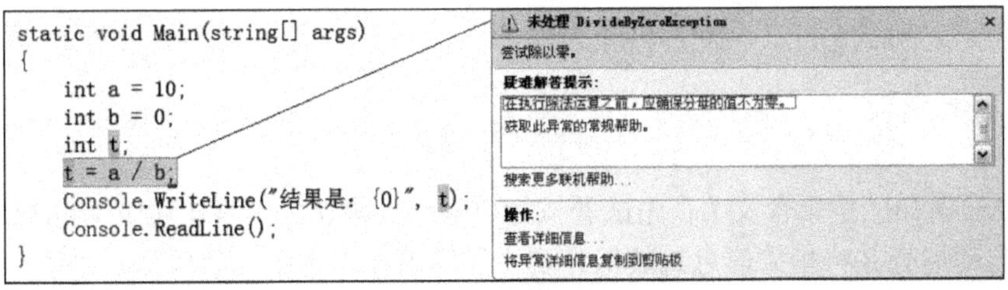

图 8.5　发生异常

在本例中，造成异常的原因是：在除法运算中，除数是不能为零的。如果用户输入的除数为零，这时系统就会发生异常。所以，如果不想让程序因出现异常而被系统中断或退出的话，必须构建相应的异常处理机制。

C#中，所有异常类的基类是 Exception，常见的异常类如表 8.1 所示。

表 8.1　常见异常类

异常类	说　　明
MemberAccessException	访问错误：类型成员不能被访问
ArgumentException	参数错误：方法的参数无效
ArgumentNullException	参数为空：给方法传递一个不可接受的空参数
ArithmeticException	数学计算错误：由于数学运算导致的异常，覆盖面广
ArrayTypeMismatchException	数组类型不匹配
DivideByZeroException	被零除
FormatException	参数的格式不正确
IndexOutOfRangeException	索引超出范围，小于零或比最后一个元素的索引还大
InvalidCastException	非法强制转换，在显式转换失败时引发
MulticastNotSupportedException	不支持的组播：组合两个非空委派失败时引发
NotSupportedException	调用的方法在类中没有实现
NullReferenceException	引用空引用对象时引发
OutOfMemoryException	无法为新语句分配内存时引发，内存不足
OverflowException	溢出
StackOverflowException	栈溢出
TypeInitializationException	错误的初始化类型：静态构造函数有问题时引发
NotFiniteNumberException	无限大的值：数字不合法

8.2.2　try-catch 语句与异常处理

在开发应用程序的过程中，可以假定任何代码块都有可能引发异常，特别是 CLR（公共语言运行库）本身可能引发的异常，如溢出、数组越界、除数为零等。为了能够对异常有效处理，C#提供了 try-catch 语句，其格式一般如下：

```
try
{
    语句块1          //可能引发异常的代码
}
catch（异常对象）    //捕获异常类对象
{
    语句块2          //实现异常处理
}
```

try-catch 语句的逻辑含义为：先试着执行可能引发异常的"语句块1"，如果发生异常，则由系统自动捕获并将相关信息封装保存到"异常对象"之中，然后执行"语句块2"，实现异常处理；如果未发生异常，则跳过 catch 子句，继续执行 try-catch 之后的语句。

【实例 8-3】 修改【实例 8-2】，当用户输入的除数为零时，捕获此异常，并处理。运行结果如图 8.6 所示。

```
static void Main(string[] args)
{
    try
    {
        int a = 10;
        int b = 0;
        int t;
        t = a / b;
        Console.WriteLine("结果是：{0}", t);
        Console.ReadLine();
    }
    catch (DivideByZeroException ex)
    {
        Console.WriteLine("异常处理：{0}", ex);
        Console.ReadLine();
    }
}
```

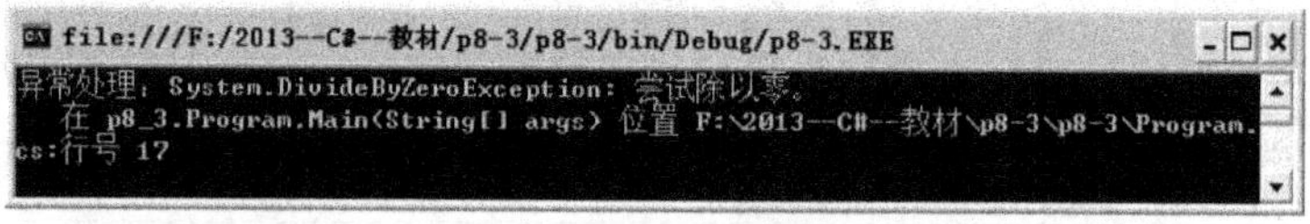

图 8.6 捕获异常

使用 try-catch 语句时，特别要注意以下两点。

（1）catch 子语句中的异常对象可以省略。如果省略异常对象，则默认为 CLR 的异常类对象，否则为指定的异常类的对象。

（2）由于 try 子句中代码有可能引发不只一种异常，因此，C#允许针对不同的异常定义多个不同的 cacth 子句。当 try 子句抛出异常时，系统将根据异常类型顺序查找并执行对应的 catch 子句，实现特定的异常处理。

8.2.3 finally 语句

在 try-catch 语句中，只有捕获到了异常，才会执行 catch 子句中的代码。但还有一些比较特殊的操作，比如文件的关闭、网络连接的断开以及数据库操作中锁的释放等，应该在无论是否发生异常的情况下都必须执行，否则会造成系统资源的占用和不必要的浪费。类似这些无论是否捕捉到异常都必须执行的代码，可用 finally 关键字定义。

finally 语句常常与 try-catch 语句搭配使用，其完整格式为：

```
try
{
    语句块1          //可能引发异常的代码
}
catch（异常对象）    //捕获异常类对象
```

```
    {
        语句块 2        //实现异常处理
    }
    finally
    {
        语句块 3        //无论是否异常，都作最后处理
    }
```

【实例 8-4】 继续修改【实例 8-2】，当捕获除数为零异常后，程序执行结束。如图 8.7 所示。

```
static void Main(string[] args)
{
    try
    {
        int a = 10;
        int b = 0;
        int t;
        t = a / b;
        Console.WriteLine("结果是：{0}", t);
        Console.ReadLine();
    }
    catch (DivideByZeroException ex)
    {
        Console.WriteLine("异常处理：{0}", ex);
        Console.ReadLine();
    }
    finally
    {
        Console.WriteLine("程序执行结束！");
        Console.ReadLine();
    }
}
```

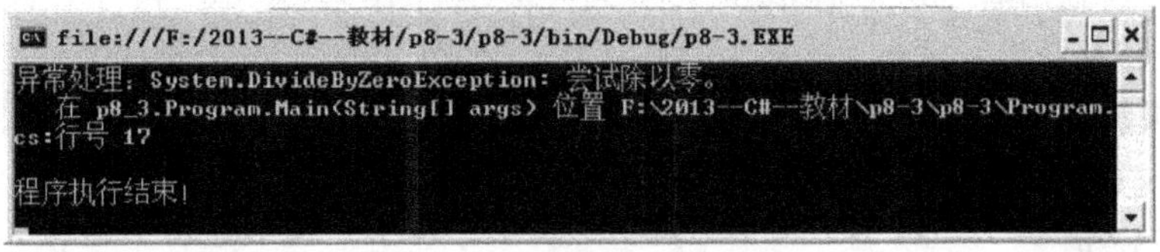
file:///F:/2013--C#--教材/p8-3/p8-3/bin/Debug/p8-3.EXE
异常处理：System.DivideByZeroException: 尝试除以零。
在 p8_3.Program.Main(String[] args) 位置 F:\2013--C#--教材\p8-3\p8-3\Program.cs:行号 17
程序执行结束!

图 8.7　finally 结束程序

8.2.4　throw 语句与抛出异常

前面所捕获到的异常，都是当遇到错误时，系统自己报错，自动通知运行环境异常的发生。但是有时还可以在代码中手动告知运行环境在什么时候发生了什么异常。C#提供的 throw 语句可手动抛出一个异常，使用格式如下：

```
    throw [异常对象]        // 提供有关抛出的异常信息
```

当省略异常对象时，该语句只能用在 catch 语句中，用于再次引发异常处理。

当 throw 语句带有异常对象时，则抛出指定的异常类，并显示异常的相关信息。该异常既可以是预定义的异常类，也可以是自定义的异常类。

【实例 8-5】 手动抛出除数为零异常。运行情况如图 8.8 所示。

本实例中，通过在 try 块定义要执行的语句。在 catch 块中捕捉可能出现的异常，并使用 throw 语句显示抛出了一个异常。在示例程序中，定义了两个 catch 块。在.NET 中，可以定义多个 catch 块，但只能有一个 try 块。

本实例的第一个 catch 块中，使用了 DivideByZeroException 异常，这个异常是一个具体异常，它所代表的就是被零除的错误；第二个 catch 块中的异常类通常称为基类异常，该异常具有比第一个异常更粗的粒度，在这个示例中是 Exception 类型，Exception 类型是所有异常类的基类。

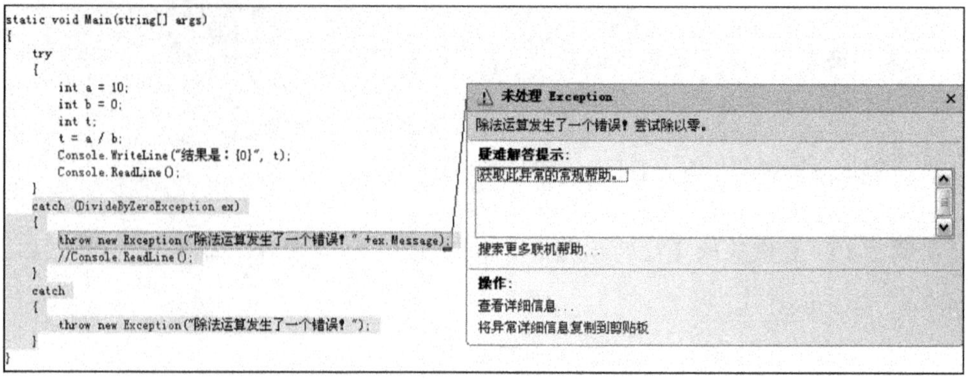

```
static void Main(string[] args)
{
    try
    {
        int a = 10;
        int b = 0;
        int t;
        t = a / b;
        Console.WriteLine("结果是：{0}", t);
        Console.ReadLine();
    }
    catch (DivideByZeroException ex)
    {
        throw new Exception("除法运算发生了一个错误！" +ex.Message);
        //Console.ReadLine();
    }
    catch
    {
        throw new Exception("除法运算发生了一个错误！ ");
    }
}
```

图 8.8 手动抛出异常

8.3 任务实施

1．任务描述

某单位招聘职工，要求年龄在 18～45 岁之间。创建自定义异常类 AgeException，判断招聘人员的年龄是否在 18～45 岁之间，如果年龄小于 18 岁或大于 45 岁，则抛出异常。

2．任务目标

- 掌握程序错误的调试。
- 掌握异常处理语法结构。

3．任务分析

定义一个 AgeException 类，来改写父类的方法，输出相关信息；主方法中使用 try-catch 语句来捕获用户输入的年龄的错误信息。

4．任务完成

打开 VS.NET 2010，创建项目名为 Task_8 的控制台应用程序，打开 program.cs 文件，首先定义 AgeException 异常类，该类继承了 Exception 类，并改写父类的输出信息；主方法接收用户输入的年龄，判断输入的年龄是否符合要求，如果不符合要求就抛出异常，如果符合要求就继续执行程序。具体代码如下：

```
namespace Task_8
{
    class Program
    {   class AgeException : Exception
        {   string msg;
            public AgeException()    //获得父类的错误信息内容
            { msg = base.Message;}
            public AgeException(string strmsg)
            { msg = strmsg;}
            public override string Message   //重写 message 属性
            {  get{return msg;}}
            public void pm()    //或者定义方法输出异常信息
            { Console.WriteLine(msg);}
        }
        static void Main(string[] args)
        {   try{
```

```
            Console.WriteLine("请输入年龄");
            int age = int.Parse(Console.ReadLine());
            if (age > 45 || age < 18)
            {   string message = "你输入的年纪不符合要求！";
                AgeException a = new AgeException(message);
                throw a;}
        }
        catch (AgeException a)
        {   Console.WriteLine(a.Message);
            Console.ReadLine();}
}}}
```

8.4 问题探究

1．C#中异常处理的基本方法有哪些

（1）try-catch 语句结构。

（2）try-catch-finally 语句结构。

（3）throw 语句结构。

2．什么是"抛出异常"

在程序设计时可能需要有意地引发某种异常，以测试程序在不同状态下的运行情况，通常将这种主要用于测试程序的、能够自动引发异常的方法称为"抛出异常"。

8.5 实践与思考

1．编写一个溢出异常处理的控制台应用程序。

2．创建自定义异常类 WeightException，判断重量是否在 90～120 斤之间，如果小于 90 斤或大于 120 斤，则抛出异常。

第 9 章 Windows窗体应用程序设计

学习目标

1. 熟悉窗体的设计
2. 掌握文本类控件的应用
3. 掌握命令类控件的应用
4. 掌握图形类控件的应用
5. 掌握选择类控件的应用
6. 掌握列表类控件的应用
7. 掌握容器类控件的应用
8. 掌握日期时间类控件的应用
9. 熟悉其他控件的应用

技能目标

1. 掌握创建 Windows 应用程序的方法
2. 熟悉各种常用控件的使用方法

.NET 提供了很多控件用于开发 Windows 应用程序,在本章中将介绍它们的常用属性、方法、事件及其具体应用。

9.1 Windows窗体和控件概述

● 知识目标:
1. 熟悉窗体的常用属性
2. 熟悉窗体的常用方法
3. 熟悉窗体的主要事件

● 技能目标:
能够设计窗体程序

窗体是 Windows 应用程序的基础,也是放置其他控件的容器,应用程序中用到的大多数控件都需要添加到窗体上来实现它们各自的功能。如果把一个 Windows 程序看作一幅画,那么窗体则是承载这幅画面的画布,通过这块"画布",才能绘制出精美的画作。

9.1.1 Windows 窗体

1. 创建 Windows 窗体应用程序

首先需要创建一个 Windows 窗体应用程序。下面的示例创建了一个空白窗体,该示例并没有使用 Visual Studio.NET 2010,而是在文本编辑器中输入代码,使用命令行编译器进行编译。代码如下:

```
using System;
using System.Windows.Forms;
namespace NotepadForms
{
public calss MyForm : System.Windows.Forms.Form
    {
        public MyForm()
{}
     static void Main()
{ Application.Run(new MyForm());}
    }
}
```

在编译和运行以上代码时，会得到一个没有标题的小空白窗体。该窗体没有什么实际功能，但它却是一个 Windows 窗体。

代码中有两个地方需要注意。第一个是引入命名空间部分：

```
using System;
using System.Windows.Forms;
```

C#的每个类文件中的开始部分都是使用 using 命令引入所需要的命名空间，using System 代表引入 System 命名空间，using System.Windows.Forms 代表引入窗体类的命名空间，这个是创建窗体所必需的。

第二个需要注意的地方是使用继承功能来创建 MyForm 类。以下代码用于声明 MyForm 继承于 System.Windows.Forms.Form 类：

```
public class MyForm : System.Windows.Forms.Form
```

Form 类是 System.Windows.Forms 命名空间的一个主要类。代码的其他部分如下：

```
static void Main()
{ Application.Run(new MyForm());}
```

Main 是 C#客户应用程序的默认入口。一般在大型应用程序中，Main 方法不位于窗体中，而是位于类中，它负责完成需要的启动处理。

Application.Run 方法用来设置初始运行的窗体。它有 3 个重载版本：第一个重载版本不带参数；第二个重载版本把 ApplicationContext 对象作为其参数；本例中是第三个重载版本，把窗体对象作为其参数。在这个示例中，MyForm 窗体作为该项目的起始运行窗体。

【实例 9-1】 在 Visual Studio.NET 2010 开发环境中创建一个 Windows 应用程序。

具体步骤如下：

（1）启动 Visual Studio.NET 2010。

（2）选择"文件"→"新建"→"项目"命令，打开"新建项目"对话框，如图 9.1 所示。在左侧的"已安装的模板"列表中，选择"Visual C#"选项，此项操作代表创建的 Windows 项目的开发语言为 C#语言；然后，选择"Windows 窗体应用程序"选项，在下面的"名称"文本框内输入项目名称"P9_0"，解决方案名称默认为项目名称，也可以更改，本例中默认为"P9_0"。接下来，单击"位置"选择列表后面的"浏览"按钮，指定 Windows 应用程序保存的位置，本例保存在"D:\c#\ch9\"文件夹下。最后单击"确定"按钮，可以打开项目主窗口，图 9.2 所示是"P9_0"项目主窗口。

Visual Studio.NET 2010 开发环境中，项目主窗口包含了以下窗口：

（1）菜单栏：每个菜单栏都对应一组实用操作。例如，"文件"菜单提供了项目的新建、保存、关闭等功能，这些菜单的功能繁多且功能强大，这里就不一一列举，在后面需要使用的时候再讲述。

图 9.1 "新建项目"对话框

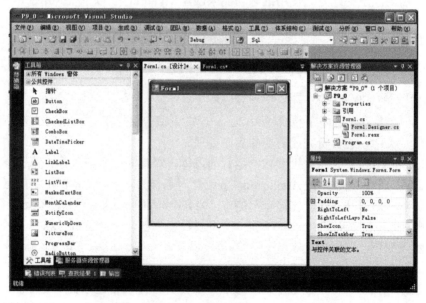

图 9.2 项目主窗口

（2）工具栏：和菜单栏一样，每一组工具栏对应一组实用操作，是菜单栏的快捷操作方式。

（3）工具箱：在本章节里，我们会经常用到工具箱，Visual Studio.NET 2010 提供的所有控件都在工具箱里。

（4）代码编辑器：用户双击"Form1.cs"文件，打开代码编辑器，用来编辑代码，本章中所有的代码都在代码编辑器里完成。

（5）解决方案资源管理器：C#里的一个解决方案可以包含多个项目，一个项目可以包含多个窗体，要查看某个 C#代码文件，可以在解决方案资源管理器窗口查看。比如在图 9.2 中，当前解决方案下只有一个项目 P9_0，项目中包含一个窗体 Form1。

（6）属性窗口：属性窗口主要用来设置项目中元素的属性。例如，要将 Form1 窗口的标题改成"我的第一个 Windows 程序"，则应该选中 Form1 窗体，打开属性窗口，在列表中找到 Text 属性，将其值改为"我的第一个 Windows 程序"。

【实例 9-2】 新建两个 Windows 项目，分别命名为"App01"和"App02"，将这两个项目放到一个解决方案中，解决方案命名为"AppService"。将 App01 和 App02 两个项目中的窗体标题分别改成"App01"和"App02"。

具体操作步骤如下：

（1）启动 Visual Studio.NET 2010。

（2）新建项目"App01"。选择"文件"→"新建"→"项目"命令，打开"新建项目"对话框，如图 9.1 所示。在左侧的"已安装的模板"列表中，选择"Visual C#"选项；然后，选择"Windows 窗体应用程序"选项，在下面的"名称"文本框内输入项目名称"App01"，解决方案名称修改成"AppService"。接下来，单击"位置"选择列表后面的"浏览"按钮，选择项目路径后单击"确定"按钮，会看到项目主窗口，如图 9.2 所示。

（3）在同一解决方案下新建项目"App02"。打开"解决方案管理窗口"，选中"AppService"解决方案选项，单击右键，选择"添加"→"新建项目"命令，如图 9.3 所示，会打开新建项目窗口，输入项目名称"App02"，项目保存路径默认在解决方案文件夹中，一般不用重新选择；最后，单击"确定"按钮。这样，解决方案"AppService"中包含了两个项目"App01"和"App02"。

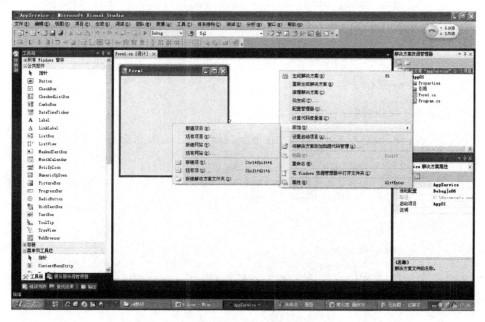

图 9.3　解决方案资源管理器中新建项目

（4）修改窗体标题。在解决方案管理器中，选择项目"App01"的窗体"Form1"，打开"属性"窗口，在属性窗口的列表中找到"Text"属性，更改为"App01"。项目"App02"

窗体标题的修改方法与此相同，不再赘述。

（5）编译、调试和运行。当界面和代码都完成后，就可以对程序进行编译和调试了（本例中不需要代码编写）。在"调试"菜单中单击"运行"菜单项（或按"F5"键），编译并启动应用程序。程序运行效果如图 9.4 所示。

注意：由图 9.4 可见，当前运行的是项目"App01"。如果要运行项目"App02"，需要将项目"App02"设置为启动项目。方法是：在解决方案资源管理器中选中项目"App02"，单击右键，选择"设为启动项目"菜单项。

2. 窗体文件

创建好 Windows 应用程序后，可以在"解决方案资源管理器"中查看应用程序，在图 9.2 中，我们可以看到，系统默认添加了一个名称为"Form1.cs"的窗体，一个窗体包含两个文件，其原因是 Visual Studio.NET 2010 利用了

图 9.4 运行效果

Framework 类的部分特性，把设计器生成的代码放在一个独立的文件中。这两个文件就是 Form1.cs 和 Form1.Designer.cs。下面是 Visual Studio.NET 2010 为两个文件生成的代码。Form1.cs 的代码如下：

```
namespace App01
{
    Public partial class Form1 : Form
    {
        public Form1()
        {InitializeComponent();}
        Private void Form1_Load(object sender, EventArgs e)
        { }
    }
}
```

Form1.Designer.cs 的代码如下：

```
namespace App01
{
    partial class Form1
    {
        protected override void Dispose(bool disposing)
        {
            if (disposing && (components != null))
            {components.Dispose();}
            base.Dispose(disposing);
        }
        private void InitializeComponent()
        {
            this.SuspendLayout();
            this.AutoScaleDimensions = new System.Drawing.SizeF(6F, 12F);
            this.AutoScaleMode = System.Windows.Forms.AutoScaleMode.Font;
            this.ClientSize = new System.Drawing.Size(292, 266);
            this.Name = "Form1";
            this.Text = "App01";
            this.Load += new System.EventHandler(this.Form1_Load);
            this.ResumeLayout(false);
        }
    }
}
```

namespace App01 表示本项目的命名空间为 App01，是代码文件的最外层，一般默认的命名空间名与项目名相同。命名空间里定义了名为 Form1 的窗体类，构造函数 Form1 里有一句非常重要的语句 InitializeComponent；它将初始化 Form1.Designer.cs 中系统自动生成的窗体设计器生成的代码。

Form1 类的构造函数在 Form1.cs 中，如下所示：

```
public Form1()
{InitializeComponent();}
```

注意对 InitializeComponent 的调用。InitializeComponent 在 Form1.Designer.cs 中，顾名思义，InitializeComponent 初始化了添加到窗体上的所有控件，还初始化了窗体的属性。

该方法与 Visual Studio.NET 2010 的设计器相关联。使用设计器修改窗体时，这些改动会在 InitializeComponent 中反映出来。例如，【实例 9-2】中，项目 App01 窗体的 Text 属性改为 "App01"，上面代码中通过 this.Text = "App01" 语句可反映出来。如果在 InitializeComponent 中修改了任意类型的代码，下次在设计器中进行修改时，这些改动就会丢失。每次在设计器中进行修改后，InitializeComponent 都会重新生成。如果需要为窗体或窗体上的控件和组件添加其他初始化代码，就应在调用 InitializeComponent 后添加。InitializeComponent 还负责实例化控件。

3．窗体的主要属性

Windows 应用程序中的窗体有许多属性，用来设置和定制窗体。属性用来描述对象的特征，比如窗体的长度、宽度、颜色等。属性的设置有两种方式。

- 在窗体或控件的"属性"窗口中进行设置，这些设计将在窗体和控件初始化时控制它们的外观和形式。
- 在程序代码中，对窗体和控件的属性进行设置。

窗体的属性很多，其中有些属性是大部分控件都有的公共属性，将在下一小节讲述，这里先介绍窗体特有的属性。

（1）WindowState 属性：用来获取或设置窗体的窗口状态。取值有三种：Normal（窗体正常显示）、Minimized（窗体以最小化形式显示）和 Maximized（窗体以最大化形式显示）。

（2）StartPosition 属性：用来获取或设置运行时窗体的起始位置。

（3）ControlBox 属性：用来获取或设置一个值，该值表示在该窗体的标题栏中是否显示控制框。值为 true 时将显示控制框，值为 false 时不显示控制框。

（4）MaximizeBox 属性：用来获取或设置一个值，该值表示是否在窗体的标题栏中显示最大化按钮。值为 true 时显示最大化按钮，值为 false 时不显示最大化按钮。

（5）MinimizeBox 属性：用来获取或设置一个值，该值表示是否在窗体的标题栏中显示最小化按钮。值为 true 时显示最小化按钮，值为 false 时不显示最小化按钮。

（6）AcceptButton 属性：该属性用来获取或设置一个值，该值是一个按钮的名称，即当运行窗体时，按回车键默认的按钮。

（7）CancelButton 属性：该属性用来获取或设置一个值，该值是一个按钮的名称，即当运行窗体时，按 ESC 键默认的按钮。

（8）Modal 属性：该属性用来设置窗体是否为有模式显示窗体。如果有模式地显示该窗体，该属性值为 true；否则为 false。当有模式地显示窗体时，只能对模式窗体上的对象进行输入。必须隐藏或关闭模式窗体（通常是响应某个用户操作），然后才能对另一窗体进行输入。有模式显示的窗体通常用作应用程序中的对话框。

（9）ActiveControl 属性：用来获取或设置容器控件中的活动控件。窗体也是一种容器控件。

（10）ActiveMdiChild 属性：用来获取多文档界面（MDI）的当前活动子窗口。

（11）AutoScroll 属性：用来获取或设置一个值，该值表示窗体是否实现自动滚动。如果此属性值设置为 true，则当任何控件位于窗体工作区之外时，会在该窗体上显示滚动条。另外，当自动滚动打开时，窗体的工作区自动滚动，以使具有输入焦点的控件可见。

（12）IsMdiChild 属性：获取一个值，该值表示该窗体是否为多文档界面（MDI）子窗体。值为 true 时，是子窗体，值为 false 时，不是子窗体。

（13）IsMdiContainer 属性：获取或设置一个值，该值表示窗体是否为多文档界面（MDI）中的子窗体的容器。值为 true 时，是子窗体的容器；值为 false 时，不是子窗体的容器。

（14）MdiChildren 属性：数组属性。数组中的每个元素表示以此窗体作为父级的多文档界面（MDI）子窗体。

（15）MdiParent 属性：用来获取或设置此窗体的当前多文档界面（MDI）父窗体。

（16）ShowInTaskbar 属性：用来获取或设置一个值，该值表示是否在 Windows 任务栏中显示窗体。

4．窗体的常用方法

下面介绍一些窗体中最常用的方法。

（1）Show 方法：该方法的作用是让窗体显示出来。其调用格式为："窗体名.Show();"，其中窗体名是要显示的窗体名称。

（2）Hide 方法：该方法的作用是把窗体隐藏起来。其调用格式为："窗体名.Hide();"，其中窗体名是要隐藏的窗体名称。

（3）Refresh 方法：该方法的作用是刷新并重构窗体。其调用格式为："窗体名.Refresh();"，其中窗体名是要刷新的窗体名称。

（4）Activate 方法：该方法的作用是激活窗体并给予它焦点。其调用格式为："窗体名.Activate();"，其中窗体名是要激活的窗体名称。

（5）Close 方法：该方法的作用是关闭窗体。其调用格式为："窗体名.Close();"，其中窗体名是要关闭的窗体名称。

（6）ShowDialog 方法：该方法的作用是将窗体显示为模式对话框。其调用格式为："窗体名.ShowDialog();"。

5．窗体的主要事件

（1）Load 事件：该事件在窗体加载到内存时发生，即在第一次显示窗体前发生。

（2）Activated 事件：该事件在窗体激活时发生。

（3）Deactivate 事件：该事件在窗体失去焦点且成为不活动窗体时发生。

（4）Resize 事件：该事件在改变窗体大小时发生。

（5）Paint 事件：该事件在重绘窗体时发生。

（6）Click 事件：该事件在用户单击窗体时发生。

（7）DoubleClick 事件：该事件在用户双击窗体时发生。

（8）Closed 事件：该事件在关闭窗体时发生。

【实例 9-3】 用模式和非模式方式显示窗体。

（1）新建项目 P9_3，方法参考【实例 9-1】。

（2）添加 2 个窗体。项目默认带一个窗体 Form1，因此还需要添加一个窗体，在解决方案管理器中，选中项目 P9_3，单击右键，选择"添加"→"Windows 窗体"命令，打开"添加新项"对话框，窗体默认名为 Form2，此例中不变，单击"确定"按钮。

（3）设计界面。Form1 界面如图 9.5 所示，相应的控件属性设置如表 9.1 所示。Form2 界面如图 9.6 所示，相应的控件属性设置如表 9.2 所示。

图 9.5 Form1 界面设计　　　　　　　　图 9.6 Form2 界面设计

（4）当用户点击"模式显示"按钮时，有模式的显示窗体 Form2，这时。只能对 Form2 窗体上的对象进行操作。如果要对另一窗体进行操作，必须隐藏或关闭模式 Form2 窗体。代码如下：

```
private void button1_Click(object sender, EventArgs e)
{
    Form2 f = new Form2();
    f.ShowDialog();
}
```

（5）当用户点击"非模式显示"按钮时，非模式的显示窗体 Form2，打开 Form2 窗体的同时，也可以对其他窗口进行操作。代码如下：

```
private void button2_Click(object sender, EventArgs e)
{
    Form2 f = new Form2();
    f.Show();
}
```

表 9.1 Form1 窗体控件设计

控件类型	Name	Text	其他属性	说　明
Form	Form1	主窗体		
Button	Button1	模式显示		
Button	Button2	非模式显示		

表 9.2　Form2 窗体控件设计

控件类型	Name	Text	其他属性	说　明
Form	Form2	记事本	MaximizeBox=False MinimizBox=False	
TextBox	TextBox1		Multiline=True Dock=Fill	

9.1.2　Windows 窗体控件的公共属性和方法

System.Windows.Forms 命名空间中有一个特殊的类,它是每个控件和窗体的基类,这个类就是 System.Windows.Forms.Control。大部分的 Windows 控件都继承它,因此这些 Windows 控件具有一些公共属性和方法,下面将按照不同的功能来组合方法和属性,把相关的功能放在一起进行讨论。

1. 基本属性

(1) Name 属性:所用的控件都有这个属性,用来获取或设置控件的名称,在应用程序中可通过 Name 属性来引用控件对象。

(2) Text 属性:大部分控件有这个属性,该属性是一个字符串属性,用来设置或返回在控件中显示的文本。

(3) Enabled 属性:用来获取或设置一个值,该值表示控件是否可以对用户交互作出响应。如果控件可以对用户交互作出响应,则为 true;否则为 false。默认值为 true。

(4) Visible 属性:用于获取或设置一个值,该值表示是否显示该窗体或控件。值为 true 时显示窗体或控件,值为 false 时不显示。

2. 大小和位置

控件的大小和位置由属性 Height、Width、Top、Bottom、Left、Right 以及辅助属性 Size 和 Location 确定。区别在于 Height、Width、Top、Bottom、Left、Right 的属性值都是一个整数,而 Size 的值使用一个 Size 结构来表示,Location 的值使用一个 Point 结构来表示。Size 结构和 Point 结构都包含 XY 坐标。Point 结构一般相对于一个位置,而 Size 结构是对象的高和宽。Size 和 Point 都位于 System.Drawing 命名空间。比如要将一个按钮 button1 放在窗体的左上角,如图 9.7 所示,可以使用下面代码实现:

```
Point p=new Point(0,0);//生成坐标为（0,0）的Point对象
button1.Location = p;//设置button1的位置
```

ClientSize 属性是一个 Size 结构,表示控件的客户区域,不包含滚动条和标题栏。

Dock 属性确定子控件停放在父控件的哪条边上。DockStyle 枚举值用作其属性值。这个值可以是 Top、Bottom、Right、Left、Fill 和 None。Fill 会使控件的大小正好匹配父控件的客户区域。例如,在图 9.6 中,文本框填满了窗体的整个客户区域,是将文本框的 Dock 属性设置为 Fill。

Anchor 属性把子控件的一条边与父控件的一条边对齐,这与停靠不同,因为它不设置父控件的一条边,而是把到该边界的当前距离设置为常量。例如,如果把子控件的右边界与父控件的右边界对齐,并重新设置父控件的大小,子控件右边界到父控件右边界的距离将保持不变。Anchor 属性采用 AnchorStyles 枚举的值,其值是 Top、Bottom、Right、Left 和 None。

通过设置该属性值，可以在重新设置父控件的大小时，动态地设置子控件的大小。这样，当用户重新设置窗体的大小时，按钮和文本框就不会被剪切或隐藏。例如，把按钮的 Anchor 属性设置为 Top、Left，当用户改变窗体大小时，按钮与窗体左上角的位置保持不变。

3．外观

（1）Font 属性：指定控件上显示文本的字体，包含字体、字号等属性。

（2）ForeColor 属性：设置控件上文本的颜色。

（3）BackColor 属性：用来获取或设置窗体的背景色。

（4）BackgroundImage 属性：用来获取或设置窗体的背景图像。

（5）BorderStyle 属性：用来设置或返回边框。有三种选择：BorderStyle.None 为无边框（默认）；BorderStyle.FixedSingle 为固定单边框，BorderStyle.Fixed3D 为三维边框。

【实例 9-4】 按照图 9.8 所示内容，修改【实例 9-3】中项目 P9_3 中的 Form2 的属性。具体操作步骤如下：

（1）为文本框添加文本。选中文本框"TextBox1"，选择 Lines 属性，点击后面的按钮，打开"字符串集合编辑器"对话框，如图 9.9 所示，分成四行输入图 9.8 中的文本。

图 9.7　左上角位置效果

图 9.8　外观设置案例

（2）设置 TextBox 的外观。字号设置为三号，前景色设置为红色，背景色设置为黄色。

选中文本框"TextBox1"，选择 Font 属性，点击后面的按钮，打开"字体"文本框，如图 9.10 所示，设置字号为"三号"，其他属性默认。选择 ForeColor 属性，点开下拉列表框，选择红色。选择 BackColor 属性，选择黄色。

图 9.9　字符串集合编辑器

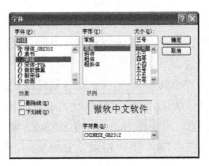

图 9.10　"字体"对话框

4．焦点和"Tab 键次序"

在 Windows 环境下向计算机输入数据时，首先需要选定待输入的位置，输入完一条数据后，可以通过鼠标单击或者使用"Tab"键来改变待输入的位置。在 Visual C# 2010 中，称待输入的位置对应的对象具有焦点，而焦点在对象间移动的顺序称为"Tab 键次序"。

（1）焦点的概念。在学习 Windows 控件之前，首先要了解与控件紧密相关的焦点的概念。焦点是控件接收鼠标或键盘输入的能力。当对象具有焦点时，可以接收用户的输入。例如，当登录邮箱且需要输入邮箱密码时，焦点就在等待输入邮箱密码的文本框上。只有当控件的 Enabled 和 Visible 属性值均为 true 时，才可以接收焦点。Enabled 属性决定控件是否禁用；Visible 属性决定控件是否可见。但是并非所有的控件都具有接收焦点的能力，如后面将要介绍的组框控件（GroupBox）、图片框控件（PictureBox）、时钟控件（Timer）等控件都不能接收焦点。

（2）设置焦点。在代码中有一个方法，可以使控件获得焦点，这个方法是 Focus，语法格式为：

<对象>.Focus();

例如，"TextBox1.Focus();"这句代码的功能是将焦点赋予文本框 TextBox1。大多数控件得到和失去焦点时的外观是不相同的。例如，按钮控件得到焦点后周围会出现一个虚线框；文本框得到焦点后会出现闪烁的光标。

（3）"Tab"键次序。程序运行时，用户除了可以使用鼠标和快捷键来选择对象获得焦点，还可以按"Tab"键或"Shift+Tab"组合键在当前窗体的各对象之间巡回移动焦点。"Tab 键次序"是指当用户按下"Tab"键时，焦点在控件间移动的顺序，每个窗体都有自己的"Tab 键次序"。默认状态下的"Tab 键次序"跟添加控件的顺序相同。例如，在窗体上先后添加了 4 个文本框 TextBox1、TextBox2、TextBox3 和 TextBox4，则程序启动后 TextBox1 首先获得焦点，当用户按下"Tab"键时，焦点依次转移向 TextBox2、TextBox3 和 TextBox4，然后再回到 TextBox1，如此循环。具有焦点的控件有两个控制"Tab 键次序"的属性：TabIndex 和 TabStop。

① TabIndex 属性。TabIndex 属性决定控件接收焦点的顺序，Windows 窗体按照控件添加的顺序依次将 0、1、2、3……分配给相应控件的 TabIndex 属性。用户在运行程序时按下"Tab"键，焦点将根据 TabIndex 属性值在控件之间转移。如果希望更改"Tab 键次序"，可以通过设置 TabIndex 属性来更改。例如，若希望焦点直接从 TextBox1 转移到 TextBox4，然后再到 TextBox2，则应该将 TextBox4 和 TextBox2 的 TabIndex 属性值设置为 1、2（TabIndex 的值从 0 开始）。需要注意的是：不能获得焦点的控件及禁用或不可见的控件，是不能获得焦点的，因而不包含在"Tab 键次序"中，按"Tab"键时这些控件将被跳过。

② TabStop 属性。TabStop 属性决定焦点是否能够在该控件上停留。它有 true 和 false 两个属性值，默认为 true；如果设为 false，则焦点不能停在该控件上。例如，若希望 Button1 不能获得焦点，只要将 Button1 的 TabStop 属性设为 false 即可（代码为：Button2.TabStop = false;），这样在按"Tab"键时将跳过 Button1 控件，但是它仍然保留在"Tab 键次序"中的位置。

9.2　文本类控件

○ 知识目标：

1. 熟悉标签控件

2. 了解链接标签控件
3. 熟悉文本框控件
4. 熟悉富文本框控件

◎ 技能目标：

能够使用文本类控件设计用户界面

Windows 窗体是向用户显示信息的可视画面，Windows 窗体提供执行许多功能的控件和组件。大多数的窗体控件都继承于 System.Windows.Forms.Control 类，这个类定义了控件的基本功能。当设计和修改 Windows 窗体应用程序的用户界面时，需要添加、对齐、定位和修改控件。

上面介绍了一些公共属性，下面将讨论不同控件的使用方法。本小节将介绍文本类控件，文本类控件主要用于显示窗体文字信息。常用的文本类控件包含标签控件、链接标签控件、文本框控件和富文本框控件。

9.2.1 标签控件（Label）

Label 控件通常用于显示文字信息。例如，在图 9.11 中，标题"用户登录"就是用 Label 控件显示。它最常用到得属性是 Text，用来设置或返回标签控件中显示的文本信息，比如图 9.11 中就有 3 个标签控件，其 Text 属性分别设置为"用户登录"、"用户名："和"密码："。

除此之外，还有 AutoSize 属性，用来获取或设置一个值，该值指示是否自动调整控件的大小以完整显示其内容。取值为 true 时，控件将自动调整到刚好能容纳文本时的大小，取值为 false 时，控件的大小为设计时的大小。默认值为 true。

图 9.11　用户登录窗口

9.2.2 链接标签控件（LinkLabel）

LinkLabel 控件可以使 Windows 窗体应用程序添加 Web 样式的链接。一切可以使用 Label 控件的地方，都可以使用 LinkLabel 控件；此外，还可以将文本的一部分设置为指向某个文件、文件夹或网页的链接。LinkLabel 控件除了具有 Label 控件的所有属性、方法和事件以外，LinkLabel 控件还有针对超链接和链接颜色的属性和事件，包括以下三点。

（1）LinkArea 属性设置激活链接的文本区域。

（2）LinkColor、VisitedLinkColor 和 ActiveLinkColor 属性设置链接的颜色。

（3）LinkClicked 事件确定选择链接文本后将发生的操作。

LinkLabel 控件的最简单用法是使用 LinkArea 属性显示一个链接，但是也可以使用 Links 属性显示多个超链接。Links 属性可以访问一个链接集合，也可以在每个单独的 Link 对象的 LinkData 属性中指定数据，LinkData 属性的值可以用来存储要显示文件的位置或网站的地址。

【实例 9-5】　在"D:\C#\ch9\"路径下创建项目 P9_5，编写 Windows 窗体应用程序，在窗体中添加 LinkLabel 控件，单击该控件，打开百度页面。具体步骤如下。

（1）在窗体中添加 LinkLabel 控件，将 Text 属性改为"欢迎访问百度！"。

（2）双击 LinkLabel 控件，打开 LinkLabel 控件的 LinkClicked 事件，编写代码如下：

```
private void linkLabel1_LinkClicked(object sender, LinkLabelLinkClicked
EventArgs e)
{  System.Diagnostics.Process.Start("http://www.baidu.com"); }
```

（3）运行效果如图 9.12 和图 9.13 所示。

图 9.12　【实例 9-5】运行结果　　　　　图 9.13　点击链接后打开网页

9.2.3　文本框控件（TextBox）

TextBox 控件除了向 Label 控件一样可以显示文字信息，还可以让用户输入文字信息。TextBox 控件通常用于可编辑文本，不过也可使其成为只读方式。文本框还可以显示多行，下面介绍 TextBox 控件的常用属性和方法。

1．常用属性

（1）Text 属性：Text 属性是文本框最重要的属性，因为要显示的文本就包含在 Text 属性中。默认情况下，最多可在一个文本框中输入 2048 个字符。Text 属性可以在设计时使用"属性"窗口设置，也可以在运行时用代码设置或者通过用户输入来设置。可以在运行时通过读取 Text 属性来获得文本框的当前内容。

（2）MaxLength 属性：用来设置文本框允许输入字符的最大长度，该属性值为 0 时，不限制输入的字符数。

（3）MultiLine 属性：用来设置文本框中的文本是否可以输入多行并以多行显示。值为 true 时，允许多行显示；值为 false 时不允许多行显示。一旦文本超过文本框宽度时，超过部分不显示。

（4）HideSelection 属性：用来决定当焦点离开文本框后，选中的文本是否还以选中的方式显示，值为 true，则不以选中的方式显示；值为 false 将依旧以选中的方式显示。

（5）ReadOnly 属性：用来获取或设置一个值，该值指示文本框中的文本是否为只读方式。值为 true 时为只读，值为 false 时可读可写。

（6）PasswordChar 属性：是一个字符串类型，允许设置一个字符，运行程序时，将输入到 Text 的内容全部显示为该属性值，从而起到保密作用，通常用来输入口令或密码。

（7）ScrollBars 属性：用来设置滚动条模式。有四种模式可供选择：ScrollBars.None（无滚动条），ScrollBars.Horizontal（水平滚动条），ScrollBars.Vertical（垂直滚动条），ScrollBars.Both（水平和垂直滚动条）。

注意：只有当 MultiLine 属性为 true 时，该属性值才有效。在 WordWrap 属性值为 true

时，水平滚动条将不起作用。

（8）SelectionLength 属性：用来获取或设置文本框中选定的字符数。只能在代码中使用，值为 0 时，表示未选中任何字符。

（9）SelectionStart 属性：用来获取或设置文本框中选定的文本起始点。只能在代码中使用，第一个字符的位置为 0，第二个字符的位置为 1，以此类推。

（10）SelectedText 属性：用来获取或设置一个字符串，该字符串指示控件中当前选定的文本。只能在代码中使用。

（11）Lines 属性：该属性是一个数组属性，用来获取或设置文本框控件中的文本行，即文本框中的每一行存放在 Lines 数组的一个元素中。

（12）Modified 属性：用来获取或设置一个值，该值指示自创建文本框控件或上次设置该控件的内容后，用户是否修改了该控件的内容。值为 true 表示内容被修改过，值为 false 表示内容没有被修改过。

（13）TextLength 属性：用来获取控件中文本的长度。

（14）WordWrap 属性：用来指示多行文本框控件在输入的字符超过一行宽度时是否自动换行到下一行的开始值置，值为 true 时，表示自动换到下一行的开始；值为 false 时，表示不自动换到下一行的开始值置。

2．常用方法

（1）AppendText 方法：把一个字符串添加到文件框中文本的后面。调用的一般格式如下："文本框对象.AppendText(str)"，参数 str 是要添加的字符串。

（2）Clear 方法：从文本框控件中清除所有文本。调用的一般格式如下："文本框对象.Clear()"，该方法无参数。

（3）Focus 方法：为文本框设置焦点。如果焦点设置成功，值为 true，否则为 false。调用的一般格式如下："文本框对象.Focus()"，该方法无参数。

（4）Copy 方法：将文本框中当前选定的内容复制到剪贴板上。调用的一般格式如下："文本框对象.Copy()"，该方法无参数。

（5）Cut 方法：将文本框中当前选定的内容移动到剪贴板上。调用的一般格式如下："文本框对象.Cut()"，该方法无参数。

（6）Paste 方法：用剪贴板的内容替换文本框中当前选定的内容。调用的一般格式如下："文本框对象.Paste()"，该方法无参数。

（7）Undo 方法：撤销文本框中的上一个编辑操作。调用的一般格式如下："文本框对象.Undo()"，该方法无参数。

（8）ClearUndo 方法：从该文本框的撤销缓冲区中清除关于最近操作的信息，根据应用程序的状态，可以使用此方法防止重复执行撤销操作。调用的一般格式如下："文本框对象.ClearUndo()"，该方法无参数。

（9）Select 方法：用来在文本框中设置选定文本。调用的一般格式如下："文本框对象.Select(start,length)"，该方法有两个参数，第一个参数 start 用来设定文本框中当前选定文本的第一个字符的位置，第二个参数 length 用来设定要选择的字符数。

（10）SelectAll 方法：用来选定文本框中的所有文本。调用的一般格式如下："文本框对象.SelectAll()"，该方法无参数。

上面列出了文本框的很多属性和方法，其中许多都是文本框作为多行输入来使用的，最常见的例子就是记事本，因为记事本中涉及了菜单、工具栏以及状态栏等知识，我们将在下一章节中讲到这个案例，有兴趣的读者可以查看第 10 章的任务实施部分。

9.2.4 富文本框控件（RichTextBox）

RichTextBox 控件是一种既可以输入文本又可以编辑文本的文字处理控件，与 TextBox 控件相比，RichTextBox 控件的文字处理功能更加丰富，不仅可以设定文字的颜色、字体，还具有字符串检索功能。另外，RichTextBox 控件还可以打开、编辑和存储".rtf"格式文件、ASCII 文本格式文件及 Unicode 编码格式的文件。

9.3 命令类控件

命令按钮是用户与应用程序之间进行交互的最简便的工具，它允许用户通过单击来执行操作。单击按钮时，调用 Click 事件处理程序，执行 Click 事件过程中的代码，完成某项任务。

9.3.1 按钮控件（Button）

Button 控件是 Windows 应用程序中最常用的控件之一，通常用它来执行命令。如果按钮具有焦点，就可以使用鼠标左键、Enter 键触发该按钮的 Click 事件。通过设置窗体的 AcceptButton 或 CancelButton 属性，无论该按钮是否有焦点，都可以使用户通过按 Enter 或 Esc 键来触发按钮的 Click 事件。一般不使用 Button 控件的方法。Button 控件也具有许多如 Text、ForeColor 等的公共属性，此处不再介绍，只介绍该控件有特色的属性。

1．常用属性

（1）DialogResult 属性：当使用 ShowDialog 方法显示窗体时，可以使用该属性设置当用户按了该按钮后，ShowDialog 方法的返回值。值的内容包括：OK、Cancel、Abort、Retry、Ignore、Yes、No 等。

（2）Image 属性：用来设置显示在按钮上的图像。

（3）FlatStyle 属性：用来设置按钮的外观。

2．常用事件：

（1）Click 事件：当用户用鼠标左键单击按钮控件时，将发生该事件。

（2）MouseDown 事件：当用户在按钮控件上按下鼠标按钮时，将发生该事件。

（3）MouseUp 事件：当用户在按钮控件上释放鼠标按钮时，将发生该事件。

（4）MouseMove 事件：当鼠标移入按钮时发生该事件。

【实例 9-6】创建如图 9.14 所示的窗体，当用户点击"不喜欢"按钮时，该按钮会跑，用户无法点中此按钮；而如图 9.15 所示，只能点击"喜欢"按钮，结束该程序。

具体步骤如下：

（1）打开 Visual Studio .NET 2010 创建一个名为 P9_6 的 Windows 项目，在 Form1 窗体中添加一个 Label 控件，两个 Button 控件。

图 9.14　初始界面　　　　　　　　图 9.15　【实例 9-6】效果

（2）将 Label 的 Text 属性值设置为"喜欢 C#吗？"，将 Button1 和 Button2 的 Text 属性值分别设置为"喜欢"和"不喜欢"。

（3）在相应的事件里编写代码，实现功能，代码如下：

```
public Form1()
{   InitializeComponent();
    this.ControlBox = false;//标题栏上的按钮全部隐藏}
private void button2_MouseMove(object sender, MouseEventArgs e)
{//鼠标移入"不喜欢"按钮
    Random r = new Random();//产生随机数的对象
    int x = r.Next(207);
    int y = r.Next(249);
    Point mypoint = new Point(x, y);//产生一个坐标对象
    button2.Location = mypoint;}
private void button1_Click(object sender, EventArgs e)
{   DialogResult r= MessageBox.Show("嘿`'嘿`'，我喜欢 C#！");
    if (r == DialogResult.OK)   this.Close();}}
```

9.4　图形类控件

在程序设计时，需要使用并显示图片，这就需要使用图形类控件，该类控件主要用于存储和显示图片。

9.4.1　图片框控件（PictureBox）

图片框控件可以显示多种图形格式的图片。如图 9.16 所示，可以通过图片框显示窗体中用户的照片。

图 9.16　图片框

1．常用属性

（1）Image 属性。用来设置控件要显示的图像。把文件中的图像加载到图片框通常采用以下两种方式。

方式一：设计时单击 Image 属性，在其后将出现"…"按钮，单击该按钮将出现"选择资源"对话框，如图 9.17 所示，在该对话框中找到相应的图形文件后单击"确定"按钮，图片就显示在图片框中了。

方式二：通过 Image.FromFile 方法直接从文件中加载。形式如下：

```
pictureBox 对象名.Image=Image.FromFile(图像文件名);
```

【实例9-7】 在"D:\C#\ch9\"路径下创建项目P9_7，编写Windows窗体应用程序，使用图片框制作如图9.16的窗体。

具体步骤如下：

① 在窗体上添加1个PictureBox控件，2个Label控件，2个TextBox控件。

② 选择PictureBox控件的Image属性，点击右边的按钮，导入图片"ku.jpg"，如图9.17所示。

③ 2个Label控件的Text属性分别设置为"姓名"、"国籍"。

（2）SizeMode属性。用来决定图像的显示模式。其取值有五种情况，取值及含义如下：

图9.17 "选择资源"对话框

① PictureBoxSizeMode.Normal：默认情况下，在Normal模式中，Image置于PictureBox的左上角，凡是因过大而不适合PictureBox的任何图像部分都将被剪裁掉。

② PictureBoxSizeMode.StretchImage：使用StretchImage值会使图像拉伸或收缩，以便适合PictureBox。

③ PictureBoxSizeMode.AutoSize：使用AutoSize值会使控件调整大小，以便总是适合图像的大小。

④ PictureBoxSizeMode.CenterImage：使用CenterImage值会使图像居于工作区的中心。

⑤ PictureBoxSizeMode.Zoom：使用Zoom值可以使图像被拉伸或收缩以适应PictureBox；但是仍然保持原始的纵横比。

2．常用方法

Load方法用于将图像显示到图片框中。例如，在图片框picMy中显示图片路径为"d:\C#\ch9\mypic.bmp"的图片，代码如下：

```
picMy.Load("file:///d:/C#/ch9/mypic.bmp");
```

9.4.2 ImageList控件

ImageList控件就是一个图像列表。一般情况下，这个控件用于存储一个图像集合，这些图像通常作为工具栏图标或者TreeView控件上的图标。使用Images属性的Add方法可以把图像添加到ImageList控件，属性返回一个ImageCollection值。

两个最常用的属性是ImageSize和ColorDepth。ImageSize使用Size结构作为其值。其默认值为16×16，可以取1～256的任意值。ColorDepth使用ColorDepth枚举作为其值，颜色深度为4～32位。

9.5 选择类控件

一些控件通常提供一些默认的选项，供用户选择，极大地方便了用户的操作，提高了使用计算机处理日常事务的效率。常用的选择类控件有单选按钮控件和复选框控件。

9.5.1 单选按钮控件（RadioButton）

单选按钮通常成组出现，用于提供两个或多个互斥选项，即在一组单选钮中只能选择一个，如图 9.18 所示。

1. 常用属性

（1）Checked 属性：用来设置或返回单选按钮是否被选中，选中时值为 true，没有选中时值为 false。

（2）AutoCheck 属性：如果 AutoCheck 属性在默认情况下被设置为 true，那么当选择该单选按钮时，将自动清除该组中所有其他单选按钮。对一般用户来说，不需改变该属性，采用默认值（true）即可。

（3）Appearance 属性：用来获取或设置单选按钮控件的外观。当取值为 Appearance.Button 时，将使单选按钮的外观像命令按钮一样，即当选定它时，它看似已被按下。当取值为 Appearance.Normal 时，就是默认的单选按钮的外观。

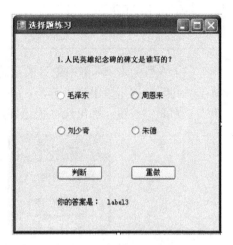

图 9.18 单选按钮实例

（4）Text 属性：用来设置或返回单选按钮控件内显示的文本，该属性也可以包含访问键，即前面带有"&"符号的字母，这样用户就可以通过同时按"Alt+访问键"这样的组合键来选中控件。

2. 主要事件

（1）Click 事件：当单击单选按钮时，将把单选按钮的 Checked 属性值设置为 true，同时发生 Click 事件。

（2）CheckedChanged 事件：当 Checked 属性值更改时，将触发 CheckedChanged 事件。

【实例 9-8】 实现图 9.18 中单选题练习实例，根据用户选择的答案，判断对错。

具体操作如下：

（1）启动 Visual Studio .NET 2010，创建一个名为 P9_8 的 Windows 项目。

（2）界面设计。如图 9.18 所示，在 Form1 窗体上添加 3 个 Label 控件，4 个 RadioButton 控件、2 个 Button 控件。各控件的属性设置如表 9.3 所示。

表 9.3 控件属性设置

控 件 类 型	Name	Text	其 他 属 性	说　　明
Form	Form1	选择题练习		
Label	label1	1.人民英雄纪念碑的碑文是谁写的？		
Label	label2	你的答案是：		
Label	label3	label3		
RadioButton	radioButton1	毛泽东		
RadioButton	radioButton2	刘少奇		

续表

控件类型	Name	Text	其他属性	说明
RadioButton	radioButton3	周恩来		
RadioButton	radioButton4	朱德		
Button	button1	判断		
Button	button1	重做		

（3）编写代码。本例中题目的正确答案是"周恩来"。所以，当用户选择"周恩来"后，单击"判断"按钮，出现"恭喜，答对了！"消息框，如图 9.19 所示。选择其他选项后，单击"判断"按钮，都出现"很遗憾，答错了"！消息框，如图 9.20 所示。代码如下：

图 9.19　"答对"消息框

图 9.20　"答错"消息框

```
private void button2_Click(object sender, EventArgs e)
{ radioButton1.Checked = false;   //重做
  radioButton2.Checked = false;
  radioButton3.Checked = false;
  radioButton4.Checked = false;
    label3.Text = "";
}
private void button1_Click(object sender, EventArgs e)
{ if (radioButton3.Checked == true)   //选择
      MessageBox.Show("恭喜，答对了！");
  else  MessageBox.Show("很遗憾，答错了！");
}
private void radioButton1_Click(object sender, EventArgs e)
{label3.Text = radioButton1.Text;   //单击 radioButton1}
private void radioButton3_Click(object sender, EventArgs e)
{label3.Text = radioButton3.Text;   //单击 radioButton2}
private void radioButton2_Click(object sender, EventArgs e)
{label3.Text = radioButton2.Text;   //单击 radioButton3}
private void radioButton4_Click(object sender, EventArgs e)
{label3.Text = radioButton4.Text;   //单击 radioButton4}
private void Form1_Load(object sender, EventArgs e)
{ radioButton1.Checked = false;   //初始化窗体
  radioButton2.Checked = false;
  radioButton3.Checked = false;
  radioButton4.Checked = false;
    label3.Text = "";}
```

9.5.2　复选框控件（CheckBox）

CheckBox 控件用于显示用户界面上选项的状态。与单选按钮不同，用户可以任意选中多个复选框，即可以多项选择，如图 9.21 所示。

【实例 9-9】　实现图 9.21 所示的功能，用户选择喜欢的课程，单击确定按钮后，在消息框中显示，效果如图 9.22 所示。

图 9.21　初始界面　　　　　　　图 9.22　【实例 9-9】效果

具体步骤如下：

（1）启动 Visual Studio .NET 2010，创建一个名为 p9_9 的 Windows 项目。

（2）设计界面。在 Form1 窗体上添加 1 个 Label 控件、4 个 CheckBox 控件、一个 Button 控件。窗体上各个控件的设置如表 9.4 所示。

表 9.4　控件属性设置

控件类型	Name	Text	其他属性	说明
Form	Form1	复选框实例		
Label	label1	请选择喜欢的课程：		
CheckBox	chkDB	数据库原理		
CheckBox	chkC	C#程序设计		
CheckBox	chkAsp	ASP.NET 应用与开发		
CheckBox	chkEng	大学英语		
Button	button1	确定		

（3）编写代码。用户选择自己喜欢的课程，然后单击"确定"按钮，将在 MessageBox 中显示用户所选择的课程，如图 9.22 所示。相关代码如下：

```
private void button1_Click(object sender, EventArgs e)
{
    string like = "你喜欢的课程是？";//记录选择的课程
    if(chkAsp.Checked)  like+=chkAsp.Text +" ";
    if (this.chkC.Checked) like += chkC.Text + " ";
    if (this.chkDB.Checked) like += chkDB.Text + " ";
    if (this.chkEng.Checked) like += chkEng.Text;
    MessageBox.Show(like);
}
```

【实例 9-10】　制作"多选题练习"应用程序。

（1）创建项目名为 P9_10 的 Windows 项目。

（2）设计界面。在 Form1 窗体上添加一个组框控件 GroupBox，然后在组框里添加 4 个复选框，2 个按钮，如图 9.23 所示。各个控件属性设置如表 9.5 所示。

表 9.5 "多选题练习"界面控件属性设置

控件类型	Name	Text	其他属性	说明
Form	Form1	多选题练习		
GroupBox	groupBox1	四大天王包括谁？		
CheckBox	checkBox1	刘德华		
CheckBox	checkBox	黎明		
CheckBox	checkBox	郭富城		
CheckBox	checkBox	张学友		
Button	button1	判断		
Button	button2	重做		

（3）"判断"功能。用户选择选项后，单击"判断"按钮，如果回答正确，则显示"OK!"消息框；否则，显示"很遗憾!"消息框，分别如图 9.24 和图 9.25 所示。代码如下：

```
private void button1_Click(object sender, EventArgs e)
{   if (checkBox1.Checked == true && checkBox2.Checked == true &&
    checkBox3.Checked == true)
        MessageBox.Show("OK!");
    else  MessageBox.Show("很遗憾!");
}
```

（4）"重做"功能。用户单击"重做"按钮，窗体上的 4 个复选框清空，用户可以重新选择。代码如下：

```
private void button2_Click(object sender, EventArgs e)
{
    checkBox1.Checked = false;
    checkBox2.Checked = false;
    checkBox3.Checked = false;
    checkBox4.Checked = false;
}
```

图 9.23　多选题练习界面图　　图 9.24　"选择正确"消息框　　图 9.25　"选择错误"消息框

9.6　列表类控件

列表类控件主要是显示一组字符串，并逐条列举出来，在设计应用程序的时候，如果不知道需要选择的项其个数，可以考虑使用列表类控件。常用的列表类控件有列表框控件、组合框控件和复选列表框控件。它们都继承于 ListControl 类。这个类提供了一些基本的列表管理功能。列表控件最重要的功能是，给列表添加数据和选择数据。使用哪个列表一般取决于列表的用法和列表中数据的类型。如果需要选择多个选项，或用户需要在任意时刻查看列表中的几个项，最好使用列表框控件和复选列表框控件。如果一次只选择一个选项，就可以使用组合框控件。

9.6.1 列表框控件（ListBox）

ListBox 控件用于显示选项列表，用户可以从中选择一项或者多项。在使用列表框控件时，首先应该向列表框中添加数据。有两种方法实现：

（1）在该控件的属性对话框中，找到"Items"属性，点击后面的按钮，打开"字符串集合编辑器"对话框，添加数据，如图 9.26 所示。

（2）通过 Items.Add 方法添加数据，代码如下：

```
listBox1.Items.Add("苹果");
```

列表框还提供了许多属性和方法，下面将分别介绍。

1. 常用属性

（1）Items 属性：用于存放列表框中的列表项，是一个集合。通过该属性，可以添加列表项、移除列表项和获得列表项的数目。

（2）MultiColumn 属性：用来获取或设置一个值，该值指示 ListBox 是否支持多列。值为 true 时表示支持多列，值为 false 时不支持多列。当使用多列模式时，可以使控件得以显示更多可见项。

图 9.26 "字符串集合编辑器"对话框

（3）ColumnWidth 属性：用来获取或设置多列 ListBox 控件中列的宽度。

（4）SelectionMode 属性：用来获取或设置在 ListBox 控件中选择列表项的方法。当 SelectionMode 属性设置为 SelectionMode.MultiExtended 时，按下"Shift"键的同时单击鼠标左键或者同时按"Shift"键和箭头键之一（上箭头键、下箭头键、左箭头键和右箭头键），会将选定内容从前一选定项扩展到当前项。按"Ctrl"键的同时单击鼠标左键将选择或撤销选择列表中的某项；当该属性设置为 SelectionMode.MultiSimple 时，单击鼠标右键或按空格键将选择或撤销选择列表中的某项；该属性的默认值为 SelectionMode.One，则只能选择一项。

（5）SelectedIndex 属性：用来获取或设置 ListBox 控件中当前选定项的从零开始的索引。如果未选定任何项，则返回值为"-1"。对于只能选择一项的 ListBox 控件，可使用此属性确定 ListBox 中选定的项的索引。如果 ListBox 控件的 SelectionMode 属性设置为 SelectionMode.MultiSimple 或 SelectionMode.MultiExtended，并在该列表中选定多个项，此时应该用 SelectedIndices 来获取选定项的索引。

（6）SelectedIndices 属性：该属性用来获取一个集合，该集合包含 ListBox 控件中所有选定项的从零开始的索引。

（7）SelectedItem 属性：获取或设置 ListBox 中的当前选定项。

（8）SelectedItems 属性：获取 ListBox 控件中选定项的集合，通常在 ListBox 控件的 SelectionMode 属性值设置为 SelectionMode.MultiSimple 或 SelectionMode.MultiExtended

（它指示多重选择 ListBox）时使用。

（9）Sorted 属性：获取或设置一个值，该值指示 ListBox 控件中的列表项是否按字母顺序排序。如果列表项按字母排序，该属性值为 true；如果列表项不按字母排序，该属性值为 false。默认值为 false。在向已排序的 ListBox 控件中添加项时，这些项会移动到排序列表中适当的位置。

（10）Text 属性：该属性用来获取或搜索 ListBox 控件中当前选定项的文本。当把此属性值设置为字符串值时，ListBox 控件将在列表内搜索与指定文本匹配的项并选择该项。若在列表中选择了一项或多项，该属性将返回第一个选定项的文本。

（11）ItemsCount 属性：该属性用来返回列表项的数目。

2. 常用方法

（1）FindString 方法：用来查找列表项中以指定字符串开始的第一个项，有两种调用格式。第一种格式如下：

```
ListBox对象.FindString(s);
```

功能：在"ListBox 对象"指定的列表框中查找字符串"s"，如果找到则返回该项从零开始的索引；如果找不到匹配项，则返回 ListBox.NoMatches。

第二种格式如下：

```
ListBox对象.FindString(s,n);
```

功能：在"ListBox 对象"指定的列表框中查找字符串"s"，查找的起始项为"n+1"，即"n"为开始查找的前一项的索引。如果找到则返回该项从零开始的索引；如果找不到匹配项，则返回 ListBox.NoMatches。

注意：FindString 方式只是词语部分匹配，即要查找的字符串在列表项的开头，便认为是匹配的，如果要精确匹配，即只有在列表项与查找字符串完全一致时才认为匹配，可使用 FindStringExact 方法，调用格式与功能与 FindString 基本一致。

（2）SetSelected 方法：用来选中某一项或取消对某一项的选择。调用格式及功能如下：

```
ListBox对象.SetSelected(n,l);
```

功能：如果参数"l"的值是 true，则在 ListBox 对象指定的列表框中选中索引为"n"的列表项，如果参数"l"的值是 false，则索引为"n"的列表项未被选中。

（3）Items.Add 方法：用来向列表框中增添一个列表项。调用格式及功能如下：

```
ListBox对象.Items.Add(s);
```

功能：把参数"s"添加到"listBox 对象"指定的列表框的列表项中。

例如，向列表框 listBox1 中添加一个列表项"苹果"，则可以使用如下代码实现：

```
listBox1.Items.Add("苹果");
```

（4）Items.Insert 方法：用来在列表框中指定位置插入一个列表项。调用格式及功能如下：

```
ListBox对象.Items.Insert(n,s);
```

功能：参数"n"代表要插入的项的位置索引，参数"s"代表要插入的项，其功能是把"s"插入到"listBox 对象"指定的列表框的索引为"n"的位置处。

例如，向 listBox1 的第 4 项后添加一个列表项"西瓜"，可以使用以下代码实现：

```
listBox1.Items.Insert(3, "西瓜");//项的索引从 0 开始，所以第 4 项的索引为 3
```

(5) Items.Remove 方法：用来从列表框中删除一个列表项。调用格式及功能如下：

`ListBox 对象.Items.Remove(k);`

功能：从 ListBox 对象指定的列表框中删除列表项"s"。

例如，删除 listBox1 中的"西瓜"列表项。代码如下：

`listBox1.Items.Remove("西瓜");`

(6) RemoveAt 方法：可以移除列表框中指定索引号的列表项。其语法格式为：

`ListBox.Items.RemoveAt(<索引号>);`

例如，下面的语句运行的结果是从列表框 listBox1 中移除索引号为"10"列表项。

`listBox1.Items.RemoveAt(10);`

(7) Items.Clear 方法：用来清除列表框中的所有项。其调用格式如下：

`ListBox 对象.Items.Clear();`

功能：从 ListBox 对象中清楚所有项。

例如，将 listBox1 中的所有列表项全部删除。代码如下：

`listBox1.Items.Clear();`

(8) BeginUpdate 方法和 EndUpdate 方法：这两个方法均无参数。调用格式分别如下：

`ListBox 对象.BeginUpdate(); ListBox 对象.EndUpdate();`

功能：这两个方法的作用是保证使用 Items.Add 方法向列表框中添加列表项时，不重绘列表框。即在向列表框添加项之前，调用 BeginUpdate 方法，以防止每次向列表框中添加项时都重新绘制 ListBox 控件。完成向列表框中添加项的任务后，再调用 EndUpdate 方法使 ListBox 控件重新绘制。

当向列表框中添加大量的列表项时，使用这种方法添加项可以防止在绘制 ListBox 时的闪烁现象。

【实例9-11】 向列表框 listBox1 添加 1~5000，子程序如下：

```
public void AddToMyListBox()
{  listBox1.BeginUpdate();
   for(intx=1;x<5000;x++)
     listBox1.Items.Add("Item"+x.ToString());
   listBox1.EndUpdate(); }
```

3. 主要事件

(1) Click 事件：当单击 ListBox 时，发生 Click 事件。

(2) SelectedIndexChanged 事件：当 ListBox 选择项发生变化后，发生此事件。

【实例9-12】 设计如图 9.27 所示的窗体，实现添加水果和删除水果功能。

图 9.27 列表框实例

具体步骤如下：

(1) 在 Visual Studio.NET 2010 中创建项目名为 P9_12 的 Windows 应用程序。

(2) 界面设计。在窗体上添加一个 ListBox 控件，在其 Items 属性中添加初始数据。再添加两个按钮控件，一个 Label 控件，一个 TextBox 控件。所有控件的属性设置如表 9.6 所示。

表9.6 控件属性设置

控件类型	Name	Text	其他属性	说明
Form	Form5	listbox实例		
ListBox	listBox1		Items:{"苹果","栗子","葡萄"}	
TextBox	txtNew			
Button	button1	添加		
Button	button2	删除		

(3)用户在文本框中输入水果名称,单击"添加"按钮,该种水果将添加到 listBox1 中,代码如下:

```
private void button1_Click(object sender, EventArgs e)
{listBox1.Items.Add(txtNew.Text ); }
```

(4)用户在列表框中选择某种水果,单击"删除"按钮后,该种水果从列表框中删除,代码如下:

```
private void button2_Click(object sender, EventArgs e)
{listBox1.Items.Remove(listBox1.SelectedItem) ; }
```

9.6.2 组合框控件(ComboBox)

ComboBox 控件,用于在下拉列表框中显示数据。默认情况下,组合框分两个部分显示:顶部是一个允许输入文本的文本框,下面的列表框则显示列表项。可以认为 ComboBox 就是文本框与列表框的组合,与文本框和列表框的功能基本一致。与列表框相比,ComboBox 不能多选,它无 SelectionMode 属性。

另外值得注意的是,ComboBox 控件提供了一个名为"DropDownStyle"的属性,指定组合框的外观和功能,它有"Simple"、"DropDown"和"DropDownList"三个属性值,默认值为"DropDown"。若要使组合框不能用键入的方式选择项目(组合框中的文本内容不可编辑),则应当将"DropDownStyle"属性设为"DropDownList"。

【实例 9-13】 制作多角色的登录窗口,效果如图 9.28 所示。

(1)在 Visual Studio.NET 2010 中创建项目名为 P9_13 的 Windows 应用程序。

(2)界面设计。在窗体上添加 4 个 Label 控件,2 个 TextBox 控件,1 个 ComboBox 控件,在其 Items 属性中添加初始数据{"学生","教师","管理员"},最后添加 2 个按钮控件。界面设计如图 9.28 所示,所有控件的属性设置如表 9.7 所示。

图 9.28 界面设计

表 9.7 控件属性设置

控件类型	Name	Text	其他属性
Form	Form1	用户登录	
Label	label1	用户登录	Font:宋体, 15.75pt

续表

控件类型	Name	Text	其他属性
Label	label2	用户名：	
Label	label3	密码：	
Label	label4	角色	
TextBox	txtUserName		
TextBox	txtPwd		PasswordChar:*
ComboBox	comboBox1		Items:{"学生","教师","管理员"} DropDownStyle:DropDownList
Button	button1	确定	
Button	button1	取消	

（3）登录功能。有 3 组账户，如表 9.9 所示。当用户输入表中的账户后，显示"账户正确！"消息框，如图 9.29 所示；否则，显示"账号错误，请重新输入！"消息框，如图 9.30 所示。代码如下：

```
private void Form1_Load(object sender, EventArgs e)
{comboBox1.SelectedIndex = 0;//初始选择"学生"}
private void button1_Click(object sender, EventArgs e)
{
    bool r = false;//账户是否正确
    if (txtUserName.Text == "stu" && txtPwd.Text == "stu" &&comboBox1.Text
                == "学生")  r = true;
    if (txtUserName.Text == "tea" && txtPwd.Text == "tea" && comboBox1.Text
== "教师")   r = true;
    if (txtUserName.Text == "admin" && txtPwd.Text == "admin" &&
comboBox1.Text == "管理员") r = true;
    if(r)  MessageBox.Show("账号输入正确!");
    else
    {  MessageBox.Show("账号输入错误，请重新输入!");
       txtPwd.Text ="";
       txtUserName.Text = "";
       comboBox1.SelectedIndex = 0;
       txtUserName.Focus();//获得焦点 }}
```

表9.8 3组账户详细信息

用 户 名	密 码	角 色
stu	Stu	学生
tea	Tea	教师
admin	Admin	管理员

图 9.29 "账户正确"消息框

图 9.30 "账户错误"消息框

（4）取消功能。清空用户输入信息，用户名文本框获得焦点。代码如下：

```
private void button2_Click(object sender, EventArgs e)
{   txtPwd.Text = "";
    txtUserName.Text = "";
    comboBox1.SelectedIndex = 0;
    txtUserName.Focus();//获得焦点
}
```

9.6.3 复选列表框控件（CheckedListBox）

CheckedListBox 控件扩展了 ListBox 控件，它几乎能完成列表框可以完成的所有任务，并且还可以在列表项旁边显示复选标记。两种控件间的差异在于，复选列表框只支持 DrawMode.Normal，并且复选列表框只能有一项选定或没有任何选定。此处需要注意一点：选定的项是指窗体上突出显示的项，已选中的项是指左边的复选框被选中的项。

除具有列表框的全部属性外，它还具有以下属性。

（1）CheckOnClick 属性：获取或设置一个值，该值指示当某项被选定时是否应切换左侧的复选框。如果立即切换选中标记，则该属性值为 true；否则为 false。默认值为 false。

（2）CheckedItems 属性：该属性是复选列表框中选中项的集合，只代表处于 CheckState.Checked 或 CheckState.Indeterminate 状态的那些项。该集合中的索引按升序排列。

（3）CheckedIndices 属性：该属性代表选中项（处于选中状态或中间状态的那些项）索引的集合。

9.7 容器类控件

容器类控件，即把一些控件分组，再令它们同时显示或者同时隐藏。本小节将介绍两个常用的容器类控件：Panel 控件和 GroupBox 控件。

9.7.1 Panel 控件

Panel 控件就是包含其他控件的控件。把控件组合在一起，放在一个面板上，将更容易管理这些控件。例如，可以禁用面板，从而禁用该面板上的所有控件。Panel 控件派生于 ScrollableControl 类，所以还可以使用 AutoScroll 属性。如果可用区域上有过多的控件要显示，就可以把它们放在一个面板上，并把 AutoScroll 属性设置为 true，这样就可以滚动所有的控件了。

面板在默认情况下不显示边框，但把 BorderStyle 属性设置为不是 none 的其他值，就可以使用面板通过边框可视化地组合相关的控件。这会令用户界面更友好。

Panel 控件是 FlowLayoutPanel、TableLayoutPanel、TabPage 和 SplitterPanel 的基类。使用这些控件，可以创建非常复杂或专业化的窗体或窗口。FlowLayoutPanel 和 TableLayoutPanel 对创建正确设置大小的窗体很有帮助。

9.7.2 GroupBox 控件

GroupBox 控件与 Panel 控件相比，CroupBox 控件可以显示标题，但是却不能显示滚动条。使用 GroupBox 控件可以对窗体上的控件集合进行逻辑分组。如图 9.31 所示，该窗体上利用两个 GroupBox 控件，将窗体上的控件按逻辑功能分成两组，一个是"票价更新"，一个是"打折方式更新"。要实现这个效果，只需要将两个 GroupBox 控件的 Text 属性分别设置为"票价更新"和"打折方式更新"即可。

图 9.31　GroupBox 控件效果

9.8　日期时间类控件

9.8.1 时钟控件（Timer）

Timer 控件是日期时间类控件中最常用到的一个控件，和其他的 Windows 控件最大区别是，Timer 控件是不可见的，而其他大部分的控件都是都是可见的，可以设计的。Timer 控件也被封装在名称空间 System.Windows.Forms 中，其主要作用是当 Timer 控件启动后，每隔一个固定时间段，触发相同的事件 Tick。Timer 控件的属性很少，其中最重要的是 Interval，表示触发 Tick 事件的时间间隔，单位为毫秒。

【实例 9-14】　设计可以移动的标签，界面效果如图 9.32 所示。

图 9.32　移动的标签

1. 界面设计

（1）在 Visual Studio.NET 2010 中创建项目名为 P9_14 的 Windows 应用程序。在窗体中添加一个标签控件，Text 属性设置为"移动标签"，ForeColor 设置为"Red"。

（2）再添加一个 Label 控件，Text 属性设置为"移动速度："，添加一个 ComboBox 控件，在 Items 属性中添加集合{1,5,10,30,50,100}。

（3）最后添加两个按钮控件，分别设置其 Text 属性为"动起来"和"停下来"。

（4）添加 Timer 控件。

2. 标签移动

要产生标签移动的效果，其实就是在比较短的单位时间里持续改变标签相对于窗体左端的距离，因此在这里用到了 Timer 控件。Timer 控件启动后，每隔一个固定时间段将会触发 Tick 事件。所以，将改变标签相对窗体位置的代码写在 Tick 事件里。双击 Timer 控件，打开 timer1_Tick()事件，在其事件中编写如下代码：

```
private void timer1_Tick(object sender, EventArgs e)
{   if (label1.Left <= 0 || label1.Right >= this.Width)
        direction = -direction;
    label1.Left += direction;}
```

其中变量 direction 是在类中定义的一个整型变量，初值为 5，代码如下：

```
private int direction = 5;
```

当单击"动起来"按钮后，Timer 控件启动，其代码写在"动起来"按钮的 Click 事件中，详细内容如下：

```
private void button1_Click(object sender, EventArgs e)
{ timer1.Enabled = true;}
```

用户可以在 ComboBox 中改变标签移动的速度，改变 Timer 控件的 Tick 事件发生的时间间隔，代码如下：

```
private void comboBox1_SelectedIndexChanged(object sender, EventArgs e)
{ timer1.Interval = int.Parse(comboBox1.Text);}
```

3. 停止移动

在"停下来"按钮的 Click 事件中，编写如下代码可以使标签停止运动：

```
private void button2_Click(object sender, EventArgs e)
{timer1.Enabled = false;}
```

9.8.2 日期时间控件（DataTimePicker）

DataTimePicker 控件可以用来显示日期或者时间信息，还可以作为用户修改日期和时间信息的界面。控件外观是一个下拉列表框，一般默认显示当前日期，当单击下拉按钮后，将会显示一个 MonthView 日历，用户可以在 MonthView 日历中选择自己需要的日期。如果要显示时间，则要将 ShowUpDown 属性设置为 true，控件右侧将变成上下两个按钮，可以根据需要调整用户所需要的时间。

DataTimerPicker 控件还有如下属性。

Value：设置和返回日期或时间，缺省情况为当前的日期或时间。

Format：确定日期或时间以何种格式显示。

下面我们通过一个案例，介绍 DataTimerPicker 控件的使用方法。

图 9.33　设置日期和时间

【实例 9-15】　制作如图 9.33 的窗体，用户使用 DataTimerPicker 控件设置当前时间或者日期，点击"确定"按钮后，在消息框中显示。具体步骤如下：

（1）在 Visual Studio.NET 2010 中创建项目名为 P9_15 的 Windows 应用程序。在窗体中添加一个 DataTimerPicker 控件，一个按钮控件，其 Text 属性设置为"确定"。

（2）继续添加两个单选按钮，Name 属性分别设置为"rbtnDate"、"rbtnTime"；Text 属性分别设置为"日期"、"时间"；将"日期"单选按钮的 Checked 属性设置为 true。

（3）当用户选择"日期"选项后，则显示日期，否则显示时间。要实现此功能需要在两个单选按钮的 CheckedChanged 事件中编写相应的代码。代码如下：

```
private void rbtnDate_CheckedChanged(object sender, EventArgs e)
{ if (rbtnDate.Checked)
    { dateTimePicker1.Format = DateTimePickerFormat.Long;
      dateTimePicker1.ShowUpDown = false; } //显示日期
}
private void rbtnTime_CheckedChanged(object sender, EventArgs e)
```

```
    { if (rbtnTime.Checked)
      { dateTimePicker1.Format = DateTimePickerFormat.Time;
        dateTimePicker1.ShowUpDown = true; } //显示时间
    }
```

（4）用户设置好日期或者时间后，单击"确定"按钮，在消息框中显示用户设置的日期或者时间，分别如图 9.34 和图 9.35 所示。代码如下：

```
private void button1_Click(object sender, EventArgs e)
{ if (rbtnDate.Checked)
     MessageBox.Show(dateTimePicker1.Value.ToLongDateString());
   else
     MessageBox.Show(dateTimePicker1.Value.ToLongTimeString() );}
```

图 9.34 "当前时间"对话框 　　　图 9.35 "当前日期"对话框

9.9 其他控件

9.9.1 滚动条控件（ScrollBar）

滚动条控件主要用来从某一个预定值范围内快速有效地进行浏览，滚动条分为垂直滚动条（HScrollBar）和水平滚动条（VScrollBar）两种，如图 9.36 所示。在滚动条中有一个滚动框，用来表示当前的值，用鼠标单击滚动条，可以使滚动框移动一页或者一行，可以直接拖动滚动框。滚动条除了作为一个独立控件外，它也可以是其他控件的一部分，比如前面学习的 ListBox，TextBox，ComboBox 等。

1. 滚动条控件常用属性

（1）LargeChange：表示单击一下滚动条端点按钮，滚动条移动的长度。

图 9.36　滚动条

（2）Minimum：表示滚动条能取的最小值，一般设置为 0。

（3）Maximum：表示滚动条能取的最大值，其值的设置必须与"LargeChange-1"进行相加运算。例如，滚动条的 LargeChange 的属性设置为 10，要使其能滚动的最大值为 255，那么，Maximum=255+LargeChange-1=264。

2. 滚动条控件应用实例

下面，我们通过一个案例来讲述 HScrollBar 控件的使用，VScrollBar 控件与它相同。

【实例 9-16】根据图 9.37 所示，使用滚动条控件制作一个 G、R、B 变化的窗体。

具体步骤如下：

（1）在 Visual Studio.NET 2010 中创建项目名为 P9_16 的 Windows 应用程序。在窗体

上添加 6 个 Label 控件，即 Label1、Label2、Label3、Label4、Label5、Label6，分别将其 Text 属性设置为"红（R）"、"绿（G）"、"蓝（B）"、"R"、"G"、"B"。

（2）再添加 3 个 Label 控件，即 Label7、Label8、Label9。

（3）最后添加 3 个 HScrollBar 控件，即 hScrollBar1、hScrollBar2、hScrollBar3，分别将它们的 Minimum 设置为 0，Maximum 设置为 264。

（4）在 Form_Load()事件中，让 Label7、Label8、Label9 分别显示 hScrollBar1、hScrollBar2、hScrollBar3 当前的值，代码如下：

```
private void Form1_Load(object sender, EventArgs e)
{
    label7.Text = hScrollBar1.Value.ToString();
    label8.Text = hScrollBar2.Value.ToString();
    label9.Text = hScrollBar3.Value.ToString();
}
```

（5）分别在 3 个 HScrollBar 控件的 Scroll 事件中，编写代码，使滚动条当前的值显示在相应的 Label 控件中，效果如图 9.38 所示。代码如下：

```
private void hScrollBar1_Scroll(object sender, ScrollEventArgs e)
{ label7.Text = hScrollBar1.Value.ToString();}
private void hScrollBar2_Scroll(object sender, ScrollEventArgs e)
{ label8.Text = hScrollBar2.Value.ToString();}
private void hScrollBar3_Scroll(object sender, ScrollEventArgs e)
{ label9.Text = hScrollBar3.Value.ToString();}
```

 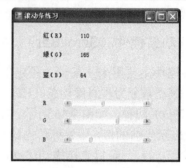

图 9.37　界面设计　　　　　　　　图 9.38　运行效果

9.9.2　进度条控件（ProgressBar）

在用 C#做 WinForm 开发中，我们经常需要使用进度条控件用于显示进度信息。进度条控件一般用来反映一个操作或者任务的执行进度情况。进度条最初是一个空白的矩形区域，随着时间的推移、任务的执行，该矩形区域将会逐渐填入颜色块，直到任务执行完毕，进度条就被颜色块填满。进度条常用的属性是 Value，代表当前进度条的刻度。

下面，我们通过一个案例讲解该控件的使用方法。

【实例 9-17】　制作如图 9.39 的窗体。

具体操作如下：

（1）在 Visual Studio 2010 中创建项目名为 P9_17 的 Windows 应用程序。在窗体上添加 ProgressBar 控件 progressBar1，将其 Minimum 设置为 0，Maximum 设置为 100。

（2）添加 Button 控件 button1，其 Text 属性设置为"开始"。

（3）本例中要用到线程，所以需要引入关于线程的命名控件 System.Threading。

(4) 点击"开始"按钮后,进度条的矩形框开始填入颜色块,如图 9.40 所示,代码如下:

```
private void button1_Click(object sender, EventArgs e)
{   for (int i = 1; i < 100; i++)
    {   progressBar1.Value = i;
        Thread.Sleep(100);    //让当前线程睡0.1秒(100毫秒) }
}
```

图 9.39　【实例 9-17】运行效果　　　　　　图 9.40　运行效果

9.9.3　数字显示框控件(NumericUpDown)

数字显示框控件的主要功能是让用户通过单击 Up-Down 按钮或者使用键盘上的上下箭头来按照设置好的增量改变数值。它也是一个复合控件,由一个 TextBox 和一个 Up-Down 控件组成。

1. 常用属性

NumericUpDown 控件有几个常用的属性:

(1) Increment:用户每单击一次 Up-Down 控件,增加或者减少的数量。

(2) Minimum:表示 NumericUpDown 控件能取的最小值。

(3) Maximum:表示 NumericUpDown 控件能取的最大值。

(4) Value:表示 NumericUpDown 控件当前的值。

2. 应用实例

【实例 9-18】 制作如图 9.41 所示的窗体,通过 NumericUpDown 控件调整图片移动的频率。具体操作如下:

(1) 在 Visual Studio 2010 中创建项目名为 P9_18 的 Windows 应用程序。在窗体上添加 GroupBox 控件 groupBox1,将其 Text 属性设置为"微调按钮控件"。

图 9.41　NumericUpDown 控件案例

(2) 向组框 groupBox1 中添加一个 NumericUpDown 控件 numericUpDown1,将其 Increment 属性设置为 1,Minimum 属性设置为 1,Maximum 属性设置为 100。再向组框中添加一个按钮 button1,其 Text 属性设置为"变更频率"。

(3) 在组框下面添加一个 PictureBox 控件 pictureBox1,为图片框导入图片。

(4) 最后添加一个 Timer 控件,将其 Enabled 属性设置为 true。

(5) 要让图片能够移动,需要在 Timer 的 Tick 时间里编写如下代码:

```
private void timer1_Tick(object sender, EventArgs e)
{   pictureBox1.Left -= 2;
    if (pictureBox1.Right < 0)
        pictureBox1.Left = this.Width;}
```

(6) 要改变图片移动的频率,需要在"变更频率"的按钮的 Click 事件中编写如下代码:

```
private void button1_Click(object sender, EventArgs e)
{    timer1.Interval = Convert.ToInt32(numericUpDown1.Value );
     timer1.Start();}
```

9.10 任务实施

1．任务描述
制作一个模拟门票销售程序，用户选择购票类型，输入买票数量、付款金额，程序计算出找零金额。用户还可以通过后台界面，更改成人票价、打折类型。

2．任务目标
- 掌握 Windows 应用程序的创建方法。
- 掌握各种 Windows 控件的使用方法。

3．任务分析
创建一个 Windows 窗体应用程序，添加一个窗体，命名为"Form1"，设计其界面如图 9.42 所示。当用户单击"后台"按钮后，显示"Form2"窗体，其设计界面如图 9.43 所示。

4．任务完成
（1）启动 Visual Studio.NET 2010。

（2）创建项目。在"文件"菜单上，单击"新建项目"选项，打开"新建项目"对话框。选择"Windows 窗体应用程序"选项，输入项目名称 Task_9，指定位置"D:\C#\ch9"文件夹，然后单击"确定"按钮。

（3）添加窗体，命名为"Form1"，按照图 9.42 所示，添加相应的控件，并修改其对应的属性，各控件属性设置见表 9.9。

表 9.9 门票销售界面

控件类型	Name	Text	其他属性	说 明
Form	Form1	Form1		
Label	label1	购票类型：		
Label	label2	购票数量：		
Label	label3	实付款：		
Label	Label4	应收款：		
Label	label5	找零：		
Label	label6	购票单价：		
Button	button1	购买		
Button	button2	退出		
Button	button3	后台		
GroupBox	groupBox1	打折方式		
ListBox	listDownType		Items{9折，8折，7折}	

续表

控件类型	Name	Text	其他属性	说 明
TextBox	txtNum			
TextBox	txtRealPay			
TextBox	txtPayment		ReadOnly：true	
TextBox	ttxtChange		ReadOnly：true	
TextBox	txtPrice		ReadOnly：true	

（4）添加窗体，命名为"Form2"，按照图9.43所示，添加相应的控件，并修改其对应的属性，各控件属性设置见表9.10。

图 9.42　门票销售系统界面　　　　　　　　　　图 9.43　后台界面

表 9.10　后台界面

控件类型	Name	Text	其他属性	说 明
Form	Form2	Form2		
GroupBox	groupBox1	票价更新		
GroupBox	groupBox2	打折方式更新		
Label	label1	成人票价：		
ListBox	listType			
TextBox	txtPersonPrice			
TextBox	txtDown	请输入 1~10 数字		
Button	button1	添加		
Button	button2	更改		
Button	button3	删除		
Button	button4	返回		

（5）购买功能实现。用户选择购票类型和打折方式后，界面显示购票价单价；然后用户再输入购票数量和实付款金额，单击"购买"按钮，界面显示应付款和找零。实现此功能，需要在Form1窗口添加如下代码：

```
namespace Task_9
{
    public partial class Form1 : Form
    {
```

```
        public int personPrice = 50;//公共字段,成人票价格
        private void button1_Click(object sender, EventArgs e)
        {txtPayment.Text=(int.Parse(txtNum.Text)*int.Parse(txtPrice.
                     Text)).ToString() ;
          txtChange.Text=(int.Parse(txtRealPay.Text)-int.Parse
                     (txtPayment.Text)).ToString();}
        public  void Form1_Load(object sender, EventArgs e)
        {  groupBox1.Enabled = false;
           txtPayment.Text = "";
           txtChange.Text = "";
           txtPrice.Text = personPrice.ToString()  ;//成人票为50}
        private void cobType_SelectedIndexChanged(object sender, EventArgs e)
        {  groupBox1.Enabled = false;
           txtNum.Text = "";
           txtRealPay.Text = "";
           txtPayment.Text = "";
           txtChange.Text = "";
           switch (cobType.Text )
             { case "成人票":  txtPrice.Text= personPrice.ToString(); break;
               case "儿童票":  txtPrice.Text=(personPrice*0.5).ToString();
                             break ;
               case "打折":    groupBox1.Enabled = true; break;}
         }
         private void button2_Click(object sender, EventArgs e)
         {Application.Exit();}
            private    void    listDownType_SelectedIndexChanged(object    sender,
EventArgs e)
             {  string down=listDownType.SelectedItem.ToString();
                int zhekou=int.Parse(down.Substring(0,down.Length-1));
                txtPrice.Text=(zhekou*personPrice/10).ToString();}}}
```

(6) 用户单击"后台"按钮,显示后台更改数据窗口Form2,代码如下:

```
    private void button3_Click(object sender, EventArgs e)
    { Form2 f2 = new Form2(this);//将当前窗体传递到Form2窗体
      f2.ShowDialog();}
```

(7) 更改成人票价。在Form2窗口中,用户输入新的成人票价,单击"更改"按钮,前台的门票销售界面的成人票价随之更改,代码如下:

```
namespace ticke
  {  public partial class Form2 : Form
       {  Form1 f1;//Form1对象
          public Form2(Form1 f)
           { InitializeComponent();
              f1 = f;  //传递过来的Form1窗体}
           private void Form2_Load(object sender, EventArgs e)
           {for (int i = 0; i < f1.listDownType.Items.Count; i++)
                 listType.Items.Add(f1.listDownType.Items[i].ToString());
           }
            private void button2_Click(object sender, EventArgs e)
           {f1.personPrice = int.Parse(txtPersonPrice.Text);}
   }}
```

(8) 添加打折方式。在Form2窗体中,用户输入打折的数值,单击"添加"按钮,可以为前台的"门票销售系统"添加打折方式,代码如下:

```
    private void button1_Click(object sender, EventArgs e)
    { try
```

```
{ if (int.Parse(txtDown.Text) > 0 && int.Parse(txtDown.Text) < 10)
    { listType.Items.Add(txtDown.Text + "折");
      f1.listDownType.Items.Add(txtDown.Text + "折");}}
catch
{MessageBox.Show("请输入 0 到 10 之间的数字！");}
}
```

（9）删除打折方式。在 Form2 窗体中，用户在列表框中选择某个打折方式，单击"删除"按钮，可以为前台的"门票销售系统"删除打折方式，代码如下：

```
private void button3_Click(object sender, EventArgs e)
{ if(listType.SelectedItem !=null )
    { f1.listDownType.Items.RemoveAt(listType.SelectedIndex);
      listType.Items.RemoveAt(listType.SelectedIndex);}
}
```

（10）返回 Form1。在 Form2 窗体中，用户单击"返回"按钮，返回到 Form1 窗体，Form2 窗体关闭。代码如下：

```
private void button4_Click(object sender, EventArgs e)
{   f1.Form1_Load(sender, e);
    this.Close(); }
```

9.11 问题探究

1. 当一个 Windows 应用程序中有多个窗体时，如何确定运行时启动哪个窗体

当创建一个 Windows 应用程序后，项目里默认有一个 Program.cs 文件，该文件里有 Main()方法，它是整个应用程序的主入口，更改 Application.Run()方法的参数即可。

例如，要运行 Form2 窗体，代码应为：

```
Application.Run(new Form2 ());
```

2. 窗体之间如何传递参数

方案一：窗体属于类，可以在窗体类中定义全局变量，类型为公开、静态的。例如：

```
public static string str ="";
```

注意：应该定义成静态变量，如果为：public string str = ""；可能会出现问题，非静态变量只能实例化对象后，才可以访问，如果该值为动态赋值的话，当别的窗口调用的时候，str 的值一直是为""。所以最好能设置为静态成员变量，用类来访问它。

方案二：在窗体类中定义构造函数，即如果 Form1 要用到 Form2 的一个变量，则要在 Form1 中定义一个构造函数：

```
public Form1(string str)
{   //在实例化 Form1 的时候，传递 str 参数过来，最后调用该参数即可}
```

9.12 实践与思考

1. 创建一个 Windows 应用程序，添加两个窗体，分别命名为"myform1"、"myform2"，设置程序启动窗体为 myform2。

2．制作体重指数（BMI）计算器，根据用户输入的身高和体重，判断该用户的身材。BMI=体重（kg）÷身高^2（m）；BMI 在 19 以下则体重偏低；BMI 在 19～25 是健康体重；BMI 在 25～30，则超重；BMI 在 30～39，则严重超重；BMI 在 40 及 40 以上，则极度超重。界面设计如图 9.44 所示。

3．制作计算器，界面设计如图 9.45 所示。

4．编写一个窗体程序，用菜单命令实现简单的加、减、乘、除四则运算，并将结果输出到对话框。

5．编写一个具有主菜单和快捷菜单的程序，实现文本文件的打开、修改和保存功能。

6．在 Label 控件中随机输入 20 个 1～1000 的整数，求出其中所有的素数的和。

7．编写一个程序，通过使用主菜单和工具栏按钮实现与 Window 记事本间的文本数据复制。

8．仿照 Word 程序中的"文件打开"对话框界面，编制一个自己设计的文件打开模式对话框。

9．编写一个程序，通过打开对话框，将一幅图片显示在一个图片框中。

10．编写一个程序，输入梯形的上底、下底和高，输出梯形的面积。要求编写成 Window 应用程序。

图 9.44　BMI 计算器

图 9.45　计算器

第 10 章
MDI 窗体设计

学习目标
1. 掌握 MDI 窗体
2. 掌握菜单、工具栏和状态栏
3. 掌握通用对话框

技能目标
1. 熟悉 MDI 窗体的创建
2. 熟悉菜单、工具栏和状态栏的创建
3. 熟悉通用对话框的应用

多文档界面（Mutiple-Document Interface）简称 MDI 窗体，主要用于同时显示多个文档，每个文档显示在各自的窗口中。MDI 窗体中通常有包含子菜单的窗口菜单，以便在窗口或文档之间进行切换。MDI 窗体中通常都有方便用户操作的工具栏和状态栏。实际应用中，MDI 窗体十分常见，如 Word 应用程序可以同时打开多个文档，这类用户界面称为多文档用户界面，是典型的 MDI 窗体。

10.1 MDI 窗体

◎ 知识目标：
1. 知道 MDI 窗体的定义
2. 熟悉创建 MDI 窗体程序的方法

◎ 技能目标：
1. 能够创建 MDI 窗体
2. 能够创建 MDI 子窗体

用户界面主要有单文档界面（SDI）和多文档界面（MDI）两种。Windows 操作系统中自带的记事本就是典型的 SDI 单文档界面窗体，只能打开一个文档，想要打开另一个文档，需先关闭当前打开的文档。然而，Word 窗体中可以同时打开多个文档，这就是 MDI 多文档界面窗体。在本节中，我们将讲述创建如图 10.1 所示的 MDI 窗口程序的方法。

1. MDI 主窗体

当应用程序可以显示同一类型窗体的多个实例，或以某种方式包含不同的窗体时，就应使用 MDI 类型的应用程序。例如，可以同时显示多个编辑窗口的文本编辑器和 Microsoft Access 应用软件，用户可以在 Access 中同时打开查询窗口、设计窗口和表窗口。这些窗口都不会超出 Access 主应用程序的边界。

图 10.1 中，标题为"学生选课系统"的窗体就是一个 MDI 主窗体。如果要将窗体设置为 MDI 主窗体，只需要将窗体的 IsMdiContainer 属性设置为 true。如表 10.1 所示。

图 10.1　MDI 主界面

表 10.1　主窗体属性

MDI 主窗体属性	说　　明
ActiveMdiChild	表示当前活动的 MDI 子窗口，如没有子窗口则返回 NULL
IsMdiContainer	表示窗体是否为 MDI 父窗体，值为 true 时表示是父窗体，值为 false 时表示是普通窗体
MdiChildren	以窗体数组形式返回所有 MDI 子窗体

如果在设计器中创建窗体，注意其背景会变成暗灰色，说明这是一个 MDI 父窗体。仍可以给该窗体添加控件，但最好避免此类操作。一般在主窗体中只添加主菜单、工具栏、任务栏等，不再添加其他控件。主窗体有如下的特点：

- 启动一个 MDI 应用程序时，首先显示父窗体。
- 它是应用程序中所有其他窗口的容器。
- 每个应用程序界面都只能有一个 MDI 父窗体。
- 在任何指定的时间都可以打开多个子窗体。
- 任何 MDI 子窗体都不能移出 MDI 框架区域。
- 关闭 MDI 父窗体则自动关闭所有打开的 MDI 子窗体。

2．MDI 子窗体

创建了 MDI 主窗体后，应该为其创建子窗体，如图 10.1 所示，标题为"修改密码"、"成绩查询"和"学生选课"的三个窗体均为 MDI 子窗体。为了使子窗体成为 MDI 子窗体，子窗体需要知道其父窗体是哪个窗体。为此，应把子窗体的 MdiParent 属性设置为父窗体。子窗体属性如表 10.2 所示。

表 10.2　子窗体属性

MDI 子窗体属性	说　　明
IsMdiChild	指示窗体是否为 MDI 子窗体，值为 true 时表示是子窗体，值为 false 时表示是一般窗体
MdiParent	用来指定该子窗体的 MDI 父窗体

创建的子窗体，也可以通过代码让其包含在父窗体中。例如，在图 10.1 中，在项目中建立标题为"修改密码"的子窗体 modifyPwd，代码如下：

```
modifyPwd modify = new modifyPwd();
modify.MdiParent = this;
modify.Show();
```

所有的子窗体都显示在 MDI 主窗体的工作区内，不会超出这个范围。当最小化一个子窗体时，它的图标将显示在 MDI 主窗体上而不是任务栏中。当最大化一个子窗体时，它的标题会与 MDI 主窗体的标题组合在一起，并显示于 MDI 标题栏上。

MDI 应用程序有如下特性：所有子窗体均显示在 MDI 窗体的工作区内，用户可改变、移动子窗体的大小，但被限制在 MDI 窗体中；当最大化子窗体时，子窗体的标题与 MDI 窗体的标题一起显示在 MDI 窗体的标题栏上，如图 10.2 所示；当最小化子窗体时，子窗体的图标将显示在 MDI 窗体上而不是在任务栏中，如图 10.3 所示；MDI 窗体和子窗体都可以有各自的菜单，当子窗体加载时，覆盖 MDI 窗体的菜单。

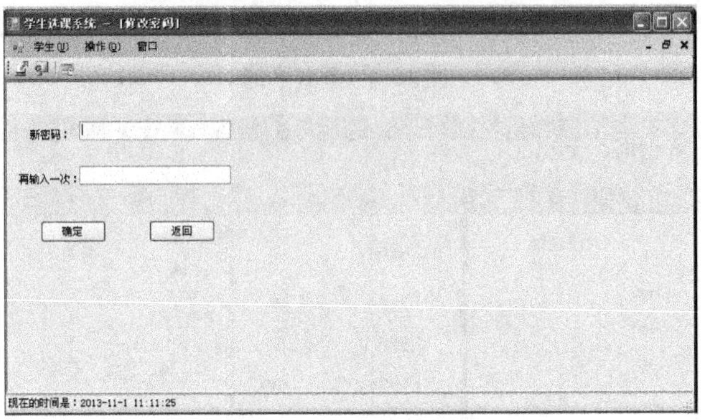

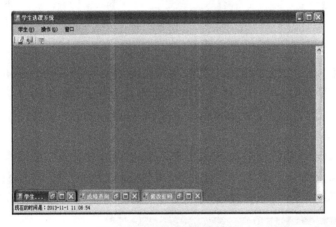

图 10.2　子窗体最大化效果

图 10.3　子窗体最小化效果

在 MDI 窗口程序中，主窗体中可以打开多个子窗体，MDI 窗体可以调用 LayoutMdi 方法来排列子窗口。其使用格式为：

　　MDI 父窗体名.LayoutMdi(value)

LayoutMdi 方法把 MdiLayout 枚举值作为参数，参数 value 决定排列方式，有以下 4 种取值：LayoutMdi.ArrangeIcons——所有 MDI 子窗体以图标形式排列在 MDI 父窗体中；LayoutMdi.TileHorizontal——所有 MDI 子窗体均垂直平铺在 MDI 父窗体中，如图 10.4 所示；LayoutMdi.TileVertical——所有 MDI 子窗体均水平平铺在 MDI 父窗体中，如图 10.5 所示；LayoutMdi.Cascade——所有 MDI 子窗体均层叠在 MDI 父窗体中，如图 10.6 所示。

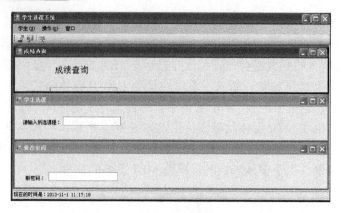

图 10.4 垂直平铺

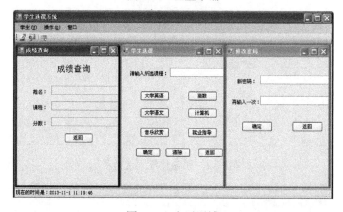

图 10.5 水平平铺

【**实例 10-1**】 在"D:\C#\ch10\"创建项目名为 P10_1 的 Windows 应用程序。设计如图 10.1 所示的主窗体和 3 个子窗体（不包含菜单）。设计步骤如下：

（1）添加一个窗体，命名为 mdiMain，将其 IsMdiContainer 属性设置为 true，Text 属性设置为"学生选课系统"。

（2）添加一个子窗体，命名为 Find，将其 Text 属性设置为"成绩查询"。按照图 10.7 所示，设计"成绩查询"子窗体。子窗体上有 4 个 Label 控件，其 Text 属性分别设置为"成绩查询"、"姓名"、"课程"、"分数"；还有 3 个 TextBox 文本框控件和一个按钮控件。

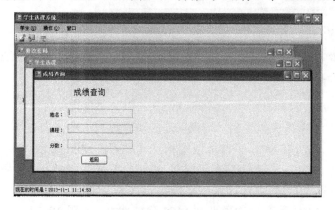

图 10.6 层叠

图 10.7 "成绩查询"子窗体

（3）按照步骤（2）的方法，继续向项目中添加两个子窗体 SelScoure 和 modifyPwd，其 Text 属性分别设置为"学生选课"和"修改密码"，界面设按计如图 10.8 和图 10.9 所示。

图 10.8 "学生选课"子窗体

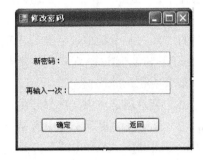

图 10.9 "修改密码"子窗体

10.2 菜单和快捷菜单

○ 知识目标：
1. 熟悉主菜单控件 MenuStrip
2. 熟悉快捷菜单控件 ContextMenuStrip

○ 技能目标：
1. 能够创建主菜单
2. 能够创建快捷菜单

菜单是软件界面设计的一个重要组成部分。在 Windows 程序设计中，菜单作为与程序交互的首选工具。它描述着一个软件的大致功能和风格。所以在程序设计中处理好、设计好菜单，对于一个软件开发是否成功有着比较重要的意义。

菜单的分类：主菜单（下拉式）和上下文菜单（弹出式）。

使用过 Windows 应用程序的用户一般都使用过菜单。通过它，用户能够方便地使用应用程序提供的功能。所以，菜单是 Windows 应用程序开发不可缺少的元素。菜单大致可以分为主菜单和快捷菜单。Visual Studio 2010 提供相应的菜单控件，使开发人员能够非常方便地创建主菜单和快捷菜单。本小节里，我们将完成上节中"学生选课系统"的主窗口菜单设计。如图 10.10 所示。

图 10.10 主菜单

10.2.1 MenuStrip 控件

MenuStrip 控件是应用程序菜单结构的容器。把一个 MenuStrip 控件拖放到设计器的一个窗体中，MenuStrip 就允许直接在菜单项上输入菜单文本。

图 10.10 是典型的菜单结构。其中有文字的单个命令称为菜单项，顶层菜单项是横着排列的，单击某个菜单项后会弹出菜单或子菜单，它们均包含若干个菜单项，菜单项其实是 ToolStripMenuItem 类的一个对象。

菜单项有几种状态：

（1）菜单项是灰色文字显示的，表示该菜单项当前是被禁止使用的。

（2）菜单项的提示文字中有带下画线的字母，该字母称为热键（或访问键），若是顶层菜单，可通过按"Alt+热键"打开该菜单，如图 10.11 中的"学生（U）"菜单项。

（3）若是某个子菜单中的一个选项，则在打开子菜单后直接按热键就会执行相应的菜单命令。

（4）快捷键。菜单项后面的按键或组合键，在不打开菜单的情况下按快捷键，将执行相应的命令，如图 10.11 中，"退出"菜单项的快捷键是"Ctrl+E"组合键。

（5）分隔线（分隔符）。在图 10.11 中，"修改密码"和"退出"之间有一个灰色的线条，该线条称为分隔线或分隔符。

图 10.11 "学生"菜单项

（6）复选。如图 10.12 中所示的菜单项"叠放"前面有一个"√"号，称为选中标记，菜单项加上选中标记表示该菜单项代表的功能当前正在起作用。

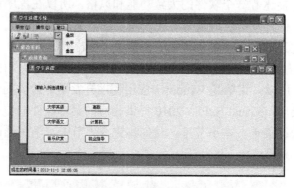

图 10.12 叠放菜单项效果

（7）单选。菜单项前面有"·"号，称为单选标记，菜单项加上单选标记表示这一组菜单功能只有一项起作用。

菜单项的类型分为 4 种，分别是 MenuItem（菜单项）、ComboBox（下拉菜单项）、TextBox（文本框）和 Separator（分割线），如图 10.13 所示。

图 10.13　菜单项类型

1．菜单项的常用属性

（1）Text 属性：用来获取或设置一个值，通过该值指定菜单项标题。当使用 Text 属性为菜单项指定标题时，还可以在字符前加一个"&"号来指定热键（访问键，即加下画线的字母）。例如，若要将"用户"菜单中的"U"指定为访问键，应将菜单项的标题指定为"用户(&U)"。

（2）Checked 属性：用来获取或设置一个值，通过该值指示选中标记是否出现在菜单项文本的旁边。如果要将选中标记放置在菜单项文本的旁边，属性值为 true，否则属性值为 false。默认值为 false。

（3）Enabled 属性：用来获取或设置一个值，通过该值指示菜单项是否可用。值为 true 时表示可用，值为 false 表示当前禁止使用。

（4）ShortcutKeys 属性：用来获取或设置一个值，该值指示与菜单项相关联的快捷键。

（5）ShowShortcut 属性：用来获取或设置一个值，该值指示与菜单项关联的快捷键是否在菜单项标题的旁边显示。如果快捷组合键在菜单项标题的旁边显示，该属性值为 true，如果不显示快捷键，该属性值为 false。默认值为 true。

2．菜单项的常用事件

菜单项的常用事件主要有 Click 事件，该事件在用户单击菜单项时发生。

【实例 10-2】在"D:\C#\ch10\"创建项目名为 P10_2 的 Windows 应用程序，将 Form1 设置为 MDI 主窗体，向 MDI 主窗体添加如图 10.10 的主菜单，并实现各菜单项的功能。

具体步骤如下：

（1）在主窗体上添加主菜单控件 MenuStrip，如图 10.11 所示，设计"学生"菜单项，并在其下添加"修改密码"、"分隔线"、"退出"三个子菜单项。当用户单击"修改密码"菜单项时，显示如图 10.9 的子窗体。

（2）如图 10.10 所示，设计"操作"菜单项，并在其下添加"查询成绩"、"选课"两个子菜单项。当用户单击"查询成绩"菜单项时，显示如图 10.7 所示的子窗体；当用户单击"选课"菜单项时，显示如图 10.8 所示的子窗体。

（3）如图 10.12 所示，当用户单击"垂直"菜单项时，运行效果如图 10.4 所示；当用户单击"水平"菜单项时，运行效果如图 10.5 所示；当用户单击"叠放"菜单项时，运行效果如图 10.6 所示。

（4）各个菜单项的功能实现代码如下：

```csharp
private void toolStripMenuItem1_Click(object sender, EventArgs e)
{ modifyPwd modify = new modifyPwd();//修改密码
  modify.MdiParent = this;
  modify.Show(); }
private void 查询ToolStripMenuItem_Click(object sender, EventArgs e)
{ Find f = new Find();//查询成绩
  f.MdiParent = this;
```

```
      f.Show(); }
   private void 选课ToolStripMenuItem_Click(object sender, EventArgs e)
   { SelCourse s = new SelCourse();//选课
     s.MdiParent = ths;
     s.Show(); }
   private void 垂直ToolStripMenuItem_Click(object sender, EventArgs e)
   { this.LayoutMdi(MdiLayout.TileVertical); //垂直
     ((ToolStripMenuItem)sender).Checked = true;
     叠放ToolStripMenuItem.Checked = false;
     水平ToolStripMenuItem.Checked = false;}
   private void 水平ToolStripMenuItem_Click(object sender, EventArgs e)
   { this.LayoutMdi(MdiLayout.TileHorizontal); //水平
     ((ToolStripMenuItem)sender).Checked = true;
     叠放ToolStripMenuItem.Checked = false;
     垂直ToolStripMenuItem.Checked = false;}
   private void 叠放ToolStripMenuItem_Click(object sender, EventArgs e)
   { this.LayoutMdi(MdiLayout.Cascade); //叠放
     ((ToolStripMenuItem )sender).Checked = true;
     水平ToolStripMenuItem.Checked = false;
     垂直ToolStripMenuItem.Checked = false;}
```

10.2.2 ContextMenuStrip 控件

要显示弹出菜单，或在用户右击鼠标时显示一个快捷菜单，就应使用 ContextMenuStrip 控件。ContextMenu 的创建与 MenuStrip 相同，也是添加 ToolStripMenuItems，定义每一项的 Click 事件，执行某个任务。弹出菜单应赋予特定的控件，要设置控件的 ContextMenuStrip 属性。在用户右击该控件时，就显示该菜单。例如，如果在窗体上击右键弹出快捷菜单，就需要设置窗体的 ContextMenuStrip 属性值为弹出菜单。

【实例 10-3】 为【实例 10-2】的 MDI 主窗体设计快捷菜单，效果如图 10.14 所示。

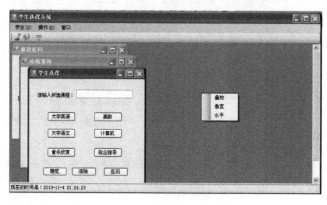

图 10.14 快捷菜单效果

设计步骤：

（1）打开【实例 10-2】中的项目 P10_2，选择主窗体 mdiMain。

（2）在工具箱里选中 ContextMenuStrip 控件，并拖放到主窗体 mdiMain 上，名字为"contextMenuStrip1"。在 ContextMenuStrip 控件上左键双击"请在此处键入"选项，键入菜单项文本"叠放"，按照此方法，继续添加下面的"垂直"和"水平"菜单项，最后效果如图 10.15 所示。设置主窗体 mdiMain 的 ContextMenuStrip 属性为快捷菜单控件的名字"contextMenuStrip1"。这样，当右击主窗体时，将显示快捷菜单。

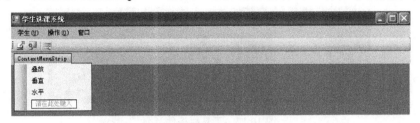

图 10.15　快捷菜单设计

10.3　工具栏和状态栏

○ 知识目标：
1. 熟悉工具栏控件 ToolStrip
2. 熟悉状态栏控件 StatusStrip

○ 技能目标：
1. 能够创建工具栏
2. 能够创建状态栏

工具栏和状态栏也是 Windows 应用程序常见的，在 Visual Studio 2010 中，可以使用 ToolStrip 控件和 StatusStrip 控件来创建工具栏和状态栏。在 ToolStrip 控件中可以添加按钮，为了形象地表示按钮的功能，可以将按钮设置成图标、文字和提示。在 StatusStrip 控件中可以添加标签来显示应用程序的当前状态，比如当前日期、时间等。在本小节里，我们将为"学生选课系统"的主窗体 mdiMain 添加工具栏和状态栏，如图 10.16 所示。

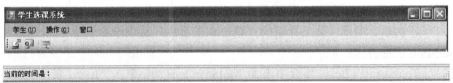

图 10.16　添加工具栏和状态栏

10.3.1　工具栏控件（ToolStrip）

要在 mdiMain 主窗体中创建工具栏，只需要从工具箱选中 ToolStrip 控件，拖放到主窗体即可。工具栏会默认停靠在窗口的顶部，位于主菜单下面，可以通过 Dock 属性设置其位置。

窗体中拖放了 ToolStrip 控件后，就创建好了一个空白的工具栏。接着，需要在工具栏中添加按钮等控件。可以添加到工具栏中的控件有 8 种，分别是 Button（工具栏按钮）、Label（工具栏标签）、SplitButton（带下拉箭头的按钮）、DropDownButton（工具栏菜单按钮）、Separator（工具栏分割线）、ComboBox（工具栏下拉框）、TextBox（工具栏文本框）和 ProgressBar（工具栏进度条），如图 10.17 所示。

Image 和 Text 是需要设置的最常见的属性。Image 可以用 Image 属性设置，也可以使用 ImageList 控件，把它设置为 ToolStrip 控件的 ImageList 属性。然后就可以设置各个控件的 ImageIndex 属性。

图 10.17　工具栏控件类型

ToolStripItem 上文本的格式化用 Font、TextAlign 和 TextDirection 属性来处理。TextAlign 设置文本与控件的对齐方式，它可以是 ControlAlignment 枚举中的任一值，默认为 MiddleRight。TextDirection 属性设置文本的方向，其值可以是 ToolStripTextDirection 枚举中的任一值，包括 Horizontal、Inherit、Vertical270 和 Vertical90。其中，Vertical270 把文本旋转 270°，Vertical90 把文本旋转 90°。

DisplayStyle 属性控制在控件上显示的内容，即文本或图像或文本和图像，抑或不显示任何内容。当 AutoSize 设置为 true 时，ToolStripItem 会重新设置其大小，确保只使用最少量的空间。

10.3.2　状态栏控件（StatusStrip）

状态栏用来显示 Windows 应用程序的状态信息，比如当前登录的用户名、当前日期、时间等。在 Visual Studio 2010 中，可以使用 StatusStrip 控件创建状态栏。

StatusStrip 控件拖放到窗体后，一般停靠在窗体的底部。StatusStrip 控件可以分成几部分以显示多种类的信息，它可以添加的控件包括 StatusLabel 控件、ProgressBar 控件、DropDownButton 控件和 SplitButton 控件，如图 10.18 所示。

【实例 10-4】为"学生选课系统"的主窗体 mdiMain 添加工具栏和状态栏，如图 10.16 所示。具体步骤如下：

（1）打开 P10_2 项目，从工具箱的"菜单和工具栏"选项卡中选中 ToolStrip 控件，拖放到 mdiMain 主窗体上。

（2）向 ToolStrip 的 Items 集合中添加 ToolStripItem 项，单击"Items 属性"选项，在弹出的"项集合编辑器"对话框中添加所需要的 Item 项，如图 10.19 所示。

图 10.18　状态栏控件类型

图 10.19　"项集合编辑器"对话框

（3）通过 ToolStrip 的项集合编辑器设置每个 ToolStripItem 的属性，具体属性设置如

表 10.3 所示。

表 10.3 ToolStripItem 的属性

Name 属性	Text 属性	Image 属性
tbtnQk	查询成绩	ATMsystem.Properties.Resources.qk
tbtnCk	选课	ATMsystem.Properties.Resources.ck
Separator（工具栏分割线）		
tbtnPwd	修改密码	ATMsystem.Properties.Resources.pwd

表 10.3 中的"Image 属性"是指工具栏中按钮的图片显示，读者可以根据自己的图片文件设置。

（4）从工具箱的"菜单和工具栏"选项卡中选中 StatusStrip 控件，拖放到 mdiMain 主窗体上。

（5）从工具箱的"组件"选项卡中选中 Timer 控件，添加到 mdiMain 主窗体中。设置它的 Enabel 属性为"true"，Interval 属性为"1000"。

（6）在相应的工具栏按钮的 Click 事件中编写代码，代码如下：

```
private void tbtnQk_Click(object sender, EventArgs e)
{ 查询 ToolStripMenuItem_Click(sender, e); //查询成绩工具按钮}
private void tbtnCk_Click(object sender, EventArgs e)
{ 选课 ToolStripMenuItem_Click(sender, e); //选课工具按钮}
private void tbtnPwd_Click(object sender, EventArgs e)
{ toolStripMenuItem1_Click(sender, e); //修改密码工具按钮}
```

（7）在 Timer 控件的 Tick 事件里添加代码，实现在状态栏中显示当前时间的功能，代码如下：

```
private void timer1_Tick(object sender, EventArgs e)
{statusStrip1.Items[0].Text = "现在的时间是: " + DateTime.Now.ToString();}
```

10.4 通用对话框

● 知识目标：
1. 熟悉打开文件对话框控件
2. 熟悉保存文件对话框控件
3. 熟悉字体对话框控件
4. 熟悉颜色对话框控件

● 技能目标：
能够在应用程序中创建各种对话框

在 Windows 应用程序中，有大量的对话框，用来与用户进行交互并获得用户输入的信息。比如"记事本"应用程序中的"字体"对话框，如图 10.20 所示。

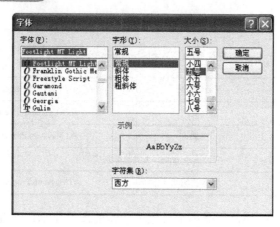

图 10.20 "字体"对话框

Visual Studio 2010 提供了多个 Windows 窗体应用程序中与用户进行交互的预置对话框控件。本小节主要介绍打开文件对话框控件、保存文件对话框控件、字体对话框控件和颜色对话框控件。

10.4.1 打开文件对话框控件（OpenFileDialog）

OpenFileDialog 主要用来弹出 Windows 中标准的"打开文件"对话框。

1．常用属性

（1）Title 属性：用来获取或设置对话框标题，默认值为空字符串（""）。如果标题为空字符串，则系统将使用默认标题："打开"。

（2）Filter 属性：用来获取或设置当前文件名筛选器字符串，该字符串决定对话框的"另存为文件类型"或"文件类型"框中出现的选择内容。对于每个筛选选项，筛选器字符串都包含筛选器说明、垂直线条"|"和筛选器模式。不同筛选选项的字符串由垂直线条隔开，例如，"文本文件(*.txt)|*.txt|所有文件(*.*)|*.*"。还可以通过分号来分隔各种文件类型，可以将多个筛选器模式添加到筛选器中。

例如，"图像文件(*.BMP;*.JPG;*.GIF)|*.BMP;*.JPG; *.GIF|所有文件(*.*)|*.*"。

（3）FilterIndex 属性：用来获取或设置文件对话框中当前选定筛选器的索引。第一个筛选器的索引为 1，默认值为 1。

（4）FileName 属性：用来获取在打开文件对话框中选定的文件名的字符串。文件名既包含文件路径也包含扩展名。如果未选定文件，该属性将返回空字符串（""）。

（5）InitialDirectory 属性：用来获取或设置文件对话框显示的初始目录，默认值为空字符串（""）。

（6）ShowReadOnly 属性：用来获取或设置一个值，该值指示对话框是否包含只读复选框。如果对话框包含只读复选框，则属性值为 true，否则属性值为 false。默认值为 false。

（7）ReadOnlyChecked 属性：用来获取或设置一个值，该值指示是否选定只读复选框。如果选中了只读复选框，则属性值为 true，反之，属性值为 false。默认值为 false。

（8）Multiselect 属性：用来获取或设置一个值，该值指示对话框是否允许选择多个文件。如果对话框允许同时选定多个文件，则该属性值为 true；反之，属性值为 false。默认值为 false。

2. 常用方法

显示通用对话框的是 ShowDialog 方法，其一般调用形式如下：

```
通用对话框对象名.ShowDialog();
```

通用对话框运行时，如果单击对话框中的"确定"按钮，则返回值为"DialogResult.OK"；否则返回值为"DialogResult.Cancel"。其他对话框控件均具有 ShowDialog 方法，以后不再重复介绍。

10.4.2 保存文件对话框控件（SaveFileDialog）

SaveFileDialog 控件，主要用来弹出 Windows 中标准的"保存文件"对话框。

SaveFileDialog 控件也具有 FileName、Filter、FilterIndex、InitialDirectory、Title 等属性，这些属性的作用与 OpenFileDialog 对话框控件基本一致，此处不再赘述。

需注意的是：上述两个对话框只返回要打开或保存的文件名，并没有真正提供打开或保存文件的功能，程序员必须自己编写文件打开或保存程序，才能真正实现文件的打开和保存功能。注：具体实现请参考本章任务实施。

10.4.3 字体对话框控件（FontDialog）

FontDialog 控件主要用来弹出 Windows 中标准的"字体"对话框。字体对话框的作用是显示当前安装在系统中的字体列表，供用户进行选择。

1. 常用属性

（1）Font 属性：该属性是字体对话框的最重要属性，通过它可以设定或获取字体信息。
（2）Color 属性：用来设定或获取字符的颜色。
（3）MaxSize 属性：用来获取或设置用户可选择的最大磅值。
（4）MinSize 属性：用来获取或设置用户可选择的最小磅值。
（5）ShowColor 属性：用来获取或设置一个值，该值指示对话框是否显示颜色选择框。如果对话框显示颜色选择框，属性值为 true；反之，属性值为 false。默认值为 false。
（6）ShowEffects 属性：用来获取或设置一个值，该值指示对话框是否包含允许用户指定删除线、下画线和文本颜色选项的控件。如果对话框包含设置删除线、下画线和文本颜色选项的控件，属性值为 true；反之，属性值为 false。默认值为 true。

2. 常用事件

（1）Apply：当单击"应用"按钮时要处理的事件。
（2）HelpRequest：但单击"帮助"按钮时要处理的事件。

10.4.4 颜色对话框控件（ColorDialog）

ColorDialog 控件主要用来弹出 Windows 中标准的"颜色"对话框。颜色对话框的作用是供用户选择一种颜色，并用 Color 属性记录用户选择的颜色值。下面介绍颜色对话框的主要属性。

1. 常用属性

（1）AllowFullOpen 属性：用来获取或设置一个值，该值指示用户是否可以使用该对话框自定义颜色。如果允许用户自定义颜色，属性值为 true；否则属性值为 false。默认值为 true。

图 10.21 "打开"对话框

（2）FullOpen 属性：用来获取或设置一个值，该值指示用于创建自定义颜色的控件在对话框打开时是否可见。值为 true 时可见，值为 false 时不可见。

（3）AnyColor 属性：用来获取或设置一个值，该值指示对话框是否显示基本颜色集中可用的所有颜色。值为 true 时，显示所有颜色，否则不显示所有颜色。

（4）Color 属性：用来获取或设置用户选定的颜色。

2．应用实例

【实例 10-5】 创建如图 10.21 所示的窗体，当用户单击"打开"按钮后，出现"打开"对话框，用户选择图片文件，在图片框中显示。具体步骤如下：

（1）在 Visual Studio 2010 中创建项目名为 P10_5 的 Windows 应用程序，路径为"D:\C#\ch10\"，将 Form1 的 Text 属性设置为"显示图片"。

（2）在 Form1 窗体中添加 PictureBox 控件、Button 控件和 OpenFileDialog 控件，将图片框控件 pictureBox1 的 SizeMode 属性设置为"StretchImage"，命令按钮控件 button1 的 Text 属性设置为"打开"。

（3）在命令按钮 button1 的 Click 事件中编写代码，具体代码如下：

```
private void button1_Click(object sender, EventArgs e)
{   this.openFileDialog1.Filter = "所有文件(*.*)|*.*|图片(*.jpg)|*.jpg|图片(*.gif)|*.gif|图片(*.png)|*.png|图片(*.bmp)|*.bmp";    //设置过滤器
    this.openFileDialog1.Title = "请选择图片";    //设置打开对话框的标题
    openFileDialog1.FileName = "";
    if (openFileDialog1.ShowDialog() == DialogResult.OK)
        pictureBox1.Load(openFileDialog1.FileName);    //图片框加载图片}
```

10.5 任务实施

1．任务描述

制作简易版的 MDI 记事本，可以新建，编辑，打印文本文档。

2．任务目标

- 掌握 MDI 应用程序的创建方法。
- 掌握各种对话框的使用方法。

3．任务分析

创建项目名为 Task_10 的 Windows 窗体应用程序，添加一个窗体，默认名为"Form1"，设置其 IsMdiContainer 值为 true，作为 MDI 主窗体。再添加一个窗体，默认名为"Form2"，作为子窗体，其界面设计如图 10.22 所示。主窗体设计如图 10.23 所示。当用户单击"新建"菜单项或者工具按钮后，显示 Form2 窗体，如图 10.24 所示。

图 10.22　子窗体设计

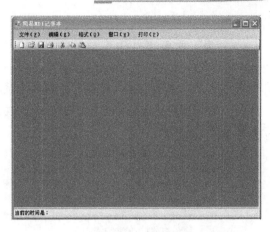

图 10.23　主窗体设计

4．任务完成

设计过程如下：

（1）启动 Visual Studio.NET 2010。

（2）创建项目。在"文件"菜单上，单击"新建项目"选项，打开"新建项目"对话框。选择"Windows 窗体应用程序"选项，输入项目名称 Task_10，指定位置"D:\C#\ch10"文件夹，然后单击"确定"按钮。

（3）添加窗体，命名为"Form1"，将其 IsMdiContainer 值设置为 true。向主窗体添加主菜单。主菜单的设计如表 10.4 所示。

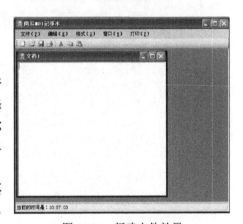

图 10.24　新建文件效果

表 10.4　主菜单

文件(&F)	编辑(&E)	格式(&O)	窗口(&W)	打印(&P)
新建	撤销	字体…	层叠	页面设置
打开…	恢复	背景…	水平平铺	打印预览
保存…	Separator	Separator	垂直平铺	打印
Separator	剪切	自动换行		
退出	复制			
	粘贴			
	Separator			
	全选			

（4）向主菜单添加工具栏，选中添加的工具栏控件，单击"插入标准项"选项，生成如图 10.23 中的工具栏。

（5）向主窗体添加状态栏，状态栏中只有一个 Label 控件，命名为"tlblTime"。

（6）添加窗体，命名为"Form2"，按照图 10.22 添加相应的控件，子窗体里只有一个富文本框控件，在工具箱选择 RichTextBox，添加到 Form2 窗体，控件名为默认名字

richTextBox1。

（7）为了实现"打印"菜单的功能，主窗体中需要添加 PageSetupDialog 控件、PrintPreviewDialog 控件、PrintDialog 控件和 PrintDocument 控件。这些控件在工具箱的"打印"选项卡中，本例中这些控件的命名都为系统默认名。

（8）为了实现状态栏里显示当前时间的功能，主窗体中需要添加 Timer 控件，名字为系统默认的"timer1"。

（9）下面是主窗体各功能的代码：

```csharp
namespace Task_10
{ public partial class Form1 : Form
  { private int CountWindow = 0;   //子窗体的个数
    private void AddWindow()   //新建功能
    {  CountWindow++;
       Form2 newForm= new Form2();
       newForm.Text="文档"+CountWindow;
       newForm.MdiParent = this;
       newForm.Show();}
    private void Form1_Load(object sender, EventArgs e)
    {tlblTime.Text = "当前的时间是: " + DateTime.Now.ToLongTimeString(); }
    private void menuNew_Click(object sender, EventArgs e)
    {AddWindow();     //新建文件}
    private void menuOpen_Click(object sender, EventArgs e)
    { OpenFileDialog openFile = new OpenFileDialog();  //打开文件
      openFile.Filter = "文本文件(*.txt)|*.txt|RTF 文件(*.rtf)|*.rtf|所有文件(*.*)|*.*";   //只能打开 txt 和 rtf 文件
      openFile.FilterIndex = 1;    //运行时文件类型显示"文本文件 *.txt"
      openFile.InitialDirectory = "c:\\";  //默认初始化路径是 c:\\
      if (openFile.ShowDialog() == DialogResult.OK)
      { RichTextBoxStreamType fileType;
        switch (openFile.FilterIndex)
        { case 1: fileType = RichTextBoxStreamType.PlainText; break;
          case 2: fileType = RichTextBoxStreamType.RichText; break;
          default: fileType = RichTextBoxStreamType.UnicodePlainText; break;
        }
        AddWindow();
        RichTextBox theBox = (RichTextBox)this.ActiveMdiChild.
             ActiveControl;
        theBox.LoadFile(openFile.FileName, fileType);  //加载文件
        this.ActiveMdiChild.Text = openFile.FileName;}}
    private void menuSave_Click(object sender, EventArgs e)  //保存
    { SaveFileDialog saveFile = new SaveFileDialog();
      saveFile.Filter = "文本文件(*.txt)|*.txt|RTF 文件(*.rtf)|*.rtf|所有文件(*.*)|*.*";
      saveFile.FilterIndex = 1;
      saveFile.InitialDirectory = "c:\\";
      saveFile.RestoreDirectory = true;
      if (saveFile.ShowDialog() == DialogResult.OK)
      { RichTextBoxStreamType fileType;
        switch (saveFile.FilterIndex)
        { case 1: fileType = RichTextBoxStreamType.PlainText; break;
          case 2: fileType = RichTextBoxStreamType.RichText; break;
          default: fileType = RichTextBoxStreamType.UnicodePlainText;
                break; }
        RichTextBox theBox = (RichTextBox)this.ActiveMdiChild.
                 ActiveControl;
        theBox.SaveFile(saveFile.FileName, fileType);    //保存文件}
```

```csharp
}
private void menuExit_Click(object sender, EventArgs e)
{this.Close(); //退出}
private void menuUndo_Click(object sender, EventArgs e)
{RichTextBox theBox = (RichTextBox)this.ActiveMdiChild.
 ActiveControl;   theBox.Undo();//撤销}
private void menuCas_Click(object sender, EventArgs e)
{this.LayoutMdi(MdiLayout.Cascade); //层叠}
private void menuHor_Click(object sender, EventArgs e)
{this.LayoutMdi(MdiLayout.TileHorizontal); //水平平铺}
private void menuVer_Click(object sender, EventArgs e)
{this.LayoutMdi(MdiLayout.TileVertical); //垂直平铺}
private void menuCut_Click(object sender, EventArgs e)
{ RichTextBox theBox = (RichTextBox)this.ActiveMdiChild.ActiveControl;
  theBox.Cut();//剪切}
private void menuFont_Click(object sender, EventArgs e)
{FontDialog font = new FontDialog();//设置字体
 font.ShowEffects = true;
 if (font.ShowDialog() == DialogResult.OK)
 {RichTextBox theBox = (RichTextBox)this.ActiveMdiChild.ActiveControl;
  theBox.SelectionFont = font.Font;}
}
private void menuCopy_Click(object sender, EventArgs e)
{ RichTextBox theBox =(RichTextBox)this.ActiveMdiChild.ActiveControl;
  theBox.Copy();//复制}
private void menuPaste_Click(object sender, EventArgs e)
{ RichTextBox theBox = (RichTextBox)this.ActiveMdiChild.ActiveControl;
  theBox.Paste();//粘贴}
private void menuSA_Click(object sender, EventArgs e)
{ RichTextBox theBox = (RichTextBox)this.ActiveMdiChild.ActiveControl;
  theBox.SelectAll();//保存}
private void menuRedo_Click(object sender, EventArgs e)
{ RichTextBox theBox = (RichTextBox)this.ActiveMdiChild.ActiveControl;
  theBox.Redo();//恢复}
private void menuBk_Click(object sender, EventArgs e)
{ ColorDialog color = new ColorDialog();
  RichTextBox theBox = (RichTextBox)this.ActiveMdiChild.ActiveControl;
  color.Color = theBox.SelectionColor;
  color.ShowDialog();
  theBox.SelectionColor = color.Color; //更改颜色
}
private void menuPS_Click(object sender, EventArgs e)
{ pageSetupDialog1.Document = printDocument1; //页面设置
  pageSetupDialog1.AllowMargins = true;    //页边距
  pageSetupDialog1.AllowOrientation = true;   //打印方向(横向或纵向)
  pageSetupDialog1.AllowPaper = true;   //纸张大小和纸张来源
  pageSetupDialog1.ShowDialog();
}
private void menuPP_Click(object sender, EventArgs e)
{ printPreviewDialog1.Document = printDocument1;
  printPreviewDialog1.ShowDialog();//打印预览}
private void print()   //打印
{ try
  {printDocument1.Print();}
   catch
```

```csharp
            {MessageBox.Show("打印出错！");}
        }
        private void menuPD_Click(object sender, EventArgs e)
        {   RichTextBox theBox = (RichTextBox)this.ActiveMdiChild.ActiveControl;
            if (theBox.TextLength < 1)  return;   //打印
            printDialog1.Document = printDocument1;
            printDialog1.AllowCurrentPage = true;   //显示"当前页"选项按钮
            printDialog1.AllowSomePages = true;     //启用"页"选项按钮
            printDialog1.UseEXDialog = true;        //显示 XP 样式打印窗口
            if (printDialog1.ShowDialog() == DialogResult.OK)  print();}
        private void 新建NToolStripButton_Click(object sender, EventArgs e)
        {menuNew_Click(sender, e);   //新建工具按钮}
        private void 打开OToolStripButton_Click(object sender, EventArgs e)
        {menuOpen_Click(sender, e);  //打开工具按钮}
        private void 保存SToolStripButton_Click(object sender, EventArgs e)
        {menuSave_Click(sender, e);  //保存工具按钮}
        private void 打印PToolStripButton_Click(object sender, EventArgs e)
        {menuPD_Click(sender, e);    //打印工具按钮}
        private void 剪切UToolStripButton_Click(object sender, EventArgs e)
        {menuCut_Click(sender, e);   //剪切工具按钮}
        private void 复制CToolStripButton_Click(object sender, EventArgs e)
        {menuCopy_Click(sender, e);  //复制工具按钮}
        private void 粘贴PToolStripButton_Click(object sender, EventArgs e)
        {menuPaste_Click(sender, e); //粘贴工具按钮}
        private void timer1_Tick(object sender, EventArgs e)
        {//实时显示当前时间
            tlblTime.Text = "当前的时间是: " + DateTime.Now.ToLongTimeString(); }}
```

10.6 问题探究

1. 如何设置 MDI 窗体的初始状态

可以通过窗体的 WindowState 属性设置，有三个值，分别是：Normal、Minimized 和 Maxmized。

2. 如何设置菜单的停靠位置

可以通过 Dock 设置，分别可以设置为上、下、左、右四个方向。不过主菜单一般设置在窗体的顶端。

3. MessageBox 对话框使用详解有哪些

我们在程序中经常会用到消息对话框 MessageBox。其中 MessageBox.Show()共有 21 种重载方法。现将其常见用法总结如下。

（1）最简单的形式，只显示提示信息代码如下：

```
MessageBox.Show("Hello~~~~");
```

（2）可以给消息框加上标题。代码如下：

```
MessageBox.Show("There are something wrong!","ERROR");
```

（3）询问是否删除时会用到下面要讲到的方法。此方法生成的对话框中，有两个按钮，一个是"确定"按钮，一个是"取消"按钮。

```
if (MessageBox.Show("Delete this user?", "ConfirmMessage",MessageBox
    Buttons.OKCancel) == DialogResult.OK)
{...... //删除代码}
```

（4）可以给 MessageBox 加上一个图标，MessageBox 上显示了一个问号的图标，下面代码中的"MessageBoxIcon.Question"关键字代表这个图标，此外.NET 还提供了其他常见的图标供用户选择。代码如下：

```
if (MessageBox.Show("Delete this user?", "Confirm Message",MessageBox
    Buttons.OKCancel,MessageBoxIcon.Question) == DialogResult.OK)
{...... //删除代码}
```

（5）设置 MessageBoxDefaultButton.Button2 关键字，表示 MessageBox 中的默认焦点为"Button2"按钮，即"Cancel"。

```
if (MessageBox.Show("Delete this user?", "Confirm Message", MessageBox
Buttons.OKCancel,MessageBoxIcon.Question,MessageBoxDefaultButton.Button2)
== DialogResult.OK)
{...... //删除代码}
```

MessageBox 还有一些其他的样式，但不常用，这里就不逐一介绍了，有兴趣的读者可以参考 MSDN 中的 MessageBox 类。

10.7 实践与思考

1. 设计一个 MDI 程序，实现"诗歌阅读"程序（共 5 首诗）。要求如下：
（1）创建一个 MDI 主窗体。
（2）在 MDI 主窗体中，用菜单列出 5 首诗的目录。
（3）添加工具栏，列出 5 首诗的目录。
（4）添加状态栏，显示当前阅读的诗歌名。
（5）用 5 个 MDI 子窗体显示 5 首诗歌的内容。
2. 模拟操作系统附件中的"记事本"软件，设计一个简易的记事本。要求如下：
（1）实现打开、保存、新建功能。
（2）实现字体、颜色设置功能。
（3）实现查找替换功能。

第 11 章 XML 文件

学习目标
1. 熟悉 XML 语言
2. 了解 XML 的存取

技能目标
1. 能够读取 XML 文件
2. 能够将数据写入 XML 文件

XML 语言的简单特性使其易于在任何应用程序中读写数据，这使 XML 很快成为数据交换的唯一公共语言，虽然不同的应用软件也支持其他的数据交换格式，但不久之后，它们都将支持 XML，那就意味着程序可以更容易地与 Windows、Mac OS、Linux 以及其他平台下产生的信息结合，然后可以很容易加载 XML 数据到程序中并分析它，并以 XML 格式输出结果。

11.1 文件概述

XML 是一种基于文本格式的标记语言，它注重对数据结构和数据意义的描述，实现了数据内容和显示样式的分离，而且是与平台无关的。正是因为 XML 注重数据内容的描述，因而对于数据的检索非常有意义，不会再像 HTML 那样，检索出无关的信息。另一方面，XML 文档是数据的载体，利用 XML 作为数据库，不需要访问任何数据库系统，可以使用任意 Web 技术来显示数据，比如 HTML、Flash MX 等。由于世界各大计算机公司积极参与，XML 正日益成为基于互联网的数据格式新一代的标准。

XML 文档的常见应用如下。

（1）XML 存放整个文档的 XML 数据，然后通过解析和转换，最终成为 HTML，显示在浏览器上。

（2）XML 作为微型数据库。

（3）作为通信数据，最典型的就是 Web Service，利用 XML 来传输数据。

（4）作为一些应用程序的配置信息数据。

（5）其他一些文档的 XML 格式，如 Word、Excel 等。

需要注意的是，XML 既不是 HTML 的替代产品，也不是 HTML 的升级，它只 HTML 的补充，为 HTML 扩展更多功能。不能用 XML 来直接制作网页。即使包含了 XML 数据，依然要转换成 HTML 格式才能在浏览器上显示。所以 XML 没有固定的标记，不能描述网页具体的外观，它只是描述内容的数据形式和结构。因此，XML 和 HTML 的一个本质的区别是 HTML 网页将数据和显示混在一起。而 XML 则将数据和显示分开。

11.1.1 XML 语法规则

首先来了解 XML 文档中有关的术语。

1．元素

元素是组成 HTML 文档的最小单位，在 XML 中也一样。一个元素由一个标记来定义，包括开始标记和结束标记以及其中的内容，通常 XML 文档包含一个或多个元素。例如，<姓名>"杨华"</姓名>就是一个元素。

2．标记

标记（或标签）是用来定义元素的。在 XML 中，标记必须成对出现，将数据包围在中间。标记的名称和元素的名称是一样的。例如，在元素<姓名>"王华"</姓名>中，<姓名>就是标记。与 HTML 标记唯一的不同点是：在 HTML 中标记是固定的，而 XML 中标记需要自己创建。

3．节点

在 XML 文档中，每一项都可以被认为是一个节点。共有 7 种类型的节点：元素、属性、文本、命名空间、处理指令、注释以及文档节点（或根节点）。XML 文档是被作为节点树来对待的。例如，在 stud.xml 文档中，<学生表>为根节点，<学号>3</学号>为元素节点。

4．属性

属性是对标记进一步的描述和说明，一个标记可以有多个属性。例如，font 的属性含有 size。XML 的属性与 HTML 中的属性是一样的，每个属性都有它自己的名称和值，属性是标记的一部分。例如，在元素<图书 书名="C#程序设计" 作者="金晶">中，标记"图书"有两个属性"书名"和"作者"。

5．声明

在所有 XML 文档的第一行都有一个 XML 声明，此声明表示这个文档是一个 XML 文档，它遵循的是哪个 XML 版本的规范。声明语句在后面介绍。

6．文件类型定义（DTD）

DTD 是用来定义 XML 文档中元素、属性以及元素之间关系的。

通过 DTD 文件可以检测 XML 文档的结构是否正确。但建立 XML 文档并不一定需要 DTD 文件。DTD 的详细内容将在之后介绍。

7．良好格式的 XML 文档（Well-formed XML）

一个遵循 XML 语法规则，并遵守 XML 规范的文档称为良好格式的 XML 文档。如果所有的标记都严格遵守 XML 规范，那么该 XML 文档就不一定需要 DTD 文件来定义它。

良好格式的 XML 文档的内容在书写时必须遵守 XML 语法。

8．有效的 XML 文档（Valid XML）

一个遵循 XML 语法规则，并遵守相应 DTD 规范的 XML 文档称为有效的 XML 文档。注意，良好格式的 XML 文档和有效 XML 文档的最大的差别在于，前者完全遵守 XML 规范，后者则有自己的"文件类型定义"。

9．DOM（Document Object Model）

DOM 是英文文档对象模型的缩写。符合 W3C（万维网联合会）规范。DOM 是一种与浏览器、平台、语言无关的接口。DOM 是以层次结构组织的节点或信息片段的集合。该层次结构允许开发人员在树中导航寻找特定信息。由于它是基于信息层次的,因而 DOM 被认为是基于树的。通常一个 XML 文档对应一个 DOM。

11.1.2 XML 文档的结构

一个完整的 XML 文档分为 3 个主要部分:声明区、定义区和文件主题。

1. 声明区

XML 文档的第一行必须是 XML 的声明行,其语法格式如下:

```
<?xml version="1.0" encoding="GB2312"?>
```

其中,"<?"表示指令的开始;xml 声明该文件为 XML 文档,xml 要用小写字母表示;version 为 XML 文档的版本,version="1.0"表示当前文件为 XML1.0 版本;encoding 设定 XML 文档的语言,encoding="GB2312"表示 XML 文档的语言以中文的 GB2312 来编码;最后"?>"表示指令的结束。

该声明必须说明文档遵循的 XML 版本,目前版本是 1.0;如果要使用内定的字符集可以省略 encoding 的设定,变为:

```
<?xml version="1.0">
```

注意:默认的 XML 文档所使用的语言编码为 UTF-8,如果使用中文,需要设置为 GB2312。

2. 定义区

定义区用来设定文件的格式等,也称为文档类型定义(Document Type Definition, DTD)。定义区必须包含在<!DOCTYPE[…]>段落中,比如:

```
<!DOCTYPE Element-name[
    …
]>
```

其中:

<!DOCTYPE:表示开始设定 DTD 的根元素(XML 标记一般称为元素)的名称,一个 XML 文档只能有一个根元素。

[…]:在[]的标记中定义 XML 文档所使用的元素。其中元素定义的格式为:

<!ELEMENT element-name element-definition>,<!ELEMENT 表示开始元素定义。

例如:

```
<!DOCTYPE 学生[
<!ELEMENT 学生(学号,姓名,性别,民族,班号)>
<!ELEMENT 学号(#PCDATA)
<!ELEMENT 姓名(#PCDATA)
<!ELEMENT 性别(#PCDATA)
<!ELEMENT 民族(#PCDATA)
<!ELEMENT 班号(#PCDATA)
]>
```

其中,<!ELEMENT 学生(学号,姓名,性别,民族,班号)>声明了"学生"这个元素,并且它是作为"学号"等 5 个元素的父元素。而<!ELEMENT 学号 (#PCDATA)声明了"学号"元素,此元素仅包含一般字段,是基本元素,这是由#PCDATA 关键字定义的。

设计 DTD 主要有两种方式:

(1)直接包含在 XML 文档内的 DTD。只要在 DOCTYPE 声明中插入一些特别的说明就可以。

(2)调用独立的 DTD 文件。将 DTD 文档存放在扩展名为.dtd 的文件中,然后在

DOCTYPE 声明中调用。例如，将下面的代码存为 teacher.dtd，代码如下：

```
<?xml version="1.0" encoding="GB2312"?>
<!ELEMENT 教师（姓名，职称）>
<!ELEMENT 姓名（#PCDATA）>
<!ELEMENT 职称（#PCDATA）>
然后在 XML 文档中调用，在第一行后插入；
<!DOCTYPE 教师 SYSTEM"teacher.dtd">
```

通过 DTD 文件可以检测 XML 文档的结构是否正确。建立 XML 文档并不一定需要 DTD 文件。但是指定定义区会使 XML 文档的 DOM 更清晰。

3．文件的主体

XML 文档的主体部分由成对的标记所组成，而最上层的标记为根元素。根元素在 XML 文档中必须是独一无二的，并且被其他元素所包含。

XML 文档的主体采用结构化排列数据，即所有的数据按某种关系排列。结构化的原则如下。

（1）每一部分（每一个元素）都和其他元素有关联。关联的级数就形成了结构。
（2）标记本身的含义与它所描述的信息相分离。

11.1.3 XML 文档的语法规定

1．注释

注释是为了使文档便于阅读和理解，在 XML 文档中添加的附加信息，将不会被程序解释或者浏览器显示。注释的语法格式如下：

```
<!--这里是注释信息-->
```

可以看到，它和 HTML 中的注释语法是一样的，非常容易。养成良好的注释习惯将使文档更加便于维护、共享，看起来也更专业。

2．XML 文档必须使用正确的嵌套结构

在 XML 文档中，标记可以嵌套，但必须是合理的嵌套。嵌套需满足以下规则。

所有 XML 文档都是从一个根节点开始，根节点包含了一个根元素。文档内所有其他元素必须包含在根元素中。嵌套在内的为子元素，同一层的互为兄弟元素。子元素还可包含子元素。包含子元素的元素称为分支，没有子元素的元素称为树叶。

例如，以下是正确的代码：

```
<b><u>C#程序设计</u></b>
```

以下是错误的代码：

```
<b><u>C#程序设计</b></u>
```

3．成对的标记

在 XML 文档中标记大多是成对出现的，比如：

```
<title>网页标题</title>
```

4．非成对的标记

XML 允许创造新的标记。若使用非成对的标记，必须在该标记后加上"/"。例如，非成对的标记<NAME>必须写成<NAME/>。

5. XML 标记的命名

XML 标记必须遵循下面的命名规则：标记名中可以包含数字、字母以及其他字母；不能以数字或"_"（下画线）开头；不能以字母 XML（或 Xml 或 XmL）开头；不能包含空格；大小写视为不同，例如<Name>标记不同于<name>。

6. 属性值必须使用双引号或单引号括起来

属性属于某个标记，定义的属性语法格式如下：

```
<标记名称 属性名称1="属性值1" 属性名称2="属性值2"...>
```

在 XML 文档标记中，属性值必须以双引号括起来。例如，一个 XML 文档的内容如下：

```
<?xml version="1.0" encoding="GB2312"?>
<学生>
    <学生1 学号="100" 姓名="张三"></学生1>
</学生>
```

建议在 XML 中尽量不使用属性，而将属性改成子元素。例如，上面的代码就可以改成这样：

```
<?xml version="1.0" encoding="GB2312"?>
<学生>
    <学生1>
        <学号>"100"</学号>
        <姓名>"张三"</姓名>
    </学生1>
<学生>
```

改为子元素是因为属性不易扩充和程序操作，而子元素具有良好的层次性。

7. XML 文档的命名

XML 文档可以采用任何文本编辑器编写，但必须以扩展名".xml"来保存。

8. XML 文档中内部实体

XML 中的内部实体（ENTITY）类似于一般程序设计中所使用的常量，也就是用一个实体名称来代表某常用的数据，然后在一个文档中多次调用，或者在多个文档中调用同一个实体。其语法格式如下：

```
<!DOCTYPE Element-name [
    …
    <!ENTITY 实体名称 设定值>
    …
]>
```

11.2 读文件

XPath 表达式是指符合 W3C XPath 1.0 建议的字符串表达式，目的就是为了在匹配 XML 文档结构树时能够准确地找到某一个节点元素。可以把 XPath 比作文件管理路径：通过文件管理路径，可以按照一定的规则查找到所需的文件；同样，依据 XPath 所制定的规则，也可以很方便地找到 XML 结构文档树中的任何一个节点。

11.2.1 路径匹配

路径匹配与文件路径的表示相仿，通常使用以下几个符号。

- "/" 表示选取根节点。如果一个路径以 "/" 开头，那么它必须是表示该节点所在的绝对路径；如果不以 "/" 开头，那么它表示该节点的相对路径，与当前节点有关。
- "//" 表示选取文档中所有符合条件的节点，不管该节点位于何处。
- "." 表示选取当前节点。
- ".." 表示选取当前节点的父节点。
- "|" 表示条件之间逻辑或链接。

11.2.2 谓词

谓词用来查找某个特定的节点或者包含某个指定值的节点，谓词被嵌在方括号中。

对于每一个节点，它的各子节点是有序的，每个子节点对应一个"位置值"，它从开始顺序编号。可以通过以下方式来指定某些节点。

- [位置值]：选取指定位置值的某个节点。
- [last()]：选取最后一个节点。
- [position()比较运算符 位置值]：选取满足位置条件的所有节点。
- [标记 比较运算符 文本值]：选取满足位置条件的所有元素。

其中"比较运算符"有"="（等于）、"！="（不等于）、"<"（小于）、"<="（小于等于）、">"（大于）和">="（大于等于）等。

11.2.3 属性匹配

属性匹配常用点的符号为"@"，即在名前加"@"前缀，"@*"表示选取所有具有属性的节点，"not（@*）"表示所选取所有不具有属性的节点。

11.2.4 通配符

在 XML 文档中可以使用以下通配符。
- "*" 表示匹配任何元素节点。
- "@*" 表示匹配任何属性节点。
- "node()" 表示匹配任何类型的节点。

11.2.5 XPath 轴

XPath 轴用于定义与当前节点相关的属性。常用的轴有如下几项。
- ancestor：选取上下文节点的祖先节点。
- ancestor-or-self：选取上下文节点的祖先节点和节点自身。
- attribute：选取上下文节点的所有属性。
- child：选取上下文节点的所有子节点。作为默认的轴，可以忽略不写。
- descendant：选取上下文节点的所有子孙节点。
- descendant-or-self：选取上下文节点的所有子孙节点和节点自身。
- following：选取上下文节点结束标记前的所有节点。
- following-sibling：选取位于上下文节点后的所有兄弟类节点。
- parent：选取上下文节点的父节点。
- preceding：选取文档中所有位于上下文节点开始标记前的节点。
- preceding-sibling：选取文档中所有位于上下文节点前的所有兄弟类节点。
- self：选取上下文节点。

11.3 写文件

11.3.1 XML 文档操作类

在.NET Framework 中，System.Xml 命名空间为处理 XML 提供基于标准的支持。其中包含的常用类如下。

- XmlAttribute：表示一个属性。此属性的有效值和默认值在文档类型定义（DTD）或架构中进行定义。
- XmlAttributeCollection：表示可以按名称或索引访问的属性的集合。
- XmlDeclaration：表示 XML 声明节点，比如<？xml version='1.0'....>
- XmlDocument：表示 XML 文档。
- XmlDocumentType：表示文档类型声明。
- XmlElement：表示一个元素。
- XmlEntity：表示实体声明，比如<！ENTITY…>。
- XmlNode：表示 XML 文档中的单个节点。
- XmlNodeList：表示排序的节点集合。
- XmlReader：表示提供对 XML 数据进行的快速、非缓存、只进访问的读取器。
- XmlTextWrite：表示提供快速、非缓存、只进方法的编写器，该方法生成包含 XML 数据（这些数据符合 W3C 即万维网联合会 XML1.0 和"XML 中的命名空间"建议）的流或文件。
- XmlWrite：表示一个编写器，该编写器提供一种快速、非缓存和只进的方式来生成包含 XML 数据的流或文件。

下面介绍一些主要的 XML 文档操作类。

1．XmlDocument 类

XmlDocument 类表示 XML 文档，该类提供了加载、新建、存储 XML 文档的相关操作。常用的属性及说明如表 11.1 所示。常用的方法及说明如表 11.2 所示。

表 11.1 XmlDocument 类常用的属性及说明

属　　性	说　　明
ChildNode	获取节点的所有子节点
DocumentElement	获取文档的根元素
FirstChild	获取节点的第一个子级
HasChildNodes	获取一个值，该值指示节点是否有任何子节点
InnerText	获取或设置节点及其所有子节点的串联值
InnerXml	获取或设置表示当前节点子级的标记
Item	获取指定的子元素
LastChild	获取节点的最后一个子级
Name	获取节点的限定名
Value	获取或设置节点的值

表 11.2 XmlDocument 类常用的方法及说明

方　法	说　明
AppendChild	将指定的节点添加到该节点的子节点列表的末尾
CreateAttribute	创建具有指定名称的 XmlAttribute
CreateElement	创建 XmlElement
CreateNode	创建 XmlNode
CreateTextNode	创建具有指定文本的 XmlText
Load	加载指定的 XML 数据
LoadXml	从指定的字符串加载 XML 文档
ReadNode	根据 XmlReader 中的信息创建一个 XmlNode 对象，读取器必须定位在节点或属性上移除指定的子节点
RemoveChild	移除指定的子节点
ReplaceChild	用 newChild 节点替换子节点 oldChild
Save	将 XML 文档保存到指定的位置

2．XmlNode 类

前面介绍过，XML 文档中的每一项都可以认为是一个节点，节点具有一组方法和属性等。一个 XmlNode 对象表示 XML 文档中的一个节点，它包括 XmlElement（元素）和 XmlAttribute（属性）等。XmlNode 类的常用的属性及说明如表 11.3 所示，其常用的方法及说明如表 11.4 所示。

注意：XmlNode 类是一个抽象类，不能直接创建它的实例。NodeType 属性取值及说明如表 11.5 所示。

表 11.3 XmlNode 类常用的属性及说明

属　性	说　明
Attributes	获取一个 XmlAttributeCollection，它包含该节点的属性
ChildNodes	获取节点的所有子节点
FirstChild	获取节点的第一个子级
Itern	获取指定的子元素
LastChild	获取节点的最后一个子级
Name	获取节点的限定名，对于元素即为标记名
Value	获取或设置节点的值

表 11.4 XmlNode 类常用的方法及说明

方　法	说　明
AppendChild	将指定的节点添加到该节点的子节点列表的末尾
RemoveAll	移除当前节点的所有子节点和/或属性
RemoveChild	移除指定的子节点
ReplaceChild	用 newChild 节点替换子节点 oldChild

续表

方 法	说 明
SelectNodes	选择匹配 XPath 表达式的节点列表
SelectSingleNode	选择匹配 XPath 表达式的第一个 XmlNode
WriteContentTo	当在派生类中被重写时,该节点的所有子节点会保存到指定的 XmlWrite 中
WriteTo	当在派生类中被重写时,将当前节点保存到指定的 XmlWrite 中

表 11.5 NodeType 属性取值及说明

属 性	说 明
Arribute	属性(例如,id='123')
Comment	注释(例如,<!—my comment-->)
Document	作为文档树的根的文档对象,提供对整个 XML 文档的访问
DocumentType	由以下标记指示的文档类型声明(例如,<!DOCTYPE…>)
Element	元素(例如,<item>)
EndElement	末尾元素标记(例如,</item>)
Entity	实体声明(例如,<! ENTITY…>)
EntityReference	实体引用(例如,<#>)
Text	节点的文本内容

3. XmlNodeList 类

一个 XmlNodeList 对象表示排序的节点集合,每个节点为一个 XmlNode 对象。XmlNodeList 类的常用的属性及说明如表 11.6 所示,其常用的方法及说明如表 11.7 所示。

表 11.6 XmlNodeList 类常用的属性及说明

属 性	说 明
Count	获取 XmlNodeList 中的节点数
ItemOf	检索给定索引出的节点

表 11.7 XmlNodeList 类常用的方法及说明

方 法	说 明
GetEnumerator	在 XmlNodeList 中节点集合上提供一个简单的 foreach 样式迭代
Item	检索给定索引处的节点

4. XmlElement 类

XmlElement 类表示一个元素,它是 XmlNode 类的子类。其常用的属性及说明如表 11.8 所示,其常用的方法及说明如表 11.9 所示。

表 11.8　XmlElement 类常用的属性及说明

属　性	说　明
Attributes	获取包含该节点属性列表的 AttributeCollection
ChildNodes	获取节点的所有子节点
FirstChild	获取节点的第一个子级
InnerText	获取或设置节点及所有子集的串联值
InnerXml	获取或设置只表示该节点子级的标记
Item	获取指定的子元素
LastChild	获取节点的最后一个子级
Name	获取节点的限定名，即该元素的标记名
Value	获取或设置节点的值

表 11.9　XmlElement 类常用的方法及说明

方　法	说　明
AppendChild	将指定节点添加到该节点的子节点的末尾
InsertAfter	将指定的节点紧接着插入指定引用节点之后
InsertBefore	将指定的节点紧接着插入指定引用节点之前
PrependChild	将指定的节点添加到该节点的子节点列表的开头
RemoveAll	移除当前节点的所有指定属性和子级，不移除默认属性
RemoveAllAttributes	从元素移除所有指定的属性，不移除默认属性
RemoveAttribute	移除指定的属性（如果移除的属性有一个默认值，则立即予以替换）
RemoveAttributeAt	从元素中移除具有指定索引的属性节点（如果移除的属性有一个默认值，则立即予以替换）
RemoveAttributeNode	移除 XmlAttribute
RemoveChild	移除指定的子节点

5．XmlReader 类

表示提供对 XML 数据进行快速、非缓存、只进访问的读取器。其常用的属性及说明如表 11.10 所示。其常用的方法及说明如表 11.11 所示。

表 11.10　XmlReader 类常用的属性及说明

属　性	说　明
AttributeCount	获取当前节点上的属性数
Depth	获取 XML 文档中当前节点的深度
EOF	获取一个值，该值指示此读取器是否定位在流的结尾
Item	获取此属性的值
Name	获取当前节点的限定名
NodeType	获取当前节点的类型
ReadState	获取读取器的状态
Value	获取当前节点的文本值

表 11.11 XmlReader 类常用的方法及说明

方法	说明
Close	当在派生类中被重写时，将 ReadState 更改为 Closed
Create	创建一个新的 XmlReader 实例
GetAttribute	获取属性的值
Read	从流中读取下一个节点
Skip	跳过当前节点的子级

XmlReader 类是一个抽象类，由它派生出 XmlTextReader 类。XmlTextReader 类具有返回有关内容和节点类型等数据的方法。

11.3.2 XML 文档对象模型（DOM）

.NET 仅仅支持 XML DOM 模式，而不支持 SAX 模式。文档对象模型类是 XML 文档的内存中表示形式，XML 数据在内存中的表示是结构化的，一般使用树结构表示 DOM 对象模型。为了对 DOM 内存结构有更直观的认识，先看下例 XML 数据在内存中的构造：

```
<xml version="1.0">
  <book>
    <author>江新</author>
    <price>40</price>
  </book>
```

1. 读取 XML 数据

XML DOM 模式提供多种方式读取 XML 数据，如从流、URL、文本读取器或 XmlReader 中读取。Load 方法将文档读入内存中，并包含可用于从每个不同的格式中获取数据的重载方法。例如：

```
XmlDocument doc = new XmlDocument();
doc.LoadXml("<book><author>碧清</author><price>40</priec></book>");
```

2. 访问 DOM 中的属性

XML 文档中另一重要特性是属性，它表示元素的某种特性。下面我们学习如何访问到元素的属性。在 DOM 模式中，如果当前节点是元素时，可先使用 HasAttribute 方法检测是否存在属性，如存在，可使用 XmlElement.Attributes 属性获取包含该元素所有属性的集合。一般情况下，可按如下步骤访问元素的属性。

（1）获取 book 节点元素的属性集合。代码如下：

```
XmlAttributeCollection attrs = myxml.DocumentElement.
SelectSingleNode("//book").Attributes;
```

（2）从属性集合中提取属性 ID。代码如下：

```
XmlAttribute attr = attrs["ID"];
```

（3）获取属性 ID 的值。代码如下：

```
string id = atrr.Value;
```

3. 在 DOM 中创建新节点

可以通过在 DOM 树中插入新的节点来为 XML 文档增添新的元素。XmlDocument 类中提供了创建所有类型节点的方法，如 CreateElement、CreateTextNode 等。创建了新节点后，可使用几种方法将其插入到 DOM 树中。

以下代码用于新建一个元素节点：

```
//新建一个 Element 节点，将插入到 book 节点的子节点中。
XmlElement elem = doc.CreateElement("ISDN");
//新建一个 Text 节点，将其作为 ISDN 的值。
XmlText text = doc.CreateTextNode("CN94-0000/TP");
```

插入节点到 DOM 树中的方法共有如下几种。

- InsertBefore：表示插入到引用节点之前。如，在位置 5 插入新节点：

```
XmlNode refChild=node.ChildNodes[4];
Node.InsertBefore(newChild,refChild);
```

- InsertAfter：表示插入引用节点之后。
- AppendChild：表示将节点添加到给定节点的子节点列表的末尾。
- PrependChild：表示将节点添加到给定节点的子节点列表的开头。
- Append：表示将 XmlAttribute 节点追加到与元素关联的属性集合的末尾。

以下代码将上面创建两个节点插入到 book 节点的子节点中：

```
//将 elem 节点插入到 book 节点的最后一个子节点处。
doc.DocumentElement.AppendChild(elem);
//将 text 节点添加作为 elem 节点的值。
doc.DocumentElement.LastChild.AppendChild(text);
```

4．在 DOM 中删除节点

在 DOM 中删除节点，可使用 RemoveChild 方法，如从 DOM 中删除多个节点可直接调用 RemoveAll 方法，它将删除当前节点的所有子级和属性。

【实例 11-1】 删除当前节点的所有子级和属性。代码如下：

```
XmlDocument doc = new XmlDocument();
doc.LoadXml("<book genre='novel' ISBN='1-861001-57-5'>" +
            "<title>Pride And Prejudice</title>" +
            "</book>");
XmlNode root = doc.DocumentElement;
root.RemoveChild(root.FirstChild);  //删除 title 元素节点
```

如果仅仅删除元素节点的属性，可使用以下三种方法。

- XmlAttributeCollection.Remove：删除特定属性。
- XmlAttributeCollection.RemoveAll：删除集合中的所有属性。
- XmlAttributeCollection.RemoveAt：通过索引号来删除集合中某属性。

5．保存 XML 文档

当应用程序对 XML 文档进行了有效的修改后，需要将内存中的内容保存到磁盘的 XML 文件中。保存 XML 文档很简单，调用 Save 方法即可。

【实例 11-2】 使用 Save 方法保存 XML 文档。代码如下：

```
using System;
using System.Xml;
public class Sample
{   public static void Main()
    {   XmlDocument doc = new XmlDocument();
        doc.LoadXml("<item><name>wrench</name></item>");
        XmlElement newElem = doc.CreateElement("price");
        newElem.InnerText = "10.95";
        doc.DocumentElement.AppendChild(newElem);
        XmlTextWriter writer = new XmlTextWriter("data.xml",null);
```

```
writer.Formatting = Formatting.Indented;
doc.Save(writer);}}
```

11.3.3 使用 XmlReader 阅读器访问 XML 文档

XmlReader 是一个抽象类，它提供非缓存的、只进只读访问 XML 文档的功能。XmlReader 阅读器工作原理类似于桌面应用程序从数据库中取出数据的原理。数据库服务返回一个游标对象，它包含所有查询结果集，并返回指向目标数据集的开始地址的引用。XmlReader 阅读器的客户端收到一个指向阅读器实例的引用。该实例提取底层的数据流并把取出的数据呈现为一棵 XML 树。阅读器类提供只读、向前的游标，用户也可以用阅读器类提供的方法滚动游标遍历结果集中的每一条数据。

在.NET 类库中，已为应用程序实现了三种类型的阅读器类，即 XmlTextReader 类、XmlValidatingReader 类和 XmlNodeReader 类。

阅读器的主要功能是读取 XML 文档的方法和属性。该类中的 Read 方法是一个基本的读取 XML 文档的方法，它以流形式读取 XML 文档中的节点（Node）。另外，类还提供了 ReadString、ReadInnerXml、ReadOuterXml 和 ReadStartElement 等更高级的读方法。除了提供读取 XML 文档的方法外，XmlReader 类还提供了 MoveToAttribute、MoveToFirstAttribute、MoveToContent、MoveToFirstContent、MoveToElement 以及 MoveToNextAttribute 等具有导航功能的方法。

1．使用 XmlReader 阅读器

要想使用 XMLReader 阅读器，首先必须创建一个 XmlReader 派出类的实例对象，如：

```
XmlTextReader reader = new XmlTextReader(file)
```

使用一个文件流创建 XmlTextReader 阅读器。创建完一个阅读器对象后，可以作为 XmlDocument.Load 方法的参数使用（其访问 XML 文档方法在前面已介绍过）；也可以直接使用阅读器读取文档结构内容。

【实例 11-3】 使用 XmlTextReader 阅读器读取 XML 文档。

```
// 创建一个XmlTextReader类使它指向目标XML 文档
XmlTextReader reader = new XmlTextReader(file);
StringWriter writer = new StringWriter();
string tabPrefix = "";
while (reader.Read())
{   if (reader.NodeType == XmlNodeType.Element)
    {tabPrefix = new string('\t', reader.Depth);
     writer.WriteLine("{0}<{1}>", tabPrefix, reader.Name);}
    else
    {  if (reader.NodeType == XmlNodeType.EndElement)
       {tabPrefix = new string('\t', reader.Depth);
        writer.WriteLine("{0}</{1}>", tabPrefix, reader.Name);}}
```

2．XmlReader 的属性

XmlReader 类具有一些可以在读取时修改的属性，以及一些在读取开始后被更改时并不会使新设置影响读取的其他属性。下面我们对 XmlReader 属性做一下简要介绍。

- AttributeCount 属性：当在派生类中被重写时，获取当前节点上的属性数。
- BaseURI 属性：当在派生类中被重写时，获取当前节点的基 URI。
- CanResolveEntity 属性：获取一个值，该值指示此读取器是否可以分析和解析实体。
- Depth 属性：当在派生类中被重写时，获取 XML 文档中当前节点的深度。

- EOF 属性：当在派生类中被重写时，获取一个值，该值指示此读取器是否定位在流的结尾。
- HasAttributes 属性：获取一个值，该值指示当前节点是否有任何属性。
- HasValue 属性：当在派生类中被重写时，获取一个值，该值指示当前节点是否可以具有 Value。
- IsDefault 属性：当在派生类中被重写时，获取一个值，该值指示当前节点是否是从 DTD 或架构中定义的默认值生成的属性。
- IsEmptyElement 属性：当在派生类中被重写时，获取一个值，该值指示当前节点是否是一个空元素。

Item 属性：已重载。当在派生类中被重写时，获取此属性的值。在 C#中，该属性为 XmlReader 类的索引器。

3．XmlReader 常用方法

（1）ReadInnerXml 和 ReadOuterXml 方法。XmlReader 提供了 ReadInnerXml 和 ReadOuterXml 方法读取元素和属性内容。

ReadInnerXml 将所有内容（包括标记）作为字符串读取，而 ReadOuterXml 读取表示该节点和所有它的子级的内容（包括标记）。

例如，假设 XML 文档：

```
<node>
   this <child id="123"/>
</node>
```
ReadInnerXml 调用将返回 this <child id="123"/>，而 ReadOuterXml 调用将返回<node> this <child id="123"/></node>。

（2）Read 方法。表示从流中读取下一个节点。通常用在循环中。如：

```
XmlTextReader rdr=new XmlTextReader("book.xml");
while(rdr.Read())
{ …..//依次读取各节点。}
```

（3）ReadAttributeValue 方法。将属性值解析为一个或多个 Text、EntityReference 或 EndEntity 节点。如：

```
reader = new XmlTextReader(xmlFrag, XmlNodeType.Element, context);
reader.MoveToContent();
reader.MoveToAttribute("misc");
while (reader.ReadAttributeValue()){
   if (reader.NodeType==XmlNodeType.EntityReference)
     Console.WriteLine("{0} {1}", reader.NodeType, reader.Name);
   else
     Console.WriteLine("{0} {1}", reader.NodeType, reader.Value);}
```

d．ReadString 方法

将元素或文本节点的内容作为字符串读取。如：

```
reader = new XmlTextReader("elems.xml");
while (reader.Read()){
   if (reader.IsStartElement()){
   if (reader.IsEmptyElement)
      Console.WriteLine("<{0}/>", reader.Name);
   else{Console.Write("<{0}> ", reader.Name);
      reader.Read(); //Read the start tag.
      if (reader.IsStartElement())  //Handle nested elements.
```

```
            Console.Write("\r\n<{0}>", reader.Name);
            Console.WriteLine(reader.ReadString());}}
```

11.3.4 使用 XmlWriter 类写 XML 文档

XmlWriter 是定义用于编写 XML 的接口的抽象基类。XmlWriter 提供只进、只读、不缓存的 XML 流生成方法。更重要的是，XmlWriter 在设计时就保证所有的 XML 数据都符合 W3C XML 1.0 推荐规范，用户甚至不用担心忘记写闭标签，因为 XmlWriter 可以搞定一切。

1．使用 XmlWriter

使用 XmlWrite 之前，必须新建一个 XmlWriter 抽象类的派出类实例，再使用 XmlWrite 的 WriteXXX 方法写入元素、属性和内容，最后使用 Close 方法关闭 XML 文档。

【实例 11-4】 使用 XmlWriter 编写 XML 文档。代码如下：

```
XmlTextWriter xmlw = new XmlTextWriter(filename, null);
xmlw.Formatting = Formatting.Indented;
xmlw.WriteStartDocument();
xmlw.WriteStartElement("array");
foreach(string s in theArray)
{    xmlw.WriteStartElement("element");
     xmlw.WriteAttributeString("value", s);
     xmlw.WriteEndElement(); }
xmlw.WriteEndDocument();
xmlw.Close();
```

2．XmlWriter 类的属性

XmlWriter 类提供了如下属性。

- WriteState 属性：当在派生类中被重写时，获取编写器的状态。
- XmlLang 属性：当在派生类中被重写时，获取表示当前 xml:space 范围的 XmlSpace。
- XmlSpace 属性：当在派生类中被重写时，获取当前的 xml:lang 范围。

3．XmlWriter 类常用方法

（1）WriteXXX 方法，有以下 6 种。

- WriteBase64 方法：将指定的二进制字节编码为 Base64 并写出结果文本。
- WriteBinHex 方法：将指定的二进制字节编码为 BinHex 并写出结果文本。
- WriteCData 方法：写出包含指定文本的 <![CDATA[...]]> 块。
- WriteCharEntity 方法：为指定的 Unicode 字符值强制生成字符实体。
- WriteChars 方法：以每次一个缓冲区的方式写入文本。
- WriteComment 方法：写出包含指定文本的注释 <!--...-->。
- WriteDocType 方法：写出具有指定名称和可选属性的 DOCTYPE 声明。

（2）Flush 方法。该方法用于将缓冲区中的所有内容刷新到基础流，并同时刷新基础流。

（3）Close 方法。该方法当应用在 XML 文档的写操作完成后，关闭文档流和基础流。

11.4 任务实施

1．任务描述

编写程序，实现存款和取款的功能。运行结果如图 11.1 和图 11.2 所示。

图 11.1 "存款"窗口

图 11.2 "取款"窗口

2．任务目标

- 掌握 XML 文件的创建。
- 掌握读取 XML 文件中的数据。
- 掌握 XML 文件中数据的存放。

3．任务分析

先编写文件 data.xml 存放数据；然后获取 Accounts 节点的所有子节点，遍历所有子节点，遍历过程中将子节点类型转换为 XmlElement 类型，并继续获取其子节点的所有子节点，如果找到则修改其值，如果没有找到，则退出，最后保存文件。

4．任务完成

（1）编写 data.xml 文件，代码如下：

```xml
<?xml version="1.0"?>
<Accounts>
  <Account>
    <name>张三</name><password>123456</password><money>1000</money>
  </Account>
  <Account>
    <name>李斯</name><password>123456</password><money>2000</money>
  </Account>
</Accounts>
```

（2）实现存款，代码如下：

```
XmlDocument xmlDoc=new XmlDocument();
xmlDoc.Load("data.xml"));
XmlNodeList nodeList=xmlDoc.SelectSingleNode("Accounts ").ChildNodes;
//获取 Accounts 节点的所有子节点
foreach(XmlNode xn in nodeList)   //遍历所有子节点
{   XmlElement xe=(XmlElement)xn;    //将子节点类型转换为 XmlElement 类型
    XmlNodeList nls=xe.ChildNodes;   //继续获取 xe 子节点的所有子节点
    foreach(XmlNode xn1 in nls)      //遍历
    {   XmlElement xe2=(XmlElement)xn1;    //转换类型
        if(xe2.Name==username)       //如果找到
```

```
        { xe2.InnerText=double.Parse(xe2.InnerText)+textBox1.Text; }}}
    xmlDoc.Save( "data.xml");      //保存
```

(3) 实现取款,代码如下:

```
XmlDocument xmlDoc=new XmlDocument();
xmlDoc.Load("data.xml");
XmlNodeList nodeList=xmlDoc.SelectSingleNode("Accounts ").ChildNodes;
//获取Accounts节点的所有子节点
foreach(XmlNode xn in nodeList)          //遍历所有子节点
{   XmlElement xe=(XmlElement)xn;         //将子节点类型转换为XmlElement类型
    XmlNodeList nls=xe.ChildNodes;        //继续获取xe子节点的所有子节点
    foreach(XmlNode xn1 in nls)           //遍历
    {XmlElement xe2=(XmlElement)xn1;      //转换类型
        if(xe2.Name==username)            //如果找到
        { xe2.InnerText=double.Parse(xe2.InnerText)-textBox1.Text;}}}
xmlDoc.Save( "data.xml");      //保存
```

11.5 问题探究

1. XML 的目的是什么

XML 是用来使 SGML 能在万维网上能应用自如的,即方便地定义文件类型,方便地制作和管理使用 SGML 定义的文件,在网上方便地传输和共享这些文件。

2. 为什么 XML 是一项重要的技术

因为它解决了两个制约网络发展的问题:基础是单一固定的文件类型(HTML);完整的 SGML 过于复杂。

11.6 实践与思考

1. 编程实现 ATM 机的转账功能,界面如图 11.3 所示,数据使用 XML 存放。
2. 编程实现根据卡号查询个人银行卡信息,界面如图 11.4 所示。

图 11.3 "转账"窗口

图 11.4 "查看信息"窗口

第 12 章 绘图

学习目标
1. 熟悉 System.Drawing 命名空间
2. 熟悉 Graphics 类
3. 熟悉 Paint 方法
4. 熟悉 Pen、Brush、Font 类

技能目标
1. 掌握 C#的 GDI+常用绘图功能的实现方法
2. 掌握 C#的 GDI+文本的字体设置及其呈现的实现方法
3. 掌握 C#的 GDI+图像处理的基础知识及动画设计方法
4. 了解 C#的 GDI+图像的变形功能的实现方法

12.1 什么是GDI

图形设备接口（Graphics Device Interface，GDI）是 Windows API（Application Programming Interface）的一个重要组成部分。而增强型图形设置接口（Graphics Device Interface Plus，GDI+）则是 GDI 的升级版本，是微软在 Windows 2000 以后的操作系统中提供的新的图形设备接口，它在 GDI 的基础上进行了大量的优化、改进。GDI+的体系结构如图 12.1 所示。

.NET Framework 为操作图形提供了 GDI+应用程序编程接口（API）。通过这个接口可以复制复杂的图形。.NET 的所有图形图像处理功能都包含在以下命名空间中：

- System.Drawing 命名空间提供了对 GDI+基本图形功能的访问，主要有 Graphics 类、Bitmap 类以及从 Brush 类继承来的 Font 类、Icon 类、Image 类、Pen 类和 Color 类等。
- System.Drawing.Drawing2D 命名空间提供高级的二维和矢量图形功能。此命名空间包含渐变画笔、Matrix 类（用于定义几何变换）和 GraphicsPath 类。
- System.Drawing.Imaging 命名空间提供高级 GDI+图像处理功能。
- System.Drawing.Text 命名空间提供高级 GDI+字体和文本排版功能。

12.1.1 基本概念

1. 有关术语

（1）像素。计算机屏幕由成千上万个微小的点组成，这些点称为"像素"，程序通过定义每个像素的颜色来控制屏幕显示的内容。

（2）坐标系。将窗体看成一块可以在上面绘制（或绘画）的画布，窗体也有尺寸。真正的

画布用英寸或厘米来度量。"坐标"系统决定了每个像素的位置，其中 X 轴坐标度量从左到右的尺寸，Y 轴坐标度量从上到下的尺寸，如图 12.2 所示。

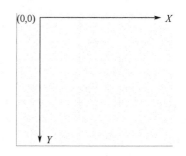

图 12.1　GDI+的体系结构　　　　　　　图 12.2　坐标系

坐标从窗体的左上角开始计算，因此，如果要绘制一个距离左边 10 个像素且距离顶部 10 个像素的单点，则应将 X 轴和 Y 轴坐标分别表示为（10，10）。

像素也可以用来表示图形的宽度和高度。若要定义一个长和宽均为 100 个像素的正方形，并且此正方形的左上角离左边和顶部的距离均为 10 个像素，则应将坐标表示为（10，10，100，100）。

（3）Paint 事件。这种在屏幕上进行绘制的操作称为"绘画"。窗体和控件都有一个 Paint 事件，每当需要重新绘制窗体和控件（例如，首次显示窗体或窗体由另一个窗体覆盖）时就会发生该事件。用户所编写的用于显示图形的任何代码通常都包含在 Paint 事件处理程序中。

（4）颜色。颜色是绘图功能中非常重要的一部分，在 C#中颜色用 Color 结构和 Color 枚举来表示。在 Color 结构中颜色由 4 个整数值 Red、Green、Blue 和 Alpha 表示。其中 Red、Green 和 Blue 可简写成 R、G、B，表示颜色的红、绿、蓝三原色；Alpha 表示不透明度。

可以通过 Color 类的 FromArgb 方法来设置和获取颜色。该方法的语法格式如下：

```
Color.FromArgb([A,]R,G,B)
```

其中，A 为透明参数，其值为 0～255，数值越小越透明。0 表示全透明，255 表示完全不透明（默认值）。R、G、B 为颜色参数，不可默认。范围在 0～255。如（255，0，0）为红色、（0，255，0）为绿色、（255，0，255）为蓝色。

在绘制图形时，可以直接使用系统自定义的颜色，这些被定义的颜色均用英文命名，有 140 多个，常用的有 Red、Green、Blue、Brown、White、Gold、Tomato、Pink、SkyBule 和 Orange 等。其使用的语法如下：

```
Color.颜色名称
```

2．GDI+的定义

GDI+是 Windows 的图形设备接口（Graphics Device Interface）。GDI+是一个 2D（二维）图形库，通过它可以创建图形、绘制文本以及将图形作为对象来操作。使用 GDI+，程序员可以编写与设备无关的应用程序，使程序开发人员不必考虑不同显卡之间的区别，其作用如图 12.3 所示。

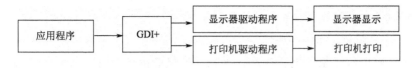

图 12.3 GDI+在图形应用程序设计中的作用

GDI+由.NET 类库中 System.Drawing 命名空间下的很多类组成，这些类包括在窗体上绘图的必要功能，可以在屏幕上完成对文本和位图的绘制，也可以控制字体、颜色、线条粗细、阴影、方向等因素，并把这些操作发送到显示卡上，确保在显示卡上正确输出。表 12.1 列出了一些最常用的 GDI+类和结构。

表 12.1 常用的 GDI+类和结构

类/结构	说 明
System.Drawing.Bitmap	封装 GDI+位图，该位图由图形图像及其属性的像素数据组成。Bitmap 是一个用于处理像素数据定义的图像
System.Drawing.Brushes	定义所有标准颜色所对应的画笔
System.Drawing.Color	表示一种 ARGB 颜色
System.Drawing.Font	定义文本的特定格式，包括字体、字号和样式属性
System.Drawing.Pen	定义用于绘制直线和曲线的对象
System.Drawing.Pens	定义所有标准颜色所对应的钢笔
System.Drawing.Point	提供有序的 X 坐标和 Y 坐标整数对，该坐标对在二维平面中定义一个点
System.Drawing.Rectangle	存储一组表示矩形的位置和大小的 4 个整数
System.Drawing.SolidBrush	定义单个颜色所对应的画笔。画笔用于填充图形形状，如矩形、椭圆、扇形、多边形和轨迹
System.Drawing.TextureBrush	TextureBrush 类的每个属性都是使用图像填充形状内部的 Brush 对象

3．Graphics 类

Graphics 类封装一个 GDI+绘图图面，无法继承此类。该类提供了对象绘制到显示设备的方法，且与特定的设备上下文关联。也就是说，Graphics 类是 GDI+的核心类，它包含许多绘制的操作方法和图像的操作方法，所有 C#的图形绘制都是通过它提供的方法进行的。例如，DrawLine 方法就是绘制一条连接由坐标对指定的两个点的线条。

12.1.2 绘图的基本步骤

在窗体上绘图的基本步骤如图 12.4 所示。

1．创建 Graphics 对象

在绘图之前，必须在指定的窗体上创建一个 Graphics 对象，即建立一块画布，只有创建了 Graphics 对象，才可以调用 Graphics 类的方法画图。但是，不能直接建立 Graphics 类的对象，例如，以

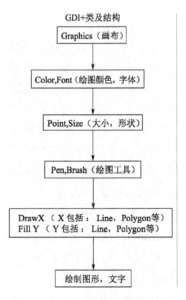

图 12.4 窗体上绘图的基本步骤

下语句是错误的：

```
Graphics 对象名 = new Graphics();
```

这是因为 Graphics 类没有提供构造函数，它只能由可以给自己设置 System.Drawing.Graphics 类的对象来操作。一般地，建立 Graphics 类的对象有以下三种方法。

（1）调用窗体 CreateGraphics 方法来建立 Graphics 对象。每个窗体或控件都有一个 Paint 事件，该事件参数中包含了当前窗体或控件的 Graphics 对象，在为窗体或控件编写绘图代码时，一般使用此方法来获取图形对象的引用。例如：

```
private void Form1_Paint(object sender, PaintEventArgs e)
{Graphics g = e.Graphics;
    …… //其他图形图像处理代码}
```

（2）在窗体的 Paint 事件处理过程中建立 Graphics 对象。调用当前窗体或控件的 CreateGraphics 方法以获取对 Graphics 对象的引用，该对象表示当前窗体或控件的绘图图面。如果想在已存在的窗体或控件上绘图，可以使用这种方法。例如：

```
Graphics g = this.CreateGraphics();
```

（3）调用 Graphics 类的 FromImage 静态方法。调用 Graphics 类的 FromImage 静态方法，从继承自图像的任何对象创建 Graphics 对象，此方法通常用于更改已存在的图像。例如：

```
Bitmap bitmap = new Bitmap(@"C:\CProgame\b1.bmp");
Graphics g = Graphics.FromImage(bitmap);
```

或者：

```
Image img = Image.FromFile(g1.gif);
Graphics g = Graphics.FromImage(img);
```

2．创建绘图工具

创建 Graphics 对象后，可用于绘制线条和形状，呈现文本或显示与操作图像。与 Graphics 对象一起使用的主要对象有以下几类。

（1）Pen 类。用于绘制线条、勾勒形状轮廓或呈现其他几何表示形式。根据需要可对画笔的属性进行设置。例如，Pen 的 Color 属性，可以设置画笔的颜色，DashStyle 属性可设置 Pen 的线条样式。

（2）Brush 类。用于填充图形区域，如实心形状、图像或文本。创建画刷有多种方式，可以创建 SolidBrush、HatchBrush、TextureBrush 等。

（3）Font 类。提供有关在呈现文本时要使用什么形状的说明。在输出文本之前，先指定文本的字体。通过 Font 类可以定义特定的文本格式，包括字体、字号和字形属性。

（4）Color 结构。表示要显示的不同颜色。颜色是绘图必要的元素，绘图前需要先定义颜色，可以使用 Color 结构中自定义颜色，也可以通过 FromArgb 方法来创建 RGB 颜色。

3．用 Graphics 类提供的方法绘图

Graphics 类提供的绘图方法可以绘制空心图形、填充图形和文本等。

（1）绘制空心图形的方法：DrawArc、DrawBezier、DrawEllipse、DrawImage、DrawLine、DrawPolygon 和 DrawRectangle 等。

（2）绘制填充图形的方法：FillClosedCurve、FillEllipse、FillPath、FillPolygon 和 FillRectangle 等。

（3）绘制文字的方法：Drawstring。

另外，还可以进行图形变换，包括图形的平移、旋转、缩放，以及对图片进行一些特

4．Graphics 对象

当在 Graphics 对象上完成绘图后，有时需要重新绘制新的图形，这时需要清理画布对象。其使用方法为：

```
画布对象.Clear（颜色）；
```

其功能是将画布对象的内容清理成指定的颜色。例如，将画布对象 gobj 清理为白色：

```
g.Clear(Color.White);
```

5．释放资源

对于在程序中创建的 Graphics、Pen、Brush 等资源对象，在不再使用时应尽快释放，调用该对象的 Dispose 方法即可。如果不调用 Dispose 方法，则系统将自动回收这些资源，但释放资源的对象会滞后。

12.1.3 创建画图工具

画图工具包括画笔、笔刷、字体和颜色等。

1．创建画笔

画笔是用来画图的基本对象，同时通过画笔在窗体上绘制各种颜色的图形。在 C#中使用 Pen 类来定义绘制直线和曲线的对象，画笔是 Pen 的实例。在绘图之前需要创建一个画笔，语法格式如下：

```
Pen 画笔名称；
画笔名称 = new Pen（颜色，宽度）；
```

或者：

```
Pen 画笔名称 = new Pen（颜色，宽度）；
```

实例画笔对象代码如下：

```
Pen pen1 = new Pen(Color.Red);        //1 个像素宽的红色笔
Pen pen2 = new Pen(Color.Black,5);    //5 个像素宽的黑色笔
```

Pen 类可在 Graphics 画布对象上绘制图形，只要指定画笔对象的颜色与粗细，配合相应的绘图方法，就可绘制图形形状、线条和轮廓。画笔类中封装了线条宽度、线条样式和颜色等。表 12.2 列出 Pen 类的常用属性及说明。

表 12.2　Pen 类的常用属性及说明

属 性 名	说　　明
Color	设置颜色
Brush	获取或设置 Brush，用于确定此 Pen 属性
DashStyle	设置虚线样式。取值如下 Custom：指定用户定义的自定义画线段样式
DashStyle	Dash：指定由画线段组成的直线 DashDot：指定由重复的画线点图案构成的直线 DashDotDot：指定由重复的画线点图案构成的直线 Dot：指定由点构成的直线 Solid：指定实线

续表

属性名	说明
EndCap	设置直线终点使用的线帽样式。取值如下 AnchorMask：指定用于检查线帽是否为锚头帽的掩码 ArrowAnchor：指定箭头状锚头帽 Custom：指定自定义线帽 DiamondAnchor：指定菱形锚头帽 Flat：指定平行帽 NoAnchor：指定没有锚 Round：指定圆线帽 RoundAnchor：指定圆锚头帽 Square：指定方线帽 SquareAnchor：指定方锚头帽 Triangle：指定三角线帽
StartCap	设置直线起点使用的线帽样式，其取值与 EndCap 相同
PenType	获取直线样式。取值如下 HatchFill：指定阴影填充 LinearGradient：指定线性渐变填充 PathGradient：指定路径渐变填充 SolidColor：指定实填充 TextureFill：指定位图纹理填充
Transform	获取或设置此 Pen 的几何变量
Width	设置线的宽度

2. 创建笔刷

画笔对象是描述图形的边框和轮廓，若要填充图形的内部则必须使用笔刷（Brush）对象。笔刷是从 Brush 类派生的任何类的实例，可与 Graphics 对象一起使用来创建实心图形或呈现文本对象。还可以使用笔刷填充各种图形，如矩形、椭圆、饼形、多边形和封闭路径等内部的对象，具有颜色和图案。

CDI+提供了几种不同形式的笔刷，如实心笔刷（SolidBrush）、纹理笔刷（TextureBrush）、阴影笔刷（HatchBrush）和渐变笔刷（LinearGraditionBrush）等。这些笔刷都是从 System.Drawing.Brush 基类中派生的。

（1）实心笔刷。指定了填充区域的颜色，是最简单的一种，其创作方法如下：

```
SolidBrush 笔刷名称 = new SolidBrush(笔刷颜色);
```

例如，定义一个颜色为红色的实心笔刷。代码如下：

```
SolidBrush redBrush = new SolidBrush(Color.red);
```

也可以从笔刷（详见笔刷介绍）对象实例画笔，示例代码如下：

```
Pen pen1 = new Pen(redBrush);        // 1个像素宽的红色笔
Pen pen2 = new Pen(redBrush,5);      // 5个像素宽的红色笔
```

（2）阴影笔刷。该笔刷是一种复杂的笔刷，它通过绘制一种样式来填充区域，用某一种图案来填充图形，创建方法如下：

```
HatchBrush 笔刷名称= newHatchBrush(HatchStyle, ForegroundColor, Background Colo);
```

其中，HatchBrush 指出获取此 HatchBrush 对象的阴影样式，也就是填充图案的类型，是一个 HatchBrush 枚举数据类型，该枚举有 50 多个图案类型，部分样式表如表 12.3 所示。

ForegroundColor 指出获取此 HatchBrush 对象绘制的阴影线条的颜色；BackgroundColor 指出此 HatchBrush 对象绘制的阴影线条间空间的颜色。

表 12.3 HatchBrush 部分样式及说明

HatchBrush 笔刷样式	说 明
BackwardDiagonal	从右上到左下的对角线
DarkDownwardDiagonal	从顶点到底点向右倾斜对角线
DashedHorizontal	虚线水平线
DashedUpwardDiagonal	虚线对角线
ForwardDiagonal	从左上到右下的对角线
Horizontal	水平线
LargeConfetti	五彩纸屑外观的阴影，由此 SmallConfetti 更大的片构成
Plaid	格子花呢材料外观的阴影
Shingle	对角分层鹅卵石外观的阴影
Trellis	格架外观的阴影
Vertical	垂直线的图案
Cross	交叉的水平线和垂直线
DarkUpwardDiagonal	从顶点到底点向左倾斜对角线
DashedVertical	虚线垂直线
DiagonalBrick	分层砖块外观的阴影
DiagonalCross	交叉对角线的图案
Divot	草皮层外观的阴影
HorizontalBrick	水平分层砖块外观的阴影
SmallCheckerBoard	棋盘外观的阴影
SmallConfetti	五彩纸屑外观的阴影
SmallGrid	互相交叉的水平线和垂直线
SolidDiamond	对角放置的棋盘外观的阴影

（3）创建字体。Font 类定义了文字的格式，如字体、大小和样式等。创建字体对象的一般语法格式如下：

```
Font 字体对象= new Font(字体名称,字体大小,字体样式);
```

其中，字体样式为 FontStyle 枚举类型，其取值及说明如表 12.4 所示。例如，以下语句创建一个字体为宋体，大小为 20，样式为粗体的 Font 对象 f，代码如下：

```
Font f = new Font("宋体", 20, FontStyle.Bold);
```

表 12.4 字体样式及说明

字 体 样 式	说　　　明
Bold	粗体
Italic	斜体
Regular	正常文本
Strikeout	有删除线的文本
UnderLine	有下画线的文本

12.1.4 绘制图形

绘制图形是使用 Graphics 对象方法来实现的。根据图形的形状可分为直线、矩形、多边形、圆和椭圆、弧线、饼形、闭合曲线、非闭合曲线、贝济埃曲线等。又根据是否填充分为空心图形和填充图形。在绘制这些图形时，都离不开画笔和笔刷。

1. 画笔绘制图形

（1）绘制直线。绘制直线需要创建 Graphics 对象和 Pen 对象。Graphics 对象提供进行绘制直线的 DrawLine 方法。其常用语法格式如下：

```
Graphics.DrawLine（Pen，起点坐标，终点坐标）；
```

绘制直线时需指明直线的起点坐标（起点列、行坐标）和终点坐标（终点列、行坐标）。

Pen 是画笔对象，用于指定画笔的颜色等。在后面将介绍 Pen 对象，本节凡是出现 Pen 参数的地方只需简单应用 Pens.Red（画笔为红色）、Pens.Blue（画笔为蓝色）等颜色。

【实例 12-1】 在 "D:\C#\ch12\" 创建项目名为 P12_1 的 Windows 应用程序，当用户在窗体上单击时，在窗体绘制一条起点为（10,10），终点为（300，100）的直线。效果如图 12.5 所示。代码如下：

```
private void Form1_Click(object sender, EventArgs e)
{   Graphics g = this.CreateGraphics();
    Pen mypen = new Pen(Color.Red, 5);
    g.DrawLine(mypen, 10, 10, 300, 100); }
```

（2）绘制折线。折线是有几个点相连的连续线段。

【实例 12-2】 打开项目 P12_1，添加 Form2 窗体，在窗体上绘制一条起点为（100，10），终点为（200，110），并通过（120，70）及（160，30）两点的连续线段。效果如图 12.6 所示。代码如下：

```
private void Form2_Paint(object sender, PaintEventArgs e)
{   Graphics g = this.CreateGraphics();
    Pen drawPen = new Pen(Color.Black, 1);
    Point p1, p2, p3, p4;
    p1 = new Point(100, 10);
    p2 = new Point(120, 70);
    p3 = new Point(160, 30);
    p4 = new Point(200, 110);
    Point[] points = { p1, p2, p3, p4 };
    g.DrawLines(drawPen, points);}
```

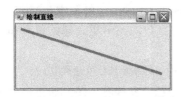

图 12.5 【实例 12-1】结果　　　　　图 12.6 【实例 12-2】结果

（3）绘制矩形。Graphics 对象提供绘制空心矩形的 DrawRectangle 或 DrawRectangles 方法。常用语法格式如下：

```
Graphics. DrawRectangle(Pen, DrawRectangle);
Graphics. DrawRectangles(Pen, DrawRectangle[]);
```

其中，DrawRectangle 方法绘制由一个 Rectangle 结构定义的多边形，而 DrawRectangles 方法绘制一系列由 DrawRectangle 结构指定的矩形。

DrawRectangle 是 System. Drawing 命名空间中一个结构类型，用于存储一组整数，共 4 个，分别表示一个矩形的位置和大小，即左上角顶点坐标、矩形的宽和高。凡是出现 DrawRectangle 参数的地方也可以直接给出矩形的左上角顶点坐标，宽和高这 4 个数据。

【实例 12-3】 打开项目 P12_1，添加 Form3 窗体，在窗体上绘制一条起点为（100, 10），宽为 200，高为 100 的矩形。效果如图 12.7 所示。代码如下：

```
Graphics g = this.CreateGraphics();
Pen drawPen = new Pen(Color.Black, 1);
g.DrawRectangle (drawPen,100,10,200,100);
```

图 12.7 【实例 12-3】结果

（4）绘制多边形。多边形是由 3 条以上直边组成的闭合图形。若要绘制多边形，需要 Graphics 对象、Pen 对象和 Point（或 PointF）对象数组。Graphics 对象提供绘制空心多边形的 DrawPolygon 方法。其常用语法格式如下：

```
Graphics. DrawPolygon(Pen, Point[]);
```

其中 Point 数组是由一组 Point 结构对象定义的多边形。Pen 对象指出画线的画笔。

【实例 12-4】 打开项目 P12_1，添加 Form4 窗体，在窗体上绘制一个封闭多边形，其起点为（100, 10），终点为（300, 10），并通过（120, 70）及（200, 110）两点。最后此方法会在起点与终点之间补上一条直线，实现如图 12.8 所示的效果。

```
Graphics g = this.CreateGraphics();
Pen drawPen = new Pen(Color.Black, 1);
Point p1, p2, p3, p4;
p1 = new Point(100, 10);
p2 = new Point(120, 70);
p3 = new Point(200, 110);
p4 = new Point(300, 10);
Point[] points = { p1, p2, p3, p4 };
g.DrawPolygon(drawPen, points);
```

（5）绘制弧线。弧线其实就是椭圆的一部分。Graphics 对象提供进行绘制弧线的 DrawArc 方法。DrawArc 方法除了需要绘制椭圆的参数，还需要有起始角度和仰角参数。语法格式如下：

```
Graphics. DrawArc(pen, 起点坐标, 终点坐标, 起始角度, 仰角参数);
```

【**实例 12-5**】 打开项目 P12_1，添加 Form5 窗体，在窗体上绘制效果如图 12.9 所示的图形，在一个左上角位于（0，0），宽度为 120，高度为 100 的矩形内，绘出一起始角为 0°，弧角为 120°的弧线。

```
Pen drawPen = new Pen(Color.Red, 3);
e.Graphics.DrawArc(drawPen, 0, 0, 120, 100, 0, 120);
```

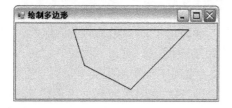 

图 12.8　【实例 12-4】结果　　　　图 12.9　【实例 12-5】结果

（6）绘制扇形。扇形是用 DrawPie 方法来绘制的，语法格式与弧线相同。但是扇形与弧线不同，扇形是由椭圆的一段弧线和两条与该弧线的终结点相交的射线定义的。语法格式如下：

```
DrawPie(pen, Rectangle, 起始角度, 仰角参数);
```

其中，若仰角参数大于 360°或小于-360°，则将其分别视为 360°或-360°。

【**实例 12-6**】 打开项目 P12_1，添加 Form6 窗体，在窗体绘制效果如图 12.10 所示的图形，左上角位于（50，50），宽度为 100，高度为 50 的矩形内，绘出一起始角为 0°，弧角为 90°的扇形。

```
Graphics g = this.CreateGraphics();
Pen drawPen = new Pen(Color.Red, 1);
e.Graphics.DrawPie(drawPen, 50, 50, 100, 50, 0, 90);
```

（7）绘制空心圆或椭圆。Graphics 对象提供了绘制空心圆或椭圆的 DrawEllipse 方法。语法格式如下：

```
Graphics. DrawEllipse(pen, Rectangle);
```

绘制圆和椭圆的方法相同，当宽和高的取值相同时，椭圆就变成圆了。

【**实例 12-7**】 打开项目 P12_1，添加 Form7 窗体，在窗体上绘制效果如图 12.11 所示的图形，左上角位于（30，30），直径为 100 的圆。代码如下：

```
Graphics g = this.CreateGraphics();
Pen drawPen = new Pen(Color.Red, 1);
g.DrawEllipse(drawPen,30,30,100,100);
```

图 12.10　【实例 12-6】结果　　图 12.11　【实例 12-7】结果

（8）绘制非闭合曲线。非闭合曲线通过 DrawCurve 方法来绘制，其语法格式如下：

Graphics.DrawCurve（Pen，Point[]，offset，numberofsegments，tension）；

其中，Point 为点数组，也可以为 PointF 结构数组，这些点定义样条曲线，其中必须包含至少 4 个点；offset 指的是从 Point 参数数组中的第一个元素到曲线中起始点的偏移量，如果从第一个点开始画，则偏移量为 0，如果从第二个点开始画，则偏移量为 1，以此类推；numberofsegments 表示起始点之后要包含在曲线中的段数。tension 表示该值指定曲线的张力，大于或等于 0.0F 的值，用来指定曲线的拉紧程度，值越大，拉紧程度越大，当值为 0 时，则此方法绘制直线段以连接这些点。通常，tension 参数小于或等于 1.0F，超过 1.0F 的值会产生异常的结果。

offset、numberofsegments 和 tension 这三个参数是可选项。

【实例 12-8】 打开项目 P12_1，添加 Form8 窗体，在窗体上绘制效果如图 12.12 所示的图形。左上角位于（30，30），包含（50，50），（80，90），（70，60），（130，50），（150，10）的非闭合曲线。代码如下：

```
Graphics g = this.CreateGraphics();
Point[] parray = { new Point(30, 30), new Point(50, 50), new Point(80, 90),
new Point(70, 60), new Point(130, 50), new Point(150, 10) };
g.DrawCurve(Pens.Red, parray, 0, 5, 0.2f);
```

（9）绘制空心闭合曲线。空心闭合曲线使用 DrawClosedCurve 方法来绘制，与画非闭合曲线格式基本相同。语法格式如下：

Graphics. DrawClosedCurve（Pen，Point[]）；

其功能是使用指定的张力来绘制由 Point 数组定义的闭合基数样条。Point 表示点的数组，其中必须包含至少 4 个点。

用该方法可以连接多个点画出一条闭合曲线，如果最后一个点不匹配第一个点，则在最后一个点和第一个点之间添加一条附加曲线段以使其闭合。

【实例 12-9】 打开项目 P12_1，添加 Form9 窗体，在窗体上绘制效果如图 12.13 所示的图形。左上角位于（30，30），包含（50，50），（80，90），（70，60），（130，50），（150，10）的非闭合曲线。代码如下：

```
Graphics g = this.CreateGraphics();
Point[] parray = { new Point(30, 30), new Point(50, 50), new Point(80, 90),
new Point(70, 60), new Point(130, 50), new Point(150, 10),new Point(30,30) };
g. DrawClosedCurve(Pens.Red,parray);
```

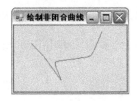 

图 12.12 【实例 12-8】结果　　　图 12.13 【实例 12-9】结果

（10）绘制贝济埃曲线（Bezier Curve）贝济埃曲线是一种用数学方法生成的能显示非一致曲线的线。贝济埃曲线是以法国数学家皮埃尔。贝济埃命名的。一条贝济埃曲线有 4 个点，在第 1 个点和第 4 个点之间绘制贝济埃样条，第 2 个点和第 3 个点是确定曲线形状的控制点。贝济埃曲线是通过 DrawBezier 方法来绘制的，语法格式如下：

Graphics. DrawBezier（Pen，Point1，Point2，Point3，Point4）；

其中，Point1、Point2、Point3 和 Point4 为 4 个 Point 结构或者 PointF 结构对象，分别

表示曲线的起始点、第 1 个控制点、第 2 个控制点、曲线的结束点。

【实例 12-10】 打开项目 P12_1，添加 Form10 窗体，在窗体上绘制效果如图 12.14 所示的图形，左上角位于（30，30），包含（50，50），（80，90），（70，60）点的贝济埃曲线。代码如下：

```
Graphics g = this.CreateGraphics();
    g.DrawBezier(Pens.Red, new Point(30, 30), new Point(50, 50), new Point(80, 90), new Point(70, 60));
```

2. 笔刷绘制图形

（1）绘制填充矩形。绘制填充矩形使用 FilRectangle 或 FilRectangles。语法格式如下：

```
Graphics. FilRectangle(Brush, Rectangle);
Graphics. FilRectangles(Brush, Rectangle[]);
```

其中，FilRectangle 方法填充 Rectangle 指定的矩形的内部。FilRectangles 方法填充 Rectangle 结构指定的一组矩形的内部。

Brush 是画刷对象，用于填充指定图形的内部颜色等，在后面将介绍 Brush 对象，本节凡是出现 Brush 参数的地方只需使用 Brushs.Red（画刷为红色）、Brushs.Blue（画刷为蓝色）等颜色。

【实例 12-11】 打开项目 P12_1，添加 Form11 窗体，在窗体上绘制一个填充红色的矩形和一个填充蓝色垂直阴影的绿色背景矩形，效果如图 12.15 所示。代码如下：

```
Graphics g=this.CreateGraphics();
SolidBrush myBrush1 = new SolidBrush(Color.Red);   // 声明实画笔
HatchBrush myBrush2 = new HatchBrush(HatchStyle.Vertical, Color.Blue, Color.Green);
Pen blackPen = new Pen(Color.Black, 3);    // 绘制并填充矩形
g.FillRectangle(myBrush1, 20, 20, 100, 100);
g.DrawRectangle(blackPen, 20, 20, 100, 100);
g.FillRectangle(myBrush2, 150, 20, 100, 100);
```

图 12.14　【实例 12-10】结果　　　图 12.15　【实例 12-11】结果

（2）绘制填充多边形。Graphics 对象提供绘制填充多边形的 FillPolygon 方法。其常用语法格式如下：

```
Graphics. FillPolygon(Brush, Point[]);
```

【实例 12-12】 打开项目 P12_1，添加 Form12 窗体，在窗体上绘制一个起始点为（20，20），经过（20，50），（100，50），（150，90），（180，50），（150，10）5 个点，填充红色的多边形，效果如图 12.16 所示。代码如下：

```
Graphics g=this.CreateGraphics();
Point[] parray2 ={new Point(20, 20), new Point(20, 50),new Point(100, 50),
new Point(150, 90),new Point(180, 50), new Point(150, 10)};
    g.FillPolygon(Brushes.Red, parray2);
```

（3）绘制填充圆和椭圆。Graphics 对象提供了绘制填充圆或椭圆的 DrawEllipse 方法。语法格式如下：

```
Graphics.FillEllipse(Brush, Rectangle);
```

【实例 12-13】打开项目 P12_1，添加 Form13 窗体，在窗体上绘制一个起始点位于（20，20）且长为 150，宽为 100，填充绿色的椭圆，效果如图 12.17 所示。代码如下：

```
Graphics g=this.CreateGraphics();
g.FillEllipse(Brushes.Green, 20, 20, 150, 100);
```

图 12.16　【实例 12-12】结果　　　图 12.17　【实例 12-13】结果

（4）绘制填充扇形。填充扇形是用 FillPie 方法来绘制的，语法格式如下：

```
Graphics.FillPie（Brush, Rectangle, 起始角度, 仰角参数）;
```

【实例 12-14】打开项目 P12_1，添加 Form14 窗体，在窗体上绘制一个起始点位于（20，20）的填充蓝色的扇形，效果如图 12.18 所示。代码如下：

```
Graphics g=this.CreateGraphics();
Rectangle rec2=new Rectangle(20, 20, 100, 70);
g.FillPie(Brushes.Blue, rec2, 30, 180);
```

（5）绘制填充闭合曲线。填充闭合曲线使用 FillClosedCurve 方法来绘制，与画非闭合曲线格式基本相同。语法格式如下：

```
Graphics.FillClosedCurve(Brush, Point[]);
```

【实例 12-15】 打开项目 P12_1，添加 Form15 窗体，在窗体上绘制一个起始点位于（140，20）的填充的闭合曲线，效果如图 12.19 所示。代码如下：

```
Graphics g = this.CreateGraphics();
Point[] parray2 = { new Point(140, 20), new Point(170, 50), new Point(200, 90), new Point(190, 60), new Point(230, 50), new Point(220, 10) };
g.FillClosedCurve(Brushes.Blue, parray2);
```

图 12.18　【实例 12-14】结果　　　图 12.19　【实例 12-15】结果

12.1.5　绘制文本

在程序设计中，有时还需要在图形中设计文字，即文字图形（非文本信息）。Graghics 对象提供了设置 Drawstring 的方法。其语法格式如下：

```
Graphics.DrawString(字符串,Font,Brush,Point,字体格式);
Graphics.DrawString(字符串,Font,Brush,Rectangle,字体格式);
```

其中,各参数的说明如下。

(1)"字符串"指出要绘制的字符串,也就是要输出的文本。

(2)Font 为创建的字体对象,用来指出字符串的文本格式。

(3)Brush 为创建的笔刷对象,它确定所绘制文本的颜色和纹理。

(4)Point 表示 Point 结构或者为 PointF 结构的点,这个点表示绘制文本的起始位置,它指定所绘制文本的左上角。Rectangle 表示由 Rectangle 结构指定的矩形,矩形左上角的坐标为文本的起始位置,文本在矩形的范围内输出。

(5)"字体格式"是一个 StringFormat 对象,用于指定应用于所绘制文本的格式化属性,如行距和对齐方式等。包括文本布局信息,如对齐、文字方向和"Tab"停靠位等,以显示操作和 OpenType 等功能。StringFormat 的常用属性如表 12.5 所示。

表 12.5 StringFormat 的常用属性及说明

属 性	说 明
Alignment	获取或设置垂直面上的文本对齐信息。其取值如下 Center:指定文本在布局矩形里正居中对齐 Far:指定文本远离布局矩形的原点位置对齐。在左到右布局中,远端位置是右。在右到左布局中,远端位置是左 Near:指定文本靠近布局对齐。在左到右布局中,近端位置是左。在右到左布局中,近端位置是右
GenericDefault	获取一般的默认 StringFormat 对象
LineAlignment	获取或设置水平面上对齐信息。与 Aligment 属性取值相同
FormatFlags	获取或设置包含格式化信息的 stringformatflags 枚举 DirectionRighToLeft:按从右向左的顺序显示文本 DirctionVertical:文本垂直对齐 FitBlackBok:允许显示符号的伸出部分和延伸到边框外的未换行文本。在默认情况下,延伸到边框外侧的所有文本和标志符号部分都被剪裁 NoWrap:在矩形内设置格式时,禁用文本换行功能。到传递的是点而不是矩形时,或者指定的矩形长为零时,已隐含此标记

12.2 任务实施

1. 任务描述

在窗体上绘制正弦曲线,如图 12.20 所示。

2. 任务目标

● 掌握 C#中坐标的绘制。

- 掌握 C#中直线的绘制。
- 掌握 C#中文本的绘制。
- 掌握 C#中曲线的绘制。

3. 任务分析

先制定坐标轴，确定坐标原点，依次画两条直线分别作为 X，Y 轴。因为窗体的左上角坐标为 (0, 0)，代码中使用的坐标定位都是相对的，相对于窗体的左上角 (0, 0) 位置。为了看得清楚，在窗体的四周留出了一部分边缘，使用绝对像素值，将坐标原点定位在 (20, 窗体高度-50)，且位于按钮的上方。随着窗体大小的变化，横坐标轴根据窗体高度绘制在不同位置。

4. 任务完成

创建项目名为 Task_12 的 Windows 窗体应用程序项目，在 Form1 窗体上添加 "button1" 按钮，在 button1_Click 事件中，编写如下的代码，实现在 C#窗体上绘制正弦曲线。

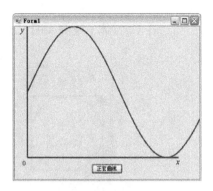

图 12.20　正弦曲线

```
private void button1_Click(object sender, ventArgs e)
{   Graphics g = this.CreateGraphics();
    Pen myPen = new Pen(Color.Red, 3);
    Point p1 = new Point(20, this.ClientSize.Height - 50);
    Point p2 = new Point(this.ClientSize.Width - 50, this.ClientSize.Height - 50);
    g.DrawLine(myPen, p1, p2);
    Point p3 = new Point(20, 100);
    g.DrawLine(myPen, p1, p3);
    Font f = new Font("宋体", 12, FontStyle.Bold);
    g.DrawString("x", f, myPen.Brush, p2);
    g.DrawString("y", f, myPen.Brush, 10, 10);
    g.DrawString("0", f, myPen.Brush, 15, this.ClientSize.Height - 45);
    float x1, x2, y1, y2, angle;
    x1 = x2 = 0;
    y1 = 0; y2 = this.ClientSize.Height - 50;
    for (x2 = 0; x2 < this.ClientSize.Width; x2++)
    {   angle = (float)(2 * Math.PI * x2 / (this.ClientSize.Width));
        y2 = (float)Math.Sin(angle);
        y2 = (1 - y2) * (this.ClientSize.Height - 50) / 2;
        g.DrawLine(myPen, x1 + 20, (float)y1, x2 + 20, (float)y2);
        x1 = x2;
        y1 = y2;}}
```

12.3　问题探究

1. 能否在 C#窗体上直接绘图吗

不能直接绘图，需要先创建画布，然后创建画笔或笔刷，再绘图。

2. 窗体加载后直接在窗体上绘图，应该使用窗体的什么事件

应该使用窗体的 Paint 事件。

12.4 实践与思考

1. 在 C#窗体上绘制如图 12.21 和图 12.22 所示的图形。

图 12.21　效果图 1　　　　　图 12.22　效果图 2

第 13 章
ADO.NET 数据库

学习目标
1. 熟悉 ADO.NET
2. 了解数据控件
3. 了解水晶报表

技能目标
1. 能够使用 ADO.NET 访问数据库
2. 能够熟练使用数据控件
3. 能够制作简单的水晶报表

前面几章所做出来的实例和任务，都存在一个问题：就是当程序启动时，实例或任务中所涉及到的数据加载到内存中，经过处理后，这些数据还是加载在内存中，而内存是计算机临时存储器，程序关闭后数据也会随之消失。因此，必须使用数据库技术存储经过处理的数据，ADO 即为访问数据库所采用的技术。

13.1 ADO.NET 简介

● 知识目标：
1. 熟悉 ADO.NET
2. 了解数据控件

● 技能目标：
1. 能够使用 ADO.NET 访问数据库
2. 能够熟练使用数据控件

ADO.NET（ActiveX Data Object.NET）是 Microsoft 公司开发的用于数据库连接的一套组件模型，是 ADO 的升级版本。由于 ADO.NET 组件模型很好地融入了.NET Framework，所以拥有.NET Framework 平台的无关、高效等特性。程序员能使用 ADO.NET 组件模型，方便高效地连接和访问数据库，它能让程序员可以快速地编写各种基于 ADO.NET 平台的应用程序。

13.1.1 ADO.NET 概述

ADO.NET 是与数据库访问操作有关的对象模型的集合，它基于 Microsoft 的.NET Framework，在很大程度上封装了数据库访问和数据操作的动作。

ADO.NET 同其前身 ADO 系列访问数据库的组件相比，做了以下两点重要改进。

第一，ADO.NET 引入了离线的数据结果集（Disconnected DataSet）这个概念，通过使用离线的数据结果集，程序员便可以在数据库断开的情况下访问数据库。

第二，ADO.NET还提供了对XML格式文档的支持，所以通过ADO.NET组件可以方便地在异构环境的项目间读取和交换数据。

1. ADO.NET体系结构

ADO.NET组件的表现形式是.NET的类库，它拥有两个核心组件：.NET Data Provider（数据提供者）和DataSet（数据结果集）对象。

.NET Data Provider是专门为数据处理以及快速地只进、只读访问数据而设计的组件，包括Connection、Command、DataReader和DataAdapter四大类对象，其主要功能如下。

（1）在应用程序里连接数据源，连接SQL Server数据库服务器。

（2）通过SQL语句的形式执行数据库操作，并能以多种形式把查询到的结果集填充到DataSet里。

DataSet对象是支持ADO.NET的断开式、分布式数据方案的核心对象。DataSet是数据的内存驻留表示形式，无论数据源是什么，它都会提供一致的关系编程模型。它是专门为独立于任何数据源的数据访问而设计的。

DataSet对象的主要功能是：用其中的DataTable和DataRelations对象来容纳.NET Data Provider对象传递过来的数据库访问结果集，以便应用程序访问。

（3）把应用代码里的业务执行结果更新到数据库中。并且，DataSet对象能在离线的情况下管理存储数据，这在海量数据访问控制的场合是非常有利的。图13.1描述了ADO.NET组件的体系结构。

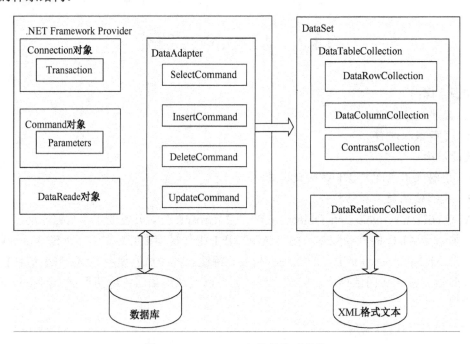

图13.1 ADO.NET组件的体系结构

2. ADO.NET对象模型

ADO.NET对象模型中有5个主要的数据库访问和操作对象，分别是Connection、Command、DataReader、DataAdapter和DataSet对象。

其中，Connection对象主要负责连接数据库，Command对象主要负责生成并执行SQL

语句，DataReader 对象主要负责读取数据库中的数据，DataAdapter 对象主要负责在 Command 对象执行完 SQL 语句后生成并填充 DataSet 和 DataTable，而 DataSet 对象主要负责存取和更新数据。

ADO.NET 主要提供了两种数据提供者（Data Provider），分别是 SQL Server.NET Provider 和 OLEDB.NET Provider。

SQL Server.NET Framework 数据提供程序使用它自身的协议与 SQL Server 数据库服务器通信，而 OLEDB.NET Framework 则通过 OLEDB 服务组件（提供连接池和事务服务）和数据源的 OLEDB 提供程序与 OLEDB 数据源进行通信。

它们两者内部均有 Connection、Command、DataReader 和 DataAdapter 共 4 类对象。对于不同的数据提供者，上述 4 种对象的类名是不同的，而它们连接访问数据库的过程却大同小异。表 13.1 描述了这两类数据提供者下的对象命名。

表 13.1 ADO.NET 对象描述

对 象 名	OLEDB 数据提供者的类名	SQL Server 数据提供者类名
Connection 对象	OLEDBConnection	SQLConnection
Command 对象	OLEDBCommand	SQLCommand
DataReader 对象	OLEDBDataReader	SQLDataReader
DataAdapter 对象	OLEDBDataAdapter	SQLDataAdapter

13.1.2 Connection 对象与数据库连接

在不同的 Provider 类型下，Connection 对象的命名也是不同的，但它们有一个共同的功能，那就是管理与数据源的连接。假设已经创建了 Stu 数据库中的 student 表（本章中的实例都是以此表为例），如图 13.2 所示。

ID	sName	sGrade	sSex	sEmail	sPhone	sAddress
2007102001	余桂林	1	男		1368900	成都
2007102002	张真律	1	男			重庆
2007102003	王凯	1	男			上海
2007102004	鲁晓	1	女			北京
2007102005	薛冰冰	1	女			成都
2007102006	姚德玉	1	男			天津
2007102007	周曦	1	女			哈尔滨
2007102008	张小龙	1	男			大连
2007102009	万娟	1	女			青岛
2007102010	杨莉	1	女			重庆
2007102011	陈莲	1	女			海南
2007102012	姜国强	1	男			湖南
2007102013	游小冰	1	男			湖北
2007102014	成玉萍	1	女			上海
2007102015	李兰	1	女			北京

图 13.2 student 表

1. Connection 对象的常用属性

Connectionion 对象主要用于连接数据库，它的常用的属性如下。

（1）ConnectionString 属性：该属性用来获取或设置用于打开 SQL Server 数据库的字符串。

（2）ConnectionTimeout 属性：该属性用来获取在尝试建立连接时终止尝试，并生成错误之前所等待的时间。

（3）DataBase 属性：该属性用来获取当前数据库或连接打开后要使用的数据库的名称。

（4）DataSource 属性：该属性用来设置要连接的数据源实例名称，如 SQL Server 的 Local 服务实例。

（5）State 属性：是一个枚举类型的值，用来表示同当前数据库的连接状态。该属性的取值情况和含义如表 13.2 所示。

表 13.2　Provider 值描述(ConnectionSate 枚举成员值)

属性值	含义
Broken	该连接对象与数据源的连接处于中断状态。只有当连接打开后再与数据库失去连接才会导致这种情况。可以关闭处于这种状态的连接，然后重新打开（该值是为此产品的未来版本保留的）
Closed	该连接处于关闭状态
Connecting	该连接对象正在与数据源连接（该值是为此产品的未来版本保留的）
Executing	该连接对象正在执行数据库操作的命令
Fetching	该连接对象正在检索数据
Open	该连接处于打开状态

【实例 13-1】　通过 State 属性判断数据库连接的状态。

```
SqlConnection conn;       //设置连接对象
if(conn.State == ConnectionState.Closed)  //如果是空闲状态，连接数据库
{conn.Open();}
……   //访问数据库的代码
if(conn.State == ConnectionState.Open)    //最后关闭连接
{conn.Close();}
```

2．Connection 对象的连接字符串

在 ConnectionString 连接字符串里，一般需要指定将要连接数据源的种类、数据库服务器的名称、数据库名称、登录用户名、密码、等待连接时间、安全验证设置等参数信息，这些参数之间用分号隔开。下面将详细描述这些常用参数的使用方法。

（1）Provider 参数。Provider 参数用来指定要连接数据源的种类。如果使用的是 SQL Server Dataprovider，则不需要指定 Provider 参数，因为 SQL Server DataProvider 已经指定了所要连接的数据源是 SQL Server 服务器。如果使用的是 OLEDB Data Provider 或其他连接数据库，则必须指定 Provider 参数。表 13.3 说明了 Provider 参数值和连接数据源类型之间的关系。

表 13.3　Provider 值描述

Provider 值	对应连接的数据源
SQL OLEDB	Microsoft OLEDB Provider for SQL Server
MSDASQL	Microsoft OLEDB Provider for ODBC
Microsoft. Jet. OLEDB.4.0	Microsoft OLEDB Provider for Access
MSDAORA	Microsoft OLEDB Provider for Oracle

（2）Server 参数。Server 参数用来指定需要连接的数据库服务器（或数据域）。比如"Server=(local)"，指定连接的数据库服务器是在本地。如果本地的数据库还定义了实例名，

Server 参数可以写成"Server=(local)\实例名"。另外，可以使用计算机名作为服务器的值。如果连接的是远端的数据库服务器，Server 参数可以写成"Server=IP"或"Server=远程计算机名"的形式。

Server 参数也可以写成 Data Source；例如 Data Source=IP，代码如下：

```
server=(local);Initial Catalog=student;user Id=sa; password= ;
Data Source=(localhost);Initial Catalog=student;user Id=sa; password= ;
```

（3）DataBase 参数。DataBase 参数用来指定连接的数据库名。比如"DataBase=Master"，说明连接的数据库是 Master，DataBase 参数也可以写成 Initial Catalog，如"Initial Catalog=Master"。

（4）Uid 参数和 Pwd 参数。Uid 参数用来指定登录数据源的用户名，也可以写成 UserID。比如"Uid(User ID)=sa"，说明登录用户名是 sa。Pwd 参数用来指定连接数据源的密码，也可以写成 Password。比如"Pwd(Password)=asp.net"，说明登录密码是 asp.net。

（5）Connect Timeout 参数。Connect Timeout 参数用于指定打开数据库时的最大等待时间，单位是秒。如果不设置此参数，默认是 15 秒。如果设置成-1，表示无限期等待，一般不推荐使用。

（6）Integrated Security 参数。Integrated Security 参数用来说明登录到数据源时是否使用 SQL Server 的集成安全验证。如果该参数的取值是 True（或 SSPI，或 Yes），表示登录到 SQL Server 时使用 Windows 验证模式，即不需要通过 Uid 和 Pwd 这样的方式登录。如果取值是 False（或 No），表示登录 SQL Server 时使用 Uid 和 Pwd 方式登录。一般来说，使用集成安全验证的登录方式比较安全，因为这种方式不会暴露用户名和密码。安装 SQL Server 时，如果选中"Windows 身份验证模式"单选按钮则应该使用如下的连接字符串"Data Source=(local); Init Catalog=students; Integrated Security=SSPI;Integrated Security=SSPI"表示连接时使用的验证模式是 Windows 身份验证模式。

（7）Pooling、MaxPool Size 和 Min Pool Size 参数。Pooling 参数用来说明在连接到数据源时，是否使用连接池，默认是 True。当该值为 True 时，系统将从适当的池中提取 SolConnection 对象，或在需要时创建该对象并将其添加到适当的池中。当取值为 false 时，不使用连接池。

Max Pool Size 和 Min Pool Size 这两个参数分别表示连接池中最大和最小连接数量，默认分别是 100 和 0。根据实际应用适当地取值将提高数据库的连接效率。

（8）连接字符串。下面通过实例来说明连接字符串的具体含义。如果连接字符串是：

```
"Provider= Microsoft.Jet.OLEDB.4.0;Data Source=D:\login.mdb"
```

则说明数据源的种类是 Microsoft.Jet.OLEDB.4.0，数据源是 D 盘下的 login.mdb Access 数据库，用户名和密码均无。

如果连接字符串是：

```
"Server= (local); DataBase=Master;Uid =sa;Pwd=;ConnectionTimeout=20"
```

由于没有指定 Provider，所以可以看出该连接字符串用于创建 SqlConnection 对象，连接 SQL Server 数据库。需连接的 SQL Server 数据库服务器是 local，数据库是 Master，用户名是 sa，密码为空，而最大连接等待时间是 20 秒。

3．Connection 对象的常用方法

Connection 类型的对象用来连接数据源。在不同的数据提供者的内部，Connection 对

象的名称是不同的,在 SQL Server Data Provider 里叫 SqlConnection,而在 OLEDB Data Provider 里叫 OLEDBConnection。

下面将详细介绍 Connection 类型对象的常用方法。

(1)构造函数。构造函数用来构造 Connection 类型的对象。对于 SqlConnection 类,其构造函数说明如表 13.4 所示。

表 13.4 SqlConnection 类构造函数说明

函 数 定 义	参 数 说 明	函 数 说 明
SqlConnection()	不带参数	创建 SqlConnection 对象
SqlConnection(string connectionstring)	连接字符串	根据连接字符串,创建 SqlConnection 对象

第 1 种方法,代码如下:

```
String ConnectionString ="server=(local); Initial Catalog =stu;";
SqlConnection conn=new SqlConnection();
conn.ConnectionString=ConnectionString;
conn.Open();
```

第 2 种方法,代码如下:

```
String cnn="server=(local); Initial Catalog =stu;";
SqlConnection conn=new SqlConnection(cnn);
conn.Open();
```

显然使用第 2 种方法输入的代码要少一点,但是两种方法执行的效率并没有什么不同,另外,如果需要重复用 Connection 对象以不同的身份连接不同的数据库时,使用第 1 种方法则非常有效。例如:

```
SqlConnection conn=new SqlConnection();
conn.ConnectionString=connectionString1;
conn.Open();
conn.Close();
conn.ConnectionString=connectionString2;
conn.Open();
conn.Close();
```

注意:只有当一个连接关闭以后才能把另一个不同的连接字符串赋值给 Connection 对象。如果不知道 Connection 对象在某个时候是打开还是关闭时,可以检查 Connection 对象的 State 属性,它的值可以是 Open,也可以是 Closed,这样就可以知道连接是否是打开的。

表 13.5 说明了 OLEDBConnection 类的构造函数。可以看出,它们和 SqlConnection 类的构造函数非常相近。

表 13.5 OLEDBConnection 类构造函数说明

函 数 定 义	参 数 说 明	函 数 说 明
OLEDBConnection()	不带参数	创建 OLEDBConnection 对象
OLEDBConnection(string connectionstring)	连接字符串	根据连接字符串,创建 OLEDBConnection 对象

(2)Open 和 Close 方法。Open 和 Close 方法分别用来打开和关闭数据库连接,都不带参数,均无返回值。

Open 方法：使用 ConnectionString 所指定的属性设置打开数据库连接。

Close 方法：关闭与数据库的连接，这是关闭任何连接的首选方法。

（3）CreateCommand()方法。CreateCommand()方法用来创建一个 Command 类型的对象。Command 类对象一般用来执行 SQL 语句，关于 Command 对象的操作将在 13.3 节里详细描述。

CreateCommand()方法：创建并返回一个与 SqlConnection 关联的 SqlCommand 对象。

ChangeDatabase 方法：为打开的 SqlConnection 更改当前数据库。

注意：数据库连接是很有价值的资源，因为连接要使用到宝贵的系统资源，如内存和网络带宽，因此对数据库的连接必须小心使用，要在最晚的时候建立连接（调用 Open 方法），在最早的时候关闭连接（调用 Close 方法）。也就是说在开发应用程序时，不再需要数据连接时应该立刻关闭数据连接。这点看起来很简单，要达到这个目标也不难，关键是要有这种意识。

13.1.3 Command 对象与查询语句

建立了数据库连接之后，就可以执行数据访问操作和数据修改操作了。一般对数据库的操作被概括为 CRUD——Create、Read、Update 和 Delete。ADO.NET 中定义了 Command 类来执行这些操作。

Command 对象主要用来执行 SQL 语句。利用 Command 对象，可以查询数据和修改数据。Command 对象是由 Connection 对象创建的，其连接的数据源也将由 Connection 来管理。而使用 Command 对象的 SQL 属性获得的数据对象，将由 DataReader 和 DataAdapter 对象填充到 DataSet 里，从而完成对数据库数据操作的任务。

1．Command 对象的常用属性

Command 对象的常用属性有 Connection、ConnectionString、CommandType、CommandText 和 CommandTimeout。

（1）Connection 属性。用来获得或设置该 Command 对象的连接数据源。比如某 SqlConnection 类型的 conn 对象连在 SQL Server 服务器上，又有一个 Command 类型的对象 cmd，可以通过"cmd.Connection=conn"来让 cmd 在 conn 对象所指定的数据库上操作。

不过，通常的做法是直接通过 Connection 对象来创建 Command 对象，而 Command 对象不宜通过设置 Connection 属性来更换数据库，所以上述做法并不推荐。

（2）ConnectionString 属性。用来获得或设置连接数据库时用到的连接字符串，用法和上述 Connection 属性相同。同样，不推荐使用该属性来更换数据库。

（3）CommandType 属性。用来获得或设置 CommandText 属性中的语句是 SQL 语句、数据表名还是存储过程。该属性的取值有 3 个，如表 13.6 所示。

表 13.6　CommandType 枚举值

值	说　明
StoredProcedure	指示 CommandType 属性的值为存储过程的名称
TableDirect	指示 CommandType 属性的值为一个或多个表的名称 只有 OLEDB 的.NET Framework 数据提供程序才支持 TableDirect
Text	指示 CommandType 属性的值为 SQL 文本命令（默认）

(4)CommandText 属性。根据 CommandType 属性的不同取值,可以使用 CommandText 属性获取或设置 SQL 语句、数据表名(仅限于 OLEDB 数据库提供程序)或存储过程。

2. Command 对象的常用方法

同样,在不同的数据提供者的内部,Command 对象的名称是不同的,在 SQL Server Data Provider 里叫 SqlCommand,而在 OLEDB Data Provider 里叫 OLEDBCommand。

(1)构造函数。构造函数用来构造 Command 对象。对于 SqlCommand 类型的对象,其构造函数说明如表 13.7 所示。

表 13.7 SqlCommand 类构造函数说明

函 数 定 义	参 数 说 明	函 数 说 明
SqlCommand()	不带参数	创建 SqlCommand 对象
SqlCommand(string cmdText)	cmdText: SQL 语句字符串	根据 SQL 语句字符串,创建 SqlCommand 对象
SqlCommand(string cmdText, SqlConnection connection)	cmdText: SQL 语句字符串 connection: 连接到的数据源	根据数据源和 SQL 语句,创建 SqlCommand 对象
SqlCommand(string cmdText, SqlConnection connection, SqlTransaction transaction)	cmdText: SQL 语句字符串 connection: 连接到的数据源 transaction: 事务对象	根据数据源和 SQL 语句和事务对象,创建 SqlCommand 对象

① 第一个构造函数不带任何参数,代码如下:

```
SqlCommand  cmd=newe SqlCommand();
cmd.Connection=ConnectionObject;
cmd.CommandText=CommandText;
```

上面代码段使用默认的构造函数创建一个 SqlCommand 对象。然后,把已有的 Connection 对象 ConnectionObject 和命名文本 CommandText 分别赋给了 Command 对象的 Connection 属性和 CommandText 属性。

例如,CommandText 可以从数据库检索数据的 SQL select 语句,代码如下:

```
string CommandText=" select * from student ";
```

② 第二个构造函数可以接受一个命令文本,代码如下:

```
SqlCommand  cmd=newe SqlCommand(CommandText);
cmd.Connection=ConnectionObject;
```

上面的代码实例化了一个 Command 对象,并使用给定命令文本对 Command 对象的 CommandText 属性进行了初始化。然后,使用已有的 Connection 对象对 Command 对象的 Connection 属性进行了赋值。

③ 第三个构造函数接受一个 Connection 和一个命名文本,代码如下:

```
SqlCommand  cmd=new SqlCommand(CommandText, ConnectionObject);
```

注意这两个参数的顺序,第一个为 string 类型的命令文本,第二个为 Connection 对象。

④ 第四个构造函数接受三个参数,第三个参数是 SqlTransaction 对象,这里不作讨论。

(2)ExecuteNonQUery 方法。ExecuteNonQuery 方法用来执行 Insert、Update、Delete 等非查询语句和其他没有返回结果集的 SQL 语句,并返回执行命令后影响的行数。如果

Update 和 Delete 命令所对应的目标记录不存在，返回"0"。如果出错，返回"-1"。ExecuteNonQuery 方法的返回值是一个整数，代表操作所影响到的行数。

【实例 13-2】 将学生表中 sAddress 的内容"邢台"更新为"邢台市"。代码如下：

```
String cnstr="server=(local);database=stu; Integrated Security=true";
SqlConnection cn=new SqlConnection(cnstr);
cn.Open();
string sqlstr="update student set  dept='邢台市' where dept ='邢台' ";
SqlCommand cmd=new SqlCommand(sqlstr, cn);
cmd.ExecuteNonQuery();
cn.Close();
```

（3）ExecuteScalar 方法。在许多情况下，需要从 SQL 语句返回一个结果，如客户表中记录的个数，当前数据库服务器的时间等。ExecuteScalar 方法就适用于这种情况。

【实例 13-3】 读取数据库中表 student 的记录个数，并把它输出到控制台上。代码如下：

```
String cnstr="server=(local);database=stu; Integrated Security=true";
SqlConnection cn=new SqlConnection(cnstr);
cn.Open();
string sqlstr="select count(*) from student";
SqlCommand cmd=new SqlCommand(sqlstr, cn);
object count=cmd.ExecuteScalar();
Console.WriteLine(count.ToString());
cn.Close();
```

（4）ExecuteReader 方法。ExecuteReader 方法用于执行查询操作，它返回一个 DataReader 对象，通过该对象可以读取查询所得的数据。该方法的两种定义为：

- ExecuteReader()，不带参数，直接返回一个 DataReader 结果集。
- ExecuteReader(CommandBehavior behavior)，根据 behavior 的取值类型，决定 DataReader 的类型。

【实例 13-4】 从数据库的 student 表中读取全部数据，并把该表的"sName"字段的数据全部输出到控制台上。代码如下：

```
String cnstr="server=(local);database=stu; Integrated Security=true";
SqlConnection cn=new SqlConnection(cnstr);
cn.Open();
string sqlstr="select * from student";
SqlCommand cmd=new SqlCommand(sqlstr, cn);
SqlDataReader dr=cmd.ExecuteReader();
while(dr.Read())
{   String name=dr["sName"].ToString();
    Console.WriteLine(name);}
dr.Close();
cn.Close();
```

【实例 13-5】 在用户表中添加一个新用户。代码如下：

```
private static string strConnect=" data source=localhost;
uid=sa;pwd=aspent;database=LOGINDB";
SqlConnetion objConnection =new SqlConnection(strConnect);
SqlCommand objCommand =new SqlCommand( " ",objConnection);
objCommand.CommandText= " insert into student " + " (ID, sName, sGrade,
sSex,sEmail,sPhone,sAddress) "+ " VALUES " +" (@ID, @sName, @sGrade, @sSex,
@sEmail, @sPhone, @sAddress ) ";
……   // 省略设置各值的语句
try
{ if( objConnection.State == ConnectionState. Closed )
   {objConnection.Open();}    //打开数据库连接
```

```
    objCommand.ExecuteNonQuery();
    ......    //省略后继动作}
catch(SqlException e)
{ Response.Write(e.Message.ToString());}
finally
{    //关闭数据库连接
   if(objConnection.State == ConnectionState.Open)
     { objConnection.Close();}
}
```

这段代码是连接数据库并执行操作的典型代码。其中，操作数据库的代码均在"try…catch … finally"结构中，因此代码不仅能正常地操作数据库，更能在发生异常的情况下抛出异常。另外，无论是否发生异常，也不论发生了哪种数据库操作的异常，finally 块里的代码均会被执行。所以，一定能保证代码在访问数据库后关闭连接。

【实例 13-6】 在 student 表中添加一个新的学生记录。代码如下：

```
private void btnAdd_Click(object sender, EventArgs e)
{  string connectionString = "Data Source=(local);Initial Catalog=stu;Integrated Security=SSPI";
   string insertQuery = "Insert studentInfo(ID,sName,sGrade,sSex,sEmail,sPhone,sAddress)"+ "values('2007001001','小张','2007106','男','test@test.com'," +"'18888888000','成都金牛区')";
   SqlConnection conn = new SqlConnection(connectionString);
   SqlCommand cmd = new SqlCommand(insertQuery, conn);
   conn.Open();
   int RecordsAffected = cmd.ExecuteNonQuery();
   conn.Close();}
```

【实例 13-7】 从 student 表中删除一条学生记录。代码如下：

```
private void btnDel_Click(object sender, EventArgs e)
{  string connectionString = "Data Source=(local);Initial Catalog=stu;Integrated Security=SSPI";
   string deletetQuery = "Delete from student where ID='2007001001'";
   SqlConnection conn = new SqlConnection(connectionString);
   SqlCommand cmd = new SqlCommand(deletetQuery, conn);
   conn.Open();
   int RecordsAffected = cmd.ExecuteNonQuery();
   conn.Close();}
```

13.1.4 DataReader 对象与数据获取

DataReader 对象以"基于连接"的方式来访问数据库。也就是说，在访问数据库、执行 SQL 操作时，DataReader 要求一直连在数据库上。这将会给数据库的连接负载带来一定的压力，但 DataReader 对象的工作方式将在很大程度上减轻这种压力。

1. DataReader 对象的常用属性

DataReader 对象提供了顺序的、只读的方式读取 Command 对象获得的数据结果集。由于 DataReader 只执行读操作，并且每次只在内存缓冲区里存储结果集中的一条数据，所以使用 DataReader 对象的效率比较高，如果要查询大量数据，同时不需要随机访问和修改数据，DataReader 是优先的选择。DataReader 对象有以下常用属性。

- FieldCount 属性：该属性用来表示由 DataReader 得到的一行数据中的字段数。
- HasRows 属性：该属性用来表示 DataReader 是否包含数据。
- IsClosed 属性：该属性用来表示 DataReader 对象是否关闭。

2. DataReader 对象的常用方法

DataReader 对象使用指针的方式来管理所连接的结果集,它的常用方法有关闭方法、读取记录集下一条记录和读取下一个记录集的方法、读取记录集中字段和记录的方法,以及判断记录集是否为空的方法。

(1) Close 方法。Close 方法不带参数,无返回值,用来关闭 DataReader 对象。

(2) bool Read()方法。bool Read()方法会让记录指针指向本结果集中的下一条记录,返回值是 true 或 false。当 Command 的 ExecuteReader 方法返回 DataReader 对象后,须用 Read 方法来获得第一条记录;当读好一条记录想获得下一下记录时,也可以用 Read 方法。如果当前记录已经是最后一条,调用 Read 方法将返回 false。也就是说,只要该方法返回 true,则可以访问当前记录所包含的字段。

(3) bool NextResult()方法。bool NextResult()方法会让记录指针指向下一个结果集。当调用该方法获得下一个结果集后,依然要用 Read 方法来开始访问该结果集。

(4) Object GetValue 方法。ObjectGetValue 方法根据传入的列的索引值,返回当前记录行里指定列的值。由于事先无法预知返回列的数据类型,所以该方法使用 Object 类型来接收返回数据。

(5) int GetValues 方法。int GetValues 方法会把当前记录行里所有的数据保存到一个数组里并返回。可以使用 FieldCount 属性来获知记录里字段的总数,据此定义接收返回值的数组长度。

(6) 获得指定字段的方法。获得指定字段的方法有 GetString、GetChar、GetInt32 等,这些方法都带有一个表示列索引的参数,返回均是 Object 类型。用户可以根据字段的类型,通过输入列索引,分别调用上述方法,获得指定列的值。例如,在数据库里,id 的列索引是 0,通过代码 "string id=GetString(0);" 可以获得 id 的值。

(7) 返回列的数据类型和列名的方法。可以调用 GetDataTypeName()方法,通过输入列索引,获得该列的类型。此方法的定义是:"string GetDataTypeName(int i);"。

可以调用 GetName()方法,通过输入列索引,获得该列的名称。此方法的定义是:"string GetName(int i);"。

综合使用上述两种方法,可以获得数据表里列名和列的字段。

(8) bool IsDBNull 方法。bool IsDBNull 方法的参数用来指定列的索引号,该方法用来判断指定索引号的列的值是否为空,返回 True 或 False。

【实例 13-8】 利用 DataReader 对象获得并访问结果集。代码如下:

```
private static string strConnect=" data source=localhost;
uid=sa;pwd=aspent;database=stu"
SqlConnetion objConnection =new SqlConnection(strConnect);
SqlCommand objCommand =new SqlCommand( " ",objConnection);
objCommand.CommandText= " SELECT * FROM student ";
try
{ if( objConnection.State == ConnectionState. Closed )
  {objConnection.Open();}
  SqlDataReader result=objCommand.ExecuteReader();  //获取运行结果
  if(result.Read()==true)
  { Response.Write(result["sName"].ToString());
    Response.Write(result["sGrade"].ToString());
    Response.Write(result["sSex"].ToString());}
}
```

```
catch(SqlException e)
{Response.Write(e.Message.ToString());}
finally
{   if(objConnection.State == ConnectionState.Open)
    {objConnection.Close();}
    if(result.IsClosed == false)
    {reuslt.Close();}
}
```

在代码里,给出了两种使用 DataReader 对象访问结果集的方式,一种是直接根据字段名,利用 result["sName"]的形式获得特定字段的值;另一种方式写在注释里,通过 for 循环,利用 FieldCount 属性和 GetValue 方法,依次访问数据集的字段。

13.1.5 DataAdapter 对象

DataAdapter 对象主要用来承接 Connection 和 DataSet 对象。DataSet 对象只关心访问操作数据,而不关心自身包含的数据信息来自哪个 Connection 连接到的数据源,而 Connection 对象只负责数据库连接而不关心结果集的表示。所以,在 ASP.NET 的架构中使用 DataAdapter 对象来连接 Connection 和 DataSet 对象。

另外,DataAdapter 对象能根据数据库里的表的字段结构,动态地塑造 DataSet 对象的数据结构。

1. DataAdapter 对象的常用属性

DataAdapter 对象的工作步骤一般有两种,一种是通过 Command 对象执行 SQL 语句,将获得的结果集填充到 DataSet 对象中;另一种是将 DataSet 里更新数据的结果返回到数据库中。

DataAdapter 对象的常用属性形式为 XXXCommand,用于描述和设置操作数据库。使用 DataAdapter 对象,可以读取、添加、更新和删除数据源中的记录。对于每种操作的执行方式,适配器支持以下 4 个属性,类型都是 Command,分别用来管理数据操作的"增"、"删"、"改"、"查"动作。

- SelectCommand 属性:该属性用来从数据库中检索数据。
- InsertCommand 属性:该属性用来向数据库中插入数据。
- DeleteCommand 属性:该属性用来删除数据库里的数据。
- UpdateCommand 属性:该属性用来更新数据库里的数据。

2. DataAdapter 对象的常用方法

DataAdapter 对象主要用来把数据源的数据填充到 DataSet 中,以及把 DataSet 里的数据更新到数据库,同样有 SqlDataAdapter 和 OLEDBAdapter 两种对象。它的常用方法包括构造函数填充或刷新 DataSet 的方法、将 DataSet 中的数据更新到数据库里的方法和释放资源的方法。

(1)构造函数。不同类型的 Provider 使用不同的构造函数来完成 DataAdapter 对象的构造。对于 SqlDataAdapter 类,其构造函数说明如表 13.8 所示。

表 13.8 SqlDataAdapter 类构造函数说明

函 数 定 义	参 数 说 明	函 数 说 明
SqlDataAdapter()	不带参数	创建 SqlDataAdapter 对象
SqlDataAdapter(SqlCommand selectCommand)	selectCommand:指定新创建对象的 SelectCommand 属性	创建 SqlDataAdapter 对象。用参数 selectCommand 设置其 Select Command 属性

续表

函 数 定 义	参 数 说 明	函 数 说 明
SqlDataAdapter(string selectCommandText, SqlConnection selectConnection)	selectCommandText：指定新创建对象的 SelectCommand 属性值 selectConnection：指定连接对象	创建 SqlDataAdapter 对象。用参数 selectCommandText 设置其 Select Command 属性值，并设置其连接对象是 selectConnection
SqlDataAdapter(string selectCommandText,String selectConnectionString)	selectCommandText：指定新创建对象的 SelectCommand 属性值 selectConnectionString：指定新创建对象的连接字符串	创建 SqlDataAdapter 对象。将参数 selectCommandText 设置为 Select Command 属性值，其连接字符串是 selectConnectionString

OLEDBDataAdapter 的构造函数类似 SqlDataAdapter 的构造函数，如表 13.9 所示。

表 13.9 OLEDBDataAdapter 类构造函数说明

函 数 定 义	参 数 说 明	函 数 说 明
OLEDBDataAdapter()	不带参数	创建 OLEDBDataAdapter 对象
OLEDBDataAdapter(OLEDBCommand selectCommand)	selectCommand:指定新创建对象的 SelectCommand 属性	创建 OLEDBDataAdapter 对象。用参数 selectCommand 设置其 SelectCommand 属性
OLEDBDataAdapter(string selectCommandText, OLEDBConnection selectConnection)	selectCommandText：指定新创建对象的 SelectCommand 属性值 selectConnection：指定连接对象	创建 SqlDataAdapter 对象。用参数 selectCommand Text 设置其 SelectCommand 属性值，并设置其连接对象是 selectConnection
OLEDBDataAdapter(string selectCommandText,Stnng selectConnectionString)	selectCommandText：指定新创建对象的 SelectCommand 属性值 selectConnectionString：指定新创建对象的连接字符串	创建 OLEDBDataAdapter 对象。将参数 selectCommandText 设置为 SelectCommand 属性值,其连接字符串是 selectConnectionString

（2）Fill 类方法。当调用 Fill 方法时，它将向数据存储区传输一条 SQL Select 语句。该方法主要用来填充或刷新 DataSet，返回值是影响 DataSet 的行数。该方法的常用定义如表 13.10 所示。

表 13.10 DataAdapter 类的方法说明

函 数 定 义	参 数 说 明	函 数 说 明
int Fill(DataSet dataset)	dataset：需要更新的 DataSet	根据匹配的数据源，添加或更新参数所指定的 DataSet，返回值是影响的行数
int Fill(DataSet dataset, string srcTable)	dataset：需要更新的 DataSet srcTable：填充 DataSet 的 dataTable 名	根据 dataTable 名填充 DataSet

（3）int Update(DataSetdataSet)方法。当程序调用 Update 方法时，DataAdapter 将检查参数 DataSet 每一行的 RowState 属性，根据 RowState 属性来检查 DataSet 里的每行是否改变和改变的类型，并依次执行所需的 INSERT、UPDATE 或 DELETE 语句，将改变的内容提交到数据库中。这个方法返回影响 DataSet 的行数。

更准确地说，Update 方法会将更改解析回数据源，但自上次填充 DataSet 以来，其他客户端可能已修改了数据源中的数据。若要使用当前数据刷新 DataSet，应使用 DataAdapter 和 Fill 方法。新行将添加到该表中，更新的信息将并入现有行。Fill 方法通过检查 DataSet 中行的主键值及 SelectCommand 返回的行来确定是要添加一个新行还是更新现有行。如果 Fill 方法发现 DataSet 中某行的主键值与 SelectCommand 返回结果中某行的主键值相匹配，则它将用 SelectCommand 返回的行中的信息更新现有行，并将现有行的 RowState 设置为 Unchanged。如果 SelectCommand 返回的行所具有的主键值与 DataSet 中行的任何主键值都不匹配，则 Fill 方法将添加 RowState 为 Unchanged 的新行。

【实例 13-9】 利用 DataAdapter 对象填充 DataSet 对象。代码如下：

```
private static string strConnect="data source=localhost;
uid=sa;pwd=aspent;database=stu"
string sqlstr="select * from student";
SqlDataAdapter da=new SqlDataAdapter(sqlstr, strConnect);
DataSet ds=new DataSet();
da.Fill(ds, "student" );
```

上述代码使用 DataApater 对象填充 DataSet 对象，具体的步骤如下。

① 根据连接字符串和 SQL 语句，创建一个 SqlDataAdapter 对象。这里，虽然没有出现 Connection 和 Command 对象的控制语句，但是，SqlDataAdapter 对象会在创建的时候，自动构造对应的 SqlConnection 和 SqlCommand 对象，同时根据连接字符串自动初始化连接。要注意的是，此时 SqlConnection 和 SqlCommand 对象都处于关闭状态。

② 创建 DataSet 对象，该对象需要用 DataAdapter 填充。

③ 调用 DataAdapter 的 Fill 方法，通过 DataTable 填充 DataSet 对象。由于跟随 DataAdapter 对象创建的 Command 里的 SQL 语句是访问数据库里的 USER 表，所以在调用 Fill 方法的时候，在打开对应的 SqlConnection 和 SqlCommand 对象后，会用 USER 表的数据填充创建一个名为 USER 的 DataTable 对象，再用该 DataTable 填充到 DataSet 中。

【实例 13-10】 使用 DataAdapter 对象将 DataSet 中的数据更新到数据库。代码如下：

```
private static string strConnect="data source=localhost;
uid=sa;pwd=aspent;database=stu"
string sqlstr="select * from student";
SqlDataAdapter da=new SqlDataAdapter(sqlstr, strConnect);
DataSet ds=new DataSet();// 创建 DataSet
da.Fill(ds, "student" );
DataRow dr=ds.Tables["studnet"].NewRow();
dr["ID"]="2007102016"; //通过 DataRow 对象添加一条记录
dr["sName"]="南一" ;
ds.Tables["student"].Rows.Add(dr);
SqlCommandBuilder scb=new SqlCommandBuilder(da); //更新到数据库里
da.update(ds, "studnet");
```

13.1.6 DataSet 对象

DataSet 对象可以用来存储从数据库查询到的数据结果，由于它在获得数据或更新数据后立即与数据库断开，所以程序员能利用此方法高效地访问和操作数据库。并且，由于 DataSet 对象具有离线访问数据库的特性，所以它更适合接收海量的数据信息。

1. DataSet 对象概述

DataSet 是 ADO.NET 中用来访问数据库的对象。由于其在访问数据库前不知道数据库里表的结构，所以在其内部，用动态 XML 的格式来存放数据。这种设计使 DataSet 能访问不同数据源的数据。

DataSet 对象本身不同数据库发生关系，而是通过 DataAdapter 对象从数据库里获取数据并把修改后的数据更新到数据库。在 DataAdapter 的概述里，就已经可以看出，在同数据库建立连接后，程序员可以通过 DataApater 对象填充或更新 DataSet 对象。

.NET 的这种设计方式，很好地符合了面向对象思想里低耦合、对象功能唯一的优势。如果让 DataSet 对象能直接连到数据库，那么 DataSet 对象的设计势必只能是针对特定数据库，通用性就非常差，这样对 DataSet 的动态扩展非常不利。

由于 DataSet 独立于数据源，DataSet 可以包含应用程序本地的数据，也可以包含来自多个数据源的数据。与现有数据源的交互通过 DataAdapter 来控制。

DataSet 对象常和 DataAdapter 对象配合使用。通过 DataAdapter 对象，向 DataSet 中填充数据的一般过程如下。

（1）创建 DataAdapter 和 DataSet 对象。

（2）使用 DataAdapter 对象，为 DataSet 产生一个或多个 DataTable 对象。

（3）DataAdapter 对象将从数据源中取出的数据填充到 DataTable 中的 DataRow 对象里，然后将该 DataRow 对象追加到 DataTable 对象的 Rows 集合中。

（4）重复第（2）步，直到数据源中所有数据都已填充到 DataTable 里。

（5）将第（2）步产生的 DataTable 对象加入 DataSet 里。

而使用 DataSet 将程序里修改后的数据更新到数据源的过程如下。

① 创建待操作 DataSet 对象的副本，以免因误操作而造成数据损坏。

② 对 DataSet 的数据行（如 DataTable 里的 DataRow 对象）进行插入、删除或更改操作，此时的操作不能影响到数据库中。

③ 调用 DataAdapter 的 Update 方法，把 DataSet 中修改的数据更新到数据源中。

2．DataSet 对象模型

从前面的介绍中可以看出，DataSet 对象主要用来存储从数据库得到的数据结果集。为了更好地对应数据库里数据表和表之间的联系，DataSet 对象包含了 DataTable 和 DataRelation 类型的对象。

其中，DataTable 用来存储一张表里的数据，其中的 DataRows 对象就用来表示表的字段结构以及表里的一条数据。另外，DataTable 中的 DataView 对象用来产生和对应数据视图。而 DataRelation 类型的对象则用来存储 DataTable 之间的约束关系。DataTable 和 DataRelation 对象都可以用对象的集合（Collection）对象类管理。

由此可以看出，DataSet 中的方法和对象与关系数据库模型中的方法和对象一致，DataSet 对象可以看作数据库在应用代码里的映射，通过对 DataSet 对象的访问，可以完成对实际数据库的操作。DataSet 的对象模型如图 13.3 所示。

DataSet 对象模型中的各重要组件说明如下：

（1）DataRelationCollection 和 DataRelation。DataRelation 对象用来描述 DataSet 里各表之间的诸如主键和外键的关系，它使一个 DataTable 中的行与另一个 DataTable 中的行相关联，也可以标识 DataSet 中两个表的匹配列。

DataRelationCollection 是 DataRelation 对象的集合，用于描述整个 DataSet 对象里数据

表之间的关系。

(2) ExtendedProperties。DataSet、DataTable 和 DataColumn 全部具有 ExtendedProperties 属性。可以在其中加入自定义信息,比如用于生成结果集的 SQL 语句或生成数据的时间。

(3) DataTableCollection 和 DataTable。在 DataSet 里,用 DataTable 对象来映射数据库里的表,而 DataTableCollection 用来管理 DataSet 下的所有 DatabTable。DataTable 具有以下常用属性。

① TableName:用来获取或设置 DataTable 的名称。

② DataSet:用来表示该 DataTable 从属于哪个 DataSet。

③ Rows:用来表示该 DataTable 的 DataRow 对象的集合,也就是对应着相应数据表里的所有记录。程序员能通过此属性,依次访问 DataTable 里的每条记录。该属性有如下方法。

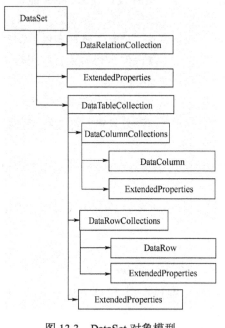

图 13.3 DataSet 对象模型

- Add:把 DataTable 的 AddRow 方法创建的行追加到末尾。
- InsertAt:把 DataTable 的 AddRow 方法创建的行追加到索引号指定的位置。
- Remove:删除指定的 DataRow 对象,并从物理上把数据源里的对应数据删除。
- RemoveAt:根据索引号,直接删除数据。

④ Columns:用来表示该 DataTable 的 DataColumn 对象的集合,通过此属性,能依次访问 DataTable 里的每个字段。DataTable 具有以下常用方法。

- DataRow NewRow()方法:该方法用来为当前的 DataTable 增加一个新行,返回表示行记录的 DataRow 对象,但该方法不会把创建好的 DataRow 添加到 DataRows 集合中,而是需要通过调用 DataTable 对象 Rows 属性的 Add 方法,才能完成添加动作。
- DataRow[] Select()方法:该方法执行后,会返回一个 DataRow 对象组成的数组。
- void Merge(DataTable table)方法:该方法能把参数中的 DataTable 和本 DataTable 合并。
- void Load(IDataReader reader)方法:该方法通过参数里的 IdataReader 对象,把对应数据源里的数据装载到 DataTable 里,以便后继操作。
- void Clear()方法:该方法用来清除 DataTable 里的数据,通常在获取数据前调用。
- void Reset()方法:该方法用来重置 DataTable 对象。

3. DataColumn 和 DataRow 对象

在 DataTable 里,用 DataColumn 对象来描述对应数据表的字段,用 DataRow 对象来描述对应数据库的记录。

值得注意的是,DataTable 对象一般不对表的结构进行修改,所以一般只通过 Column 对象读列。例如,通过"DataTable.Table["TableName"].Column[columnName]"来获取列名。

DataColumn 对象的常用属性如下。

- Caption 属性：用来获取和设置列的标题。
- ColumnName 属性：用来描述该 DataColumn 在 DataColumnCollection 中的名字。
- DataType 属性：用来描述存储在该列中数据的类型。
- 在 DataTable 里，用 DataRow 对象来描述对应数据库的记录。

DataRow 对象和 DataTable 里的 Rows 属性相似，都用来描述 DataTable 里的记录。与 ADO 版本中的同类对象不同的是，ADO.NET 下的 DataRow 有"原始数据"和"已经更新的数据"之分，并且，DataRow 中修改后的数据是不能即时体现到数据库中的，只有调用 DataSet 的 Update 方法，才能更新数据。

DataRow 对象的重要属性有 RowState 属性，用来表示该 DataRow 是否被修改和修改方式。RowState 属性可以取的值有 Added、Deleted、Modified 或 Unchanged。

而 DataRow 对象有以下重要方法。
- void AcceptChanges()方法：该方法用来向数据库提交上次执行 AcceptChanges 方法后对该行的所有修改。
- void Delete()方法：该方法用来删除当前的 DataRow 对象。

设置当前 DataRow 对象的 RowState 属性的方法有以下几种。
- void SetAdded()方法：将 DataRow 对象设置成 Added。
- void SetModified()方法：将 DataRow 对象设置成 Modified。
- void AcceptChanges()方法：该方法用来向数据库提交上次执行 AcceptChanges 方法后对该行的所有修改。
- void BeginEdit()方法：该方法用来对 DataRow 对象开始编辑操作。
- void CancelEdit()方法：该方法用来取消对当前 DataRow 对象的编辑操作。
- void EndEdit()方法：该方法用来终止对当前 DataRow 对象的编辑操作。

【实例 13-11】 综合使用 DataTable、DataColumn 和 DataRow 对象进行数据库操作。
具体代码如下：

```
private  void DemonstrateRowBeginEdit( )
{  DataTable table=new DataTable("table1");
   DataColumn column= new DataColumn("col1", Type.GetType(" System.
                 Int32"));
  table.Columns.Add(column);
  DataRow newRow;
  for(int i=0; i<5; i++)
  { newRow=table.NewRow();newRow[0]=i;table.Rows.Add(newRow);}
  table.AcceptChanges();
  foreach(DataRow row  in  table.Rows)
  {row.BeginEdit();row[0]=(int)row[0]+10;}
  table.Rows[0].BeginEdit();
  table.Rows[1].BeginEdit();
  table.Rows[0][0]=100;
  table.Rows[1][0]=100;
  try{ table.Rows[0].EndEdit();
       table.Rows[1].EndEdit();}
  catch(Exception e)
  {Console.WriteLine(" Exception of type {0} occurred. ", e.GetType());}
}
```

上述代码的主要业务逻辑如下。
① 创建 DataTable 和 DataColumn 类型的对象，并把 DataColumn 对象的数据类型设置成

System.Int32。也就是说,使用该 DataColumn 对象可以对应地接收 int 类型的字段数据。

② 把 DataColumn 对象添加到 DataTable 中。

③ 依次创建 5 个 DataRow 对象,同时通过 for 循环给其赋值。完成赋值后,将这 5 个 DataRow 对象添加到 DataTable 中。

④ 使用 AcceptChanges 方法,实现 DataColumn 和 DataRow 对象的更新。

⑤ 使用 BeginEdit 方法,开始编辑 DataRow 对象,使用 EndEdit 方法来表示编辑结束。

使用 DataTable、DataColumn 和 DataRow 对象访问数据的一般方式有以下几种。

(1) 使用 Table 名和 Table 索引来访问 DataTable。为了提高代码的可读性,推荐使用 Table 名的方式来访问 Table。代码如下:

```
DataSet ds=new DataSet();
DataTable dt=new DataTble(" myTableName");
//向 DataSet 的 Table 里添加一个 dataTable
ds.Tables.Add(dt);

//访问 dataTable
//1 通过表名访问,推荐使用
ds.Tables["myTableName"].NewRow();
//2 通过索引访问,索引值从 0 开始,不推荐使用
ds.Tables[0].NewRow();
```

(2) 使用 Rows 属性访问数据记录,例如:

```
foreach(DataRow row in table.Rows)
{ Row[0]=(int) row[0]+10;}
```

(3) 使用 Rows 属性,访问指定行的指定字段,例如:

```
//首先为 DataTable 对象创建一个数据列
DataTable table=new DataTable("table1");
DataColumn column=new DataColumn(" col1", Type.GetType("System.Int32"));
table.Columns.Add(column);
// 其次为 DataTable 添加行数据
newRow=table.NewRow();
newRow[0]=10;
table.Rows.Add(newRow);
//设置索引行是 0,列名是 col1 的数据
table.Rows[0]["col1"]=100;
//设置索引行是 0,索引列是 0 的数据,这种做法不推荐
//table.Rows[0][0]=100;
```

(4) 综合使用 DataRow 和 DataColumn 对象访问 DataTable 内的数据。从以下代码可以看出,DataTable 对象中的 Rows 属性对应于它的 DataRow 对象,而 Columns 属性对应于 DataColumn。例如:

```
foreach(DataRow dr in dt.Rows )
{ foreach(DataColumn dc in dt.Columns )
  {Dr[dc]=100;      //用数组访问数据  }}
```

4. DataSet 对象访问数据库

当对 DataSet 对象进行操作时,DataSet 对象会产生副本,所以对 DataSet 里的数据进行编辑操作不会直接对数据库产生影响,而是将 DataRow 的状态设置为 added、deleted 或 changed,最终的更新数据源动作将通过 DataAdapter 对象的 update 方法来完成。

DataSet 对象的常用方法如下。

● void AcceptChanges():该方法用来提交 DataSet 里的数据变化。

- void clear()：该方法用来清空 DataSet 里的内容。
- DataSet copy()：该方法把 DataSet 的内容复制到其他 DataSet 中。
- DataSet GetChanges()：该方法用来获得在 DataSet 里已经被更改后的数据行，并把这些行填充到 DataSet 里返回。
- bool HasChanges()：如果 DataSet 在创建后或执行 AcceptChanges 后，其中的数据没有发生变化，返回 True；否则，返回 False。
- void RejectChanges()：该方法撤销 DataSet 自从创建或调用 AcceptChanges 方法后的所有变化。

DataSet 对象一般是和 DataAdapter 对象配合使用。

13.2 水晶报表

报表是一种管理工具，其目的在于帮助用户快速掌握原始数据中的基本元素和关系，以便进行有效的决策。VS.NET 中的水晶报表是一个能够实现比较复杂的功能但使用方法十分简单的报表生成工具，它提供了非常丰富的模型以使用户能够在运行时操作属性和方法，它既可以嵌入到 Windows 应用程序中，也可以加入到 ASP.NET 的 Web 应用程序中。

13.2.1 水晶报表（Crystal Reports）简介

Crystal Reports 是目前国际上功能最强大、最流行的报表软件。作为报表行业的标准，CrystalReports 具有以下功能：与企业任何数据源连接、建立业务逻辑的丰富功能、复杂的报表格式和结构、高精度的网络输出和打印输出。

Crystal Reports 作为全球通用的报表工具，已经被 360 家 IT 厂商 OEM（代工生产）到自己的产品中，Crystal Reports 可帮助用户快速创建灵活、特性丰富的报表，并将它们集成到 Web 和 Windows 应用程序中。它使用户能够访问和格式化数据，利用一套全面的软件开发工具包（SDK）将报表嵌入到 Java、.NET 和 COM 应用程序中。

Crystal Reports 具有以下特点。

（1）一次设计，任意实施。创建结构内容的关键是设计出一个单一的可以满足各种不同用户需要的内容。因此就需要与企业广泛的数据资源相连接（通常要将来自不同资源的数据放入到一个报表中），并以此为基础为用户提供一个信息概览。同时，创建业务逻辑、复杂的格式控制和针对不同用户的个性化的内容还需要用到各种灵活的工具。

（2）世界标准。标准的工具的价值就在于它强化了产品本身的可用性。这些标准包括与工业标准有关的任何增值应用：大量的资源、大量的知识储备、与其他企业级软件供应商的合作和集成、易用的咨询和培训、第三方的书籍资料和文件等。标准工具对于企业应用的成功与否起着很大的作用，特别是在技术支持和服务方面。

（3）易于使用、设计迅速的快速开发环境。产品进入市场的时间和维护工作是 IT 企业如何降低成本、提高生产率和更好的满足市场需求的关键因素。报表设计工具必须通过丰富的功能、易用性、报表的快速生成来达到以上的目的。

（4）全面集成。Crystal Reports 可帮助用户快速创建灵活、特性丰富的报表，并将它们集成到 Web 和 Windows 应用程序中。实际上，Crystal Reports 已经成为了 500 多家独立软件开发商的报表标准，并被嵌入到 Microsoft、Borland、BEA、PeopleSoft 及 IBM 等企业的领先软件中。

（5）支持广泛的数据源。Crystal Report 能够支持各种类型的关系数据库和文件作为报表开发设计的数据源，种类超过 35 种，包括 Oracle、DB2、Sybase、Microsoft SQL Server、NCR Teradata，以及 Excel、Access 等桌面数据库，还能支持 TXT、CSV、XML 文件格式的数据源。Crystal Report 设计软件中的"数据库专家"能够指引设计者使用该软件建立不同的数据连接。在报表中还能够使用来自不同数据库的数据。

（6）支持复杂报表并灵活发布。迄今为止，Crystal Report 是开发中国式复杂报表最好的工具，在国内各行业均有广泛的应用。用 Crystal Report 开发的报表不仅支持复杂格式，更能够图文并茂地展现，对数据类型和格式广泛支持，报表结果完全是所见即所得，实现报表在屏幕显示与打印效果完全一致。

（7）丰富的图表功能。Crystal Report 具有最为丰富的图形功能，包括常规的柱状图、曲线图、饼图等，提供仪表盘、雷达图、交通灯等更人性化的图形，并且可以支持各种复杂组合图形的制作，包括叠加的折线图、柱状图与趋势图等。

13.2.2 执行模式

水晶报表读取数据可以使用下面的方法实现。Pull 模式——被请求时，水晶报表直接根据指定的驱动连接数据库，然后组装这些数据，如图 13.4 所示；Push 模式——此时开发表不得不自己编写代码，连接数据并安装 DataSet，同时将它传送至报表。在这种情况下，通过使用连接共享以及限制记录集合的大小，可以使报表性能最大化，如图 13.5 所示。

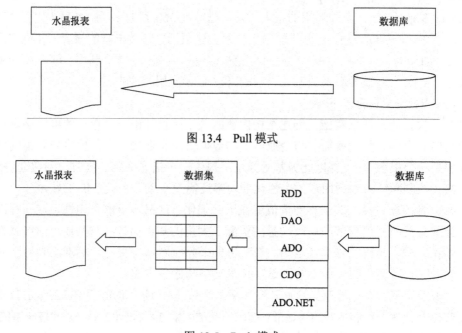

图 13.4 Pull 模式

图 13.5 Push 模式

13.2.3 报表类型

水晶报表设计器能够直接包含报表至工程，也能够使用独立的报表对象。

（1）Strongly-typed 报表。当把报表文件加入到项目中去时，它就变成一个 Strongly-typed 报表。在这种情况下，用户将拥有直接创建报表对象的权力，减少一些代码并且能够提升一些性能。

（2）Un-typed 报表。报表并不直接包含在项目中，称为 Un-typed 报表。在这种情况下，用户要使用水晶报表的 ReportDocuemt 对象建立一个实例，并且手动调用报表。

13.3 任务实施

1．任务描述

本章主要介绍 ADO.NET，VS.NET 如何连接后台数据库，如何访问数据库。下面将实现连接后台 stu 数据库并访问 student 表中记录。

2．任务目标

- 掌握数据库的连接。
- 掌握访问数据库中数据的方式。

3．任务分析

（1）ExecuteNonQuery 方法主要用来更新数据。通常使用它来执行 Update、Insert 和 Delete 语句。该方法返回值意义如下：对于 Update、Insert 和 Delete 语句，返回值为该命令所影响的行数。对于所有其他类型的语句，返回值为"–1"。

Command 对象通过 ExecuteNonQuery 方法更新数据库的过程非常简单，需要进行的步骤如下。

① 创建数据库连接。
② 创建 Command 对象，并指定一个 SQL Insert、Update、Delete 查询或存储过程。
③ 把 Command 对象依附到数据库连接上。
④ 调用 ExecuteNonQuery 方法。
⑤ 关闭连接。

（2）ExecuteScalar 方法执行返回单个值的命令。如果想获取 student 数据库中表 studentInfo 的学生的总人数，则可以使用以下方法执行 SQL 查询，代码如下：

```
Select count(*) from student
```

4．任务完成

（1）连接数据库并获取 stu 数据库中表 student 的学生的总人数。具体步骤如下。

① 创建项目名为 Task_13 的 Windows 窗体应用程序。
② 在 Form1 上添加一个按钮 Button 控件和一个 Label 标签控件，如图 13.6 所示。
③ 双击按钮，自动进入代码编辑界面。首先添加命名空间：

```
using System.Data.SqlClient;
```

④ 编写按钮的 Click 事件的处理事件代码：

```
namespace Task_13
{ private void button1_Click(object sender, EventArgs e)
  { try
    {string commandText = "select count(*) from studentInfo";
     string connString="server=(local);Initial Catalog=Student;
Integrated Security=SSPI;";
     string connStri ng= "server=(local);user id=sa;
InitialCatalog=Student;pwd=;";
     SqlConnection conn = new SqlConnection();
     conn.ConnectionString = connString;
     SqlCommand cmd = new SqlCommand(commandText, conn);
     conn.Open();
     string count = cmd.ExecuteScalar().ToString();
     conn.Close();
     this.label1.Text = "共有" + count + "位学生!";}
    catch (Exception ex)
    {MessageBox.Show("数据库连接失败" + ex.Message);}
}}}
```

执行结果界面如图 13.7 所示。

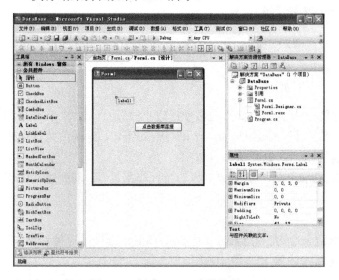

图 13.6　创建 Form1 窗体控件　　　　　　　　图 13.7　查询学生个数

（2）访问数据库数据，建立一个供用户输入学生学号和姓名的文本框和几个对应不同操作类型的更新信息按钮，当用户输入信息以后单击相应的按钮则执行相应的操作。

具体实现步骤如下：

① 新建 Form2 窗体，添加 2 个 Label 控件，2 个 TextBox 控件，3 个 Button 控件，按表 13.11 所示设置这 7 个控件的属性。

表 13.11　控件属性

控 件 类 型	ID 属 性	Text 属 性
标签	lblUserID	学号：
标签	lblUserName	姓名：

续表

控件类型	ID 属性	Text 属性
文本框	txtUserID	
文本框	txtUserName	
按钮	btnExecute1	拼接字符串
按钮	btnExecute2	使用参数
按钮	btnExecute3	使用存储过程

② 设置控件的位置，如图 13.8 所示。

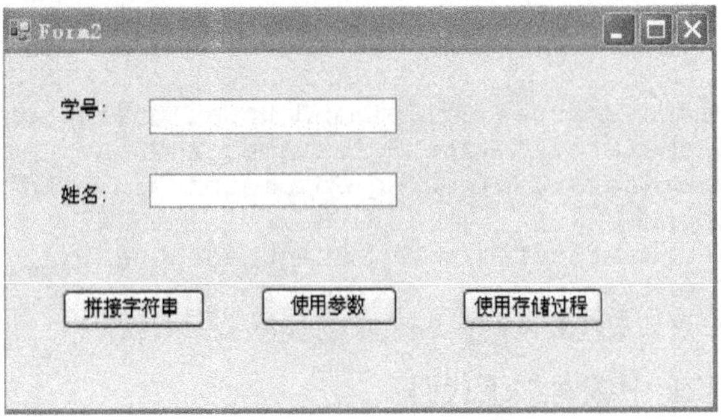

图 13.8 设置控件的位置

③ 双击"拼接字符串"按钮，注册按钮 btnExecute1 的单击事件 btnExecute1_Click，然后再切换到 Form2.cs 页面的"设计"视图，依次双击"使用参数"和"使用存储过程"按钮来注册对应的按钮单击事件 btnExecute2_Click 和 btnExecute3_Click。

④ 在 Form2.cs 文件中首先引入命名空间 System.Data.SqlClient，然后添加一个名为 CheckInfo 的方法，返回值为 bool 类型，代码如下：

```
bool CheckInfo()
{  if (this.txtUserID.Text.Trim() == "")  //判断学号是否输入
   { Alert("学号不完整");return false; }
   else if (this.txtUserName.Text.Trim() == "")   //判断姓名是否输入
   { Alert("姓名不完整");return false;}
   return true;   //信息检查通过}
```

其中，Alert 是自定义的另外一个方法，用来弹出一个对话框，定义如下：

```
void Alert(string message)
{ MessageBox.Show(null, message, "信息提示", MessageBoxButtons.OK,
  MessageBoxIcon.Information);}
```

在 btnExecute1_Click 中编写如下代码：

```
private void btnExecute1_Click(object sender, EventArgs e)
{    if(this.CheckInfo())   //信息检查
     {  string userId=this.txtUserID.Text.Trim(); //取值
        string userName=this.txtUserName.Text.Trim();
        SqlConnection conn=new SqlConnection(); //新建连接对象
        conn.ConnectionString="Data Source=(local);Initial Catalog=Student;Integrated Security=SSPI";
        string updateQuery="update StudentInfo set sName='"+userName+"'"+"where ID='"+userId+"'";  //拼接命令字符串
```

```
        SqlCommand cmd=new SqlCommand(updateQuery,conn); //新建命令对象
        conn.Open();
        int RecordsAffected=cmd.ExecuteNonQuery(); //保存执行结果
        conn.Close();
        Alert("更新数据数为"+RecordsAffected); //提示结果}}
```

在 btnExecute2_Click 中编写如下代码：

```
private void btnExecute2_Click(object sender, EventArgs e)
{    if(this.CheckInfo())  //信息检查
    { string userId=this.txtUserID.Text.Trim();
      string userName=this.txtUserName.Text.Trim();
      SqlConnection conn=new SqlConnection();
      conn.ConnectionString="Data Source=(local);Initial Catalog=Student;Integrated Security=SSPI";
      string updateQuery="update StudentInfo set sName=@userName where ID=@userId";
      SqlCommand cmd=new SqlCommand(updateQuery,conn);
      cmd.Parameters.Add(new SqlParameter("@userName", userName));
      cmd.Parameters.Add(new SqlParameter("@userId", userId));
      conn.Open();
      int RecordsAffected = cmd.ExecuteNonQuery();
      conn.Close();
      Alert("更新数据数为"+RecordsAffected);}}
```

在 btnExecute3_Click 中编写如下代码：

```
private void btnExecute3_Click(object sender, EventArgs e)
{   if (this.CheckInfo())  //信息检查
    {  string userId = this.txtUserID.Text.Trim();
       string userName = this.txtUserName.Text.Trim();
       SqlConnection conn = new SqlConnection();
       conn.ConnectionString = "Data Source=(local);InitialCatalog=Student;Integrated Security=SSPI";
       SqlCommand cmd = new SqlCommand("UpdateStudentInfo", conn);
       cmd.CommandType = CommandType.StoredProcedure;
       cmd.Parameters.Add(new SqlParameter("@userName", userName));
       cmd.Parameters.Add(new SqlParameter("@userId", userId));
       conn.Open();
       int RecordsAffected = cmd.ExecuteNonQuery();
       conn.Close();
       Alert("更新数据数为" + RecordsAffected);}}
```

⑤ 在学号和姓名中分别输入信息以后，单击任意按钮即可更新结果。

13.4 问题与探究

1. ADO.NET 是什么含义

ADO.NET 的名称起源于 ADO（ActiveX Data Objects），这是一个广泛的类组，用于在以往的 Microsoft 技术中访问数据。之所以使用 ADO.NET 名称，是因为 Microsoft 希望表明，这是在.NET 编程环境中优先使用的数据访问接口。

2. ADO.NET 的 5 大对象是什么

（1）connection：连接对象。

（2）command：命令对象，指示要执行的命令和存储过程。
（3）datareader：是一个向前的只读的数据流。
（4）dataadapter：是功能强大的适配器，支持增、删、改、查的功能。
（5）dataset：是一个数据级对象，相当与内存中的一张表或多张表。

3．水晶报表的特点？

（1）一套完整的 Web 报表制作解决方案，容易制作网络报表。
（2）功能强大的工具，可将报表制作功能与 Web 及 Windows 应用程序结合。
（3）可利用各种资料来源，建立简报品质的精良报告。
（4）与 Microsoft Office 紧密结合的报表制作功能。
（5）快速的报表处理功能。
（6）可弹性地传送报表。
（7）与 Crystal Reports 商业智能产品家族完全结合。

13.5 实践与思考

1．请编程实现访问 SQL Server 数据库。
2．请编程实现 SQL Server 数据库的增、删、改、操作。

第 14 章 项目设计

14.1 超市收银模拟系统——控制台应用程序

超市收银模拟系统是基于控制台环境开发的超市前台管理软件。用来管理超市日常交易数据，如收银员身份的管理，收银管理，会员卡办理，商品信息管理等，所用数据暂存在数组中。

14.1.1 需求分析

超市收银模拟系统主要功能有以下 5 点。

（1）人员管理：收银人员必须输入正确的账号和口令，身份验证后，才能进入到收银系统。否则自动退出系统。

（2）收银：收银员输入顾客的会员卡卡号（对于已有卡的顾客），所购商品的货号等信息，系统根据这些信息获取相应的价格信息并计算应收取的总金额。完成收银后，记录交易信息，修改相关种类商品的剩余量以及该持卡顾客的消费情况。

（3）办卡：顾客可缴纳一定的费用（2 元）办理一张普通会员卡，以后在该商场购物可凭卡享受折扣优惠。

（4）积分：持卡顾客购物时可以增加积分，每 10 元积 1 分，持卡会员任何时候都可以享受 9 折优惠。

（5）商品信息的录入，修改，删除和查询等。系统功能如图 14.1 所示。

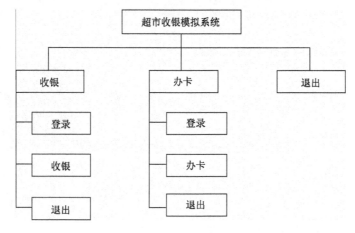

图 14.1　系统功能

14.1.2 功能实现

1. 项目创建

打开 Visual Studio.NET 2010，选择"控制台应用程序"选项，输入项目名称"Commodity"，修改项目位置为"D:\C#\ch14\Task_14_1\"，如图 14.2 所示；单击"确定"按钮后，项目创建如图 14.3 所示。

图 14.2 "新建项目"对话框

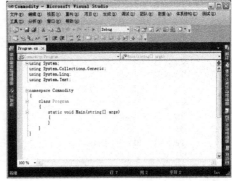

图 14.3 项目创建

2. 数据定义

超市收银系统主要有三类信息：一是商品信息，二是积分卡信息，三是收银员信息。将这三类信息分别定义为 Commodity 类、Card 类、Cashier 类。

（1）商品信息 Commodity 类主要包括：商品编号、商品名称、商品单价、生产厂商、商品件数。具体代码如下：

```
public class Commodity
{
    private string sh_bh;    //商品编号
    private string sh_mc;    //商品名称
    private double sh_dj;    //商品单价
    private string sh_cs;    //生产厂商
    private int sh_js;       //商品件数
    public string BH
    { get { return sh_bh; } set { sh_bh = value; } }
    public string MC
    { get { return sh_mc; } set { sh_mc = value; } }
    public double DJ
    { get { return sh_dj; } set { sh_dj = value; } }
    public string CS
    { get { return sh_cs; } set { sh_cs = value; } }
    public int JS
    { get { return sh_js; } set { sh_js = value; } }
    public Commodity(string bh, string mc, double dj, string cs, int js)
    {   sh_bh = bh;   sh_mc = mc;   sh_cs = cs;
        sh_dj = dj;   sh_js = js; }
    public Commodity(string bh, double dj, int js)
    {   sh_bh = bh;   sh_dj = dj;   sh_js = js; }
    public void print()
    { Console.WriteLine("商品编号：{0},商品名称：{1},生产厂商：{2},商品单价：{3}", sh_bh, sh_mc, sh_cs, sh_dj); }
    public double total()
    { return sh_dj * sh_js; }}
```

(2) 积分卡信息 Card 类主要包括：卡号、卡积分、顾客姓名、顾客电话、顾客身份证号。具体代码如下：

```csharp
public class Card
{   private string cid;    //卡号
    private int cjf;       //卡积分
    private string gkm;    //顾客姓名
    private string gkph;   //顾客电话
    private string gkid;   //顾客身份证号
    public string Cid
    { get { return cid; } set { cid = value; } }
    public int Cjf
    { get { return cjf; } set { cjf = value; } }
    public string Gkm
    { get { return gkm; } set { gkm = value; } }
    public string Gkph
    { get { return gkph; } set { gkph = value; } }
    public string Gkid
    { get { return gkid; } set { gkid = value; } }
    public Card(string cid, int cjf, string gkm, string gkph, string gkid)
    { this.cid = cid; this.cjf = cjf; this.gkm = gkm; this.gkph = gkph; this.gkid = gkid; }
    public int Addjf(int monery)
    { return (cjf+=monery/10); }
    public void print()
    { Console.WriteLine("{0}顾客卡信息",gkm);
      Console.WriteLine("卡号是：{0}    积分是：{1}\n",cid,cjf); }
}
```

(3) 收银员信息 Cashier 类主要包括：收银员姓名、收银员身份证号、收银员电话、收银员账号、收银员口令。具体代码如下：

```csharp
public class Cashier
{   private string csxm;       //收银员姓名
    private string csid;       //收银员身份证号
    private string csph;       //收银员电话
    private string csaccount;  //收银员账号
    private string cspw;       //收银员口令
    public string Csxm
    { get { return csxm; } set { csxm = value; } }
    public string Csid
    { get { return csid; } set { csid = value; } }
    public string Csph
    { get { return csph; } set { csph = value; } }
    public string Csaccount
    { get { return csaccount; } set { csaccount = value; } }
    public string Cspw
    { get { return cspw; } set { cspw = value; } }
    public Cashier(string csxm,string csid,string csph,string csaccount,string cspw)
    { this.csxm = csxm; this.csid = csid; this.csph = csph; this.csaccount = csaccount; this.cspw = cspw; }
    public void print()
    { Console.WriteLine("收银员信息：");
      Console.WriteLine("姓名：{0} 身份证号：{1} 电话：{2} 账号：{3} 口令：{4}",csxm,csid,csph,csaccount,cspw); }}
```

3. 功能实现

（1）主方法实现收银员选择所要进行的操作，流程图如图 14.4 所示；收银员登录如图 14.5 所示；收银员收银流程如图 14.6 所示；办卡的流程如图 14.7 所示。

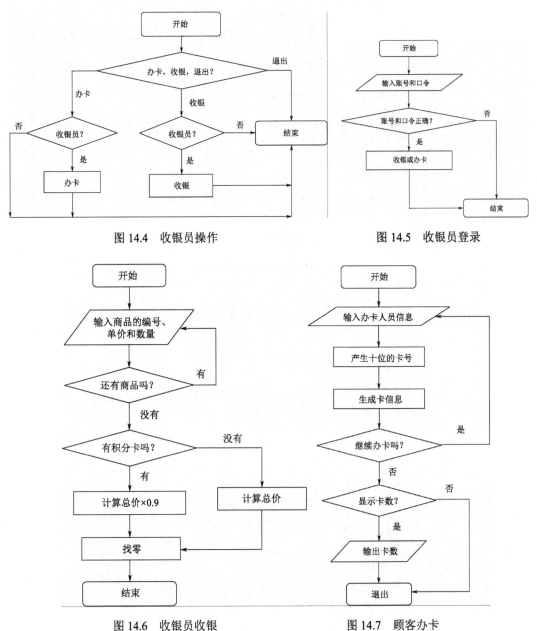

图 14.4 收银员操作　　　　　　　　图 14.5 收银员登录

图 14.6 收银员收银　　　　　　　　图 14.7 顾客办卡

主方法的代码如下：

```
static void Main(string[] args)      //主方法
{
    while (true)
    { Console.WriteLine("办卡,收银还是退出？1.收银  2.办卡  3.退出");
      int n = int.Parse(Console.ReadLine());
      if (n == 1)    //收银员收银
      { Cashier[] cs = new Cashier[5];      //共 5 名收银员
```

```csharp
            cs[0] = new Cashier("张三", "13051111111", "0319-222222", "zhang123",
                    "zhang123");
            cs[1] = new Cashier("李四", "1344787687", "0319-2213334", "li123",
                    "li123");
            cs[2] = new Cashier("王五", "634445455555", "0319-2445555","wa
                    ng123", "wang123");
            cs[3] = new Cashier("赵柳", "33333333333", "0319-25656562", "zhao123",
                    "zhao123");
            cs[4] = new Cashier("钱多", "434324354546546", "0319-2565655",
                    "qian123", "qian123");
            if (login(cs))          //收银员登录
            { do{ cash();           //收银
                  Console.WriteLine("继续下一位顾客？ 1.继续   2.退出");
                  string gk = Console.ReadLine();
                  if (gk == "2") break;
                } while (true);  }
            else            //收银员信息错误
            { Console.WriteLine("输入的账号或口令有误！！！");
              Console.ReadLine();return; }
        }
        else if (n == 2)        //办理积分卡
        {   create_card();
            Console.WriteLine("\n 显示已办卡数吗？ 1.显示   2.不显示");
            string card_num = Console.ReadLine();
            if (card_num == "1")
            {Console.WriteLine("已办卡{0}张.", cd.Count);}
        }
        else{Console.WriteLine("\n 真的退出吗?1.退出   2.不退出");
            string x=Console.ReadLine();
            if (x == "1") return;} }
    }
    static bool login(params Cashier[] cs)       //收银员登录系统
    { Console.WriteLine("\n 请输入收银员的账号和口令：");
      string ac=Console.ReadLine();
      string pw = Console.ReadLine();
      for (int i = 0; i < 5; i++)
      { if(cs[i].Csaccount == ac && cs[i].Cspw == pw) return true;}
        return false;}
    static void cash()      //收银
    { double sum = 0.0;
      int t = 0;
      while (true)
      { Console.WriteLine("请输入所购买商品的编号，单价，数量：");
        string bh = Console.ReadLine();
        double dj = double.Parse(Console.ReadLine());
        int sl = int.Parse(Console.ReadLine());
        Commodity c1 = new Commodity(bh, dj, sl);
        sum += c1.total();
        t++;
        Console.WriteLine("还有商品吗？ 1.有   2.没有");
        string n = Console.ReadLine();
        if (n == "2")  break;
      }
      Console.WriteLine("\n 请出示会员卡？ 1.有卡   2.无卡");
      string card = Console.ReadLine();
      if (card == "1")
      { Console.WriteLine("\n 顾客共买了{0}件商品，应付款：{1}，折后价?：{2}",
```

```
t, sum, sum * 0.9);
            Console.WriteLine("\n 请输入顾客付的钱数 y:");
            double cash = double.Parse(Console.ReadLine());
            Console.WriteLine("应找零?: {0}", cash - sum*0.9); }
        else{ Console.WriteLine("\n 顾客共买了{0}件商品，应付款：{1}", t, sum);
            Console.WriteLine("\n 请输入顾客付的钱数 y:");
            double cash = double.Parse(Console.ReadLine());
            Console.WriteLine("应找零: {0}", cash - sum); }
    }
    static void create_card()
    {   List<Card> cd = new List<Card>();
        Random rand = new Random();
        while (true)
        { Console.WriteLine("\n 请输入办卡人员的信息：姓名，身份证号，电话");
            string cid = "20130012" + rand.Next(99);
            int cjf = 0;
            string gkm = Console.ReadLine();
            string gkid = Console.ReadLine();
            string gkph = Console.ReadLine();
            Card c1 = new Card(cid,cjf,gkm,gkid,gkph);
            cd.Add(c1);
            c1.print();
            Console.WriteLine("\n 还继续办卡吗？1.继续  2.退出");
            string cont = Console.ReadLine();
            if (cont == "2")   break; }}
```

（2）编写代码并运行程序，退出系统如图 14.8 与图 14.9 所示。

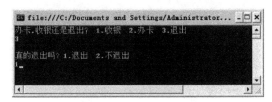

图 14.8　退出系统 1

图 14.9　退出系统 2

（3）选择"收银"功能，若收银员登录不成功时，提示"输入的账号或口令有误！！！"，如图 14.10 所示。登录成功并收银如图 14.11 所示。收银员继续收银如图 14.12 所示。继续收银成功后退出收银功能如图 14.13 所示。

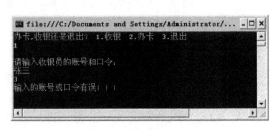

图 14.10　登录不成功

图 14.11　收银员登录成功并收银

图 14.12　收银员继续收银

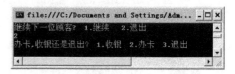

图 14.13　收银员退出收银功能

（4）登录成功后，输入 2，开始"办卡"功能，如图 14.14 所示；继续办卡如图 14.15 所示。办卡结束后，显示所办卡数目如图 14.16 所示；不显示办卡数目如图 14.17 所示。

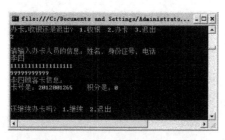

图 14.14　收银员办卡

图 14.15　继续办卡

图 14.16　显示卡数

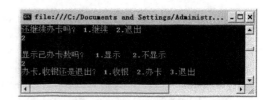

图 14.17　不显示卡数

14.2　银行ATM模拟系统——Windows窗体应用程序

ATM 是银行业务流程中十分重要且必备的环节之一，在银行业务流程中起着承上启下的作用，其重要性不言而喻。但是，目前许多银行在一些具体的业务流程处理过程中仍然使用手工操作的方式，不仅费时、费力，效率低下，而且无法达到理想的效果。为此，本小节里，我们将开发一个银行 ATM 模拟系统，来巩固之前所学习的知识。

14.2.1　需求分析

银行 ATM 模拟系统主要有登录、取款、存款、转账、查询余额、修改密码等功能，具体如下。

（1）登录：系统在登录界面提示输入密码，如果输入的密码正确，按"确认"键进入主界面，否则按"更正"键，重新输入密码。

（2）取款：进入取款界面，如果所取的金额在界面上有直接显示，则按照相应的金额进行取款操作，如果没有，在键盘上手动输入所取的金额后按"确认"键。取款成功后，如果还要进行其他操作，按"返回主界面"键返回主界面，否则退卡。

（3）存款：进入存款界面，系统提示输入存款的账号，以及再次输入账号，确认两次输入的账号是否一致。如果两次输入的账号一致，按"确认"键后，系统提示请放入整百元的人民币，否则提示两次输入的账号不一致，请重新输入。存款成功后，如果还要进行其他操作，返回主界面，否则退卡。

（4）转账：进入转账界面，系统提示输入转账账户号码和转账金额，按确认键后，进入转账提示界面，如果该界面上显示的是用户所要转账的用户名，则按"确认"键，转账成功。如果和用户所要转账的用户不一致，则返回主界面，重复上述的转账操作。转账成功后，如果还要进行其他操作，返回主界面，否则退卡。

（5）查询余额：进入查询余额界面，屏幕显示用户的余额是"***"。完成该操作后，如果还要进行其他操作，返回主界面，否则退卡。

（6）修改密码：进入修改密码界面，系统提示输入旧密码，新密码，确认新密码，如果两次输入的新密码一致，按"确认"键，则修改密码成功。完成该操作后，如果还要进行其他操作，返回主界面，否则退卡。

14.2.2 数据库设计

本项目采用 Access 数据库，数据库名为 ATM，结构比较简单，只有两张表：loginInfo——用来记录登录账号信息；CardInfo——用来记录银行卡信息。具体表结构如图 14.18 和图 14.19 所示，表的设置如表 14.1 与表 14.2 所示。

图 14.18 loginInfo 表

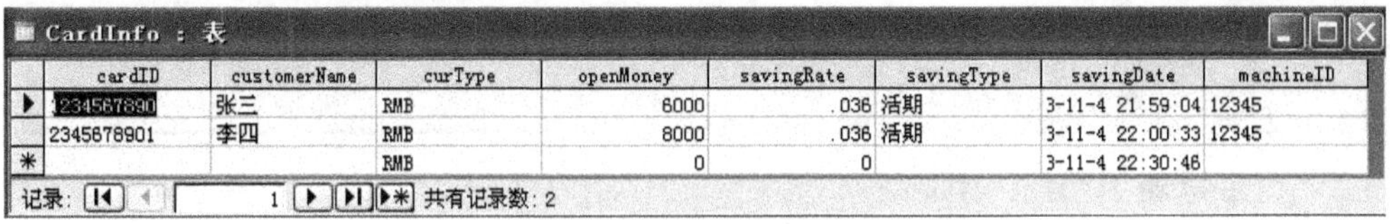

图 14.19 CardInfo 表

表 14.1 loginInfo 登录账号信息表

列　　名	数 据 类 型	是 否 主 键	允许 Null	说　　明
cardID	文本	是	否	卡号
Password	文本	否	否	密码

表 14.2 CardInfo 银行卡信息表

列　　名	数 据 类 型	是 否 主 键	允许 Null	默 认 值	说　　明
cardID	文本	是	否		卡号
customerName	文本	否	是		客户姓名
curType	文本	否	是	RMB	货币类型
openMoney	货币型	否	是		金额
savingRate	双精度	否	是		利率

续表

列名	数据类型	是否主键	允许 Null	默认值	说明
savingType	文本	否	是		存储类型
savingDate	日期	否	是	now()	存储日期
machineID	文本	否	是		机器号

14.2.3 读卡功能的实现

1. 登录界面

用户可以通过登录界面，输入卡号和密码，登录到系统主窗口。允许输入 3 次，如果 3 次输入的账号都不正确，系统将报错并关闭登录窗口。"登录"对话框界面如图 14.20 所示。为了实现上述登录界面设计，所需的控件及相应设置如表 14.3 所示。

2. 主界面

主界面比较简单，包含"查询"、"存款"、"修改密码"、"取款"、"退卡"和"转账"六个按钮，用户单击按钮，可以转到相应的功能界面。主窗口如图 14.21 所示。为了实现主界面设计，所需控件及相应设置如表 14.4 所示。

图 14.20 "登录"对话框

图 14.21 主窗口

表 14.3 登录窗口所需控件

控件类型	Name	Text	其他属性	说明
Form	Login	登录		
Label	Label1	ATM 系统		
Label	Label2	卡号：		
Label	Label3	密码：		
Button	Btn0	0		
Button	Btn1	1		
Button	Btn2	2		
Button	Btn3	3		
Button	Btn4	4		
Button	Btn5	5		
Button	Btn6	6		

续表

控件类型	Name	Text	其他属性	说明
Button	Btn7	7		
Button	Btn8	8		
Button	Btn9	9		
Button	BtnYes	GO		
Button	BtnClear	清除		
TextBox	txtCardId			
TextBox	txtPwd			

表 14.4 主窗体所需控件

控件类型	Name	Text	其他属性	说明
Form	Mian	主窗口		
Label	Label1	欢迎进入 ATM 系统		
Button	btnFind	查询		
Button	btnCunKuan	存款		
Button	btnModifyPwd	修改密码		
Button	btnQukuan	取款		
Button	btnReturn	退卡		
Button	btnZhuanZhang	转账		

3．功能实现

要实现上述的功能，我们先要创建两个类，一个是 DB.cs 类，它将连接数据库的连接字符串放在里面；另一个是 ATM.cs 类，主要实现 ATM 模拟系统的登录、查询、存款、修改密码、取款和转账等功能，后面的各功能实现都会调用 ATM 类中的相应方法。

（1）DB.cs 类。DB.cs 类代码如下：

```
using System.Data;
using System.Data.OleDb;
using System.Windows.Forms ;
namespace ATMsystem
{
    public class DB
    {   //连接 ATM 数据库的连接字符串，ATM 应该保存在项目的 Debug 目录下
        public static string constr =" Provider=Microsoft.Jet.OLEDB.4.0;Data Source="+ Application.StartupPath +@"\ATM.mdb";
        public static OleDbConnection dbcon = new OleDbConnection(constr);}
}
```

（2）ATM.cs 类。ATM.cs 类代码如下：

```
using System.Data;
using System.Data.OleDb ;//访问 Access 数据库
namespace ATMsystem
{
    public  class ATM
    { public bool UserLogin(string cardId, string pwd) //用户登录
```

```csharp
            { bool isUser=false ;
              OleDbConnection con = DB.dbcon;    //第一步：建立链路 Connection
              con.Open();
              string sql = string.Format("select * from loginInfo where
       cardId='{0}' and pass='{1}'",cardId ,pwd);        //第二步：sql 命令
              //第三部：执行查询 DataAdapter
              OleDbDataAdapter ada = new OleDbDataAdapter(sql, con);
              DataSet ds = new DataSet();
              ada.Fill(ds);
              con.Close();
              int c = ds.Tables[0].Rows.Count;
              if (c > 0) isUser = true;
              else isUser = false;
              return isUser;}
           public DataTable Find(string cardID)       //查询
           { OleDbConnection con = DB.dbcon;
             con.Open();
             string sql = string.Format("select * from cardInfo where cardId
       ='{0}' ",cardID );
             OleDbDataAdapter ada = new OleDbDataAdapter(sql, con);
             DataSet ds = new DataSet();
             ada.Fill(ds);
             con.Close();
             return ds.Tables[0];}
           public int Cunkuan(string cid,string  money)    //存款
           { OleDbConnection con = DB.dbcon;
             con.Open();
             string sql = string.Format("update cardInfo set openMoney=
       openMoney+{0} where cardID='{1}'",money ,cid);
             OleDbCommand com = new OleDbCommand(sql, con);
             int i = com.ExecuteNonQuery();
             con.Close();
             return i;}
            //转账
            public int ZhuanOP(string giveCid, string getCid, string zMoney)
           {   int result = 0; //0：转账失败，1：转账成功
              OleDbConnection con = DB.dbcon;
              con.Open();
            string sql1 = string.Format("update cardInfo set openMoney=open
                       Money-{0} where cardID='{1}'", zMoney, giveCid );
            string sql2 = string.Format("update cardInfo set openMoney=open
                       Money+{0} where cardID='{1}'", zMoney, getCid);
             OleDbCommand com1 = new OleDbCommand(sql1, con);
             OleDbCommand com2 = new OleDbCommand(sql2, con);
             int i=com1.ExecuteNonQuery();
             int j = com2.ExecuteNonQuery();
             con.Close();
             if (i > 0 && j > 0)result =1 ;
             return result;}
           public bool UserLogin(string cardId)  //判断是否有该银行卡号
           { bool isUser=false ;
             OleDbConnection con = DB.dbcon;    //第一步：建立链路 Connection
             con.Open();
             string  sql =  string.Format("select  *  from loginInfo  where
                       cardId='{0}'",cardId );     //第二步：sql 命令
              //第三部：执行查询 DataAdapter
             OleDbDataAdapter ada = new OleDbDataAdapter(sql, con);
             DataSet ds = new DataSet();
             ada.Fill(ds);
```

```
            con.Close();
            int c = ds.Tables[0].Rows.Count;
            if (c > 0)  isUser = true;
            else  isUser = false;
            return isUser;}
        public int ModifyPwd(string cid, string newPwd )   //修改密码
        { OleDbConnection con = DB.dbcon;
            con.Open();
            string sql = string.Format("update loginInfo set pass='{0}' where cardID='{1}'", newPwd , cid);
            OleDbCommand com = new OleDbCommand(sql, con);
            int i = com.ExecuteNonQuery();
            con.Close();
            return i;}
        public int Qukuan(string cid, string money)   //取款
        { OleDbConnection con = DB.dbcon;
            con.Open();
            string sql = string.Format("update cardInfo set openMoney= openMoney-{0} where cardID='{1}'", money, cid);
            OleDbCommand com = new OleDbCommand(sql, con);
            int i = com.ExecuteNonQuery();
            con.Close();
            return i;}}}
```

（3）用户登录功能的实现。代码如下：

```
namespace ATMsystem
{
    public partial class login : Form
    {   int a = 0;//0:输入卡号,1:输入密码
        int count = 0;//记录输入账号的次数
        public static string  cardId;//卡号
        public static  mdiMain  m;//主窗体对象
        public login()
        { InitializeComponent(); }
        private void InputID(string num)
        {  if (a == 0) { txtCardId.Text += num; }
           if (a == 1) { txtPwd.Text += num;    } }
        private void btn1_Click(object sender, EventArgs e)
        { InputID(((Button)sender).Text); }
        private void btn2_Click(object sender, EventArgs e)
        { InputID(((Button)sender).Text); }
        private void btn3_Click(object sender, EventArgs e)
        { InputID(((Button)sender).Text); }
        private void btn4_Click(object sender, EventArgs e)
        { InputID(((Button)sender).Text); }
        private void btn5_Click(object sender, EventArgs e)
        { InputID(((Button)sender).Text); }
        private void btn6_Click(object sender, EventArgs e)
        { InputID(((Button)sender).Text); }
        private void btn7_Click(object sender, EventArgs e)
        { InputID(((Button)sender).Text); }
        private void btn8_Click(object sender, EventArgs e)
        { InputID(((Button)sender).Text); }
        private void btn9_Click(object sender, EventArgs e)
        { InputID(((Button)sender).Text); }
        private void btn0_Click(object sender, EventArgs e)
        { InputID(((Button)sender).Text); }
        private void txtCardId_Leave(object sender, EventArgs e)
        {  a = 0;//输入卡号  }
```

```
                private void txtPwd_Leave(object sender, EventArgs e)
                { a = 1;//输入密码  }
                private void btnYes_Click(object sender, EventArgs e)
                {  count++;
                   if (count > 3)
                   {  MessageBox.Show("超过三次！系统将退出");
                      Application.Exit(); }
                   ATM myatm = new ATM();
                   bool f= myatm.UserLogin(txtCardId.Text, txtPwd.Text);
                   if (f)
                   { cardId = txtCardId.Text;
                      m = new mdiMain() ;
                      this.Hide();
                      m.Show(); }
                   else
                   {  MessageBox.Show("没有改账号，请重新输入！");
                      txtCardId.Text = "";
                      txtPwd.Text = "";
                      txtCardId.Focus();//获取焦点}}}}
```

(4) 主界面功能的实现。代码如下：

```
namespace ATMsystem
{  public partial class Main : Form
   {   public Main()
      {  InitializeComponent(); }
      private void btnFind_Click(object sender, EventArgs e)
      {  Find f = new Find();
         f.Show();
         this.Hide(); }
      private void btnCunKuan_Click(object sender, EventArgs e)
      {  CunKuan myck = new CunKuan();
         myck.Show();
         this.Hide(); }
      private void btnZhuanZhang_Click(object sender, EventArgs e)
      {  ZhuanZhang z = new ZhuanZhang();
         z.Show();
         this.Hide(); }
      private void btnQukuan_Click(object sender, EventArgs e)
      {  qk q = new qk();
         q.Show();
         this.Hide(); }
      private void btnModifyPwd_Click(object sender, EventArgs e)
      {  modifyPwd m = new modifyPwd();
         m.Show();
         this.Hide(); }
      private void btnReturn_Click(object sender, EventArgs e)
      {  Application.Exit(); } }}
```

14.2.4 查询余额功能的实现

1. 查看余额界面

用户读卡成功后转入主界面，单击"查询"按钮，打开"查看信息"对话框，如图14.22所示。该对话框的窗体上将会显示登录用户的卡号、姓名以及余额。"查询余额"对话框所需控件及属性如表14.5所示。

表 14.5 "查询余额"对话框所需控件

控件类型	Name	Text	其他属性	说　明
Form	Find	查看信息		
Label	Label1	个人银行卡信息		
Label	Label2	卡号：		
Label	Label3	姓名：		
Label	Label4	余额：		
Button	Button1	返回		

图 14.22 "查询余额"对话框

2. 功能实现

具体代码如下：

```
using System.Data;
namespace ATMsystem
{
    public partial class Find : Form
    {   public Find()
        {   InitializeComponent(); }
        private void Find_Load(object sender, EventArgs e)
        {   ATM a=new ATM();
            DataTable dt= a.Find(login.cardId);
            txtCardID.Text = dt.Rows[0]["cardid"].ToString();
            txtName.Text = dt.Rows[0]["customerName"].ToString();
            txtYue.Text = dt.Rows[0]["openMoney"].ToString();   }
        private void button1_Click(object sender, EventArgs e)
        {   login.m.Show();
            this.Close(); }}}
```

14.2.5 修改密码的实现

1. 修改密码界面

用户读卡成功后转入主界面，单击"修改密码"按钮，进入"修改密码"对话框，如图 14.23 所示。用户输入新密码，单击"确定"按钮后，新密码生成。"修改密码"对话框所需控件及属性如表 14.6 所示。

表 14.6 修改密码对话框所需控件

控件类型	Name	Text	其他属性	说　明
Form	modifyPwd	修改密码		
Label	Label1	新密码：		
Label	Label2	再输入一次：		
Button	Button1	确定		
Button	Button2	返回		

图 14.23 "修改密码"对话框

2. 功能实现

具体代码如下：

```
namespace ATMsystem
{
    public partial class modifyPwd : Form
    {   public modifyPwd()
        { InitializeComponent(); }
        private void button1_Click(object sender, EventArgs e)
        {   if (textBox1.Text == textBox2.Text)
            {   ATM a = new ATM();
                int r = a.ModifyPwd(login.cardId, textBox1.Text);
                if (r > 0)
                {   MessageBox.Show("密码修改成功！"); }
                else
                {   MessageBox.Show("密码修改失败！"); }  }
            else
                {   MessageBox.Show("两次密码输入不一致！"); }
        }
        private void button2_Click(object sender, EventArgs e)
        {   Main m = new Main();
            m.Show();
            this.Close(); }}}
```

14.2.6 存款功能的实现

1. 存款界面

用户读卡成功后转入主界面，单击"存款"按钮，进入"存款"对话框，如图 14.24 所示。用户可以单击下面的按钮设置存入金额，也可以直接在文本框中输入金额。"存款"对话框所需控件及属性如表 14.7 所示。

表 14.7 "存款"对话框所需控件

控件类型	Name	Text	其他属性	说　明
Form	CunKuan	存款		
Label	Label1	请输入存入金额		
Button	Button1	50		
Button	Button2	500		
Button	Button3	1000		
Button	Button4	2000		
Button	Button5	3000		
Button	Button6	100		
Button	Button7	确定		
Button	Button8	清楚		
Button	Button9	返回		
TextBox	TxtMoney			

图 14.24 "存款"对话框

2. 功能实现

具体代码如下：

```
namespace ATMsystem
{
    public partial class CunKuan : Form
```

```
{ public static string cunMoney;
  public CunKuan()
  { InitializeComponent(); }
  private void InputMoney(string money)
  { txtMoney.Text = money; }
  private void button7_Click(object sender, EventArgs e)
  { ATM a = new ATM();
    int c = a.Cunkuan(login.cardId, txtMoney.Text);
    if (c > 0) MessageBox.Show("存款成功！");
    else MessageBox.Show("存款失败！"); }
  private void button1_Click(object sender, EventArgs e)
  { InputMoney(((Button )sender).Text ); }
  private void button2_Click(object sender, EventArgs e)
  { InputMoney(((Button)sender).Text); }
  private void button4_Click(object sender, EventArgs e)
  { InputMoney(((Button)sender).Text); }
  private void button3_Click(object sender, EventArgs e)
  { InputMoney(((Button)sender).Text); }
  private void button6_Click(object sender, EventArgs e)
  { InputMoney(((Button)sender).Text); }
  private void button5_Click(object sender, EventArgs e)
  { InputMoney(((Button)sender).Text); }
  private void button8_Click(object sender, EventArgs e)
  { txtMoney.Text = ""; }
  private void button9_Click(object sender, EventArgs e)
  { Main m = new Main();
    m.Show();
    this.Close(); }}}
```

14.2.7 取款功能的实现

1. 取款界面

用户读卡成功后转入主窗体，单击主窗体上的"取款"按钮，进入取款对话框，如图 14.25 所示。跟存款界面一样，用户可以单击按钮设置取款金额，也可以直接输入取款金额。"取款"对话框所需控件及属性如表 14.8 所示。

表 14.8 "取款"对话框所需控件

控件类型	Name	Text	其他属性	说 明
Form	Qk	取款		
Label	Label1	请输入取款金额		
Button	Button1	50		
Button	Button2	500		
Button	Button3	1000		
Button	Button4	2000		
Button	Button5	3000		
Button	Button6	100		
Button	Button7	确定		
Button	Button8	清楚		
Button	Button9	返回		
TextBox	TxtMoney			

图 14.25 "取款"对话框

2. 功能实现

具体代码如下：

```
namespace ATMsystem
{
    public partial class qk : Form
    {   public qk()
        { InitializeComponent(); }
        private void InputMoney(string money)
        { txtMoney.Text = money;     }
        private void button7_Click(object sender, EventArgs e)
        {   ATM a = new ATM();
            int r = a.Qukuan(login.cardId, txtMoney.Text);
            if (r >0)  MessageBox.Show("取款成功！");
            else  MessageBox.Show("取款失败！");  }
        private void button1_Click(object sender, EventArgs e)
        { InputMoney(((Button)sender).Text); }
        private void button2_Click(object sender, EventArgs e)
        { InputMoney(((Button)sender).Text); }
        private void button4_Click(object sender, EventArgs e)
        { InputMoney(((Button)sender).Text); }
        private void button3_Click(object sender, EventArgs e)
        { InputMoney(((Button)sender).Text); }
        private void button6_Click(object sender, EventArgs e)
        { InputMoney(((Button)sender).Text); }
        private void button5_Click(object sender, EventArgs e)
        { InputMoney(((Button)sender).Text); }
        private void button8_Click(object sender, EventArgs e)
        { txtMoney.Text = ""; }
        private void button9_Click(object sender, EventArgs e)
        {   Main m = new Main();
            m.Show();
            this.Close(); }}}
```

14.2.8 转账功能的实现

1. 转账界面

用户读卡成功后转入主窗体，单击主窗体上的"转账"按钮，进入"转账"对话框，如图14.26所示。用户输入要转账的账号和转账金额，如果有该账号，则转账成功；否则，提示没有该卡号。"转账"对话框所需控件及属性如表14.9所示。

2. 功能实现

具体代码如下：

```
namespace ATMsystem
{   public partial class ZhuanZhang : Form
    {   public static string getCid;
        public static string zMoney;
        public ZhuanZhang()
        { InitializeComponent(); }
        private void button1_Click(object sender, EventArgs e)
        {   if (txtCid.Text != txtCid2.Text)
            { MessageBox.Show("两次输入卡号不一致！！"); return;}
            ATM a = new ATM();
            bool f = a.UserLogin(txtCid.Text);
            if (f)
            { getCid = txtCid.Text; zMoney = txtZmoney.Text;
              int r= a.ZhuanOP(login.cardId, getCid, zMoney);
```

```
                if (r > 0) MessageBox.Show("转账成功！");
                else MessageBox.Show("转账失败！");}
            else
            { MessageBox.Show("没有此卡号！！");
                txtCid.Text = "";  txtCid2.Text = "";
                txtCid.Focus(); }}
    private void ZhuanZhang_Load(object sender, EventArgs e)
    {}
    private void button2_Click(object sender, EventArgs e)
    { Main m = new Main();
        m.Show();  this.Close(); }}}
```

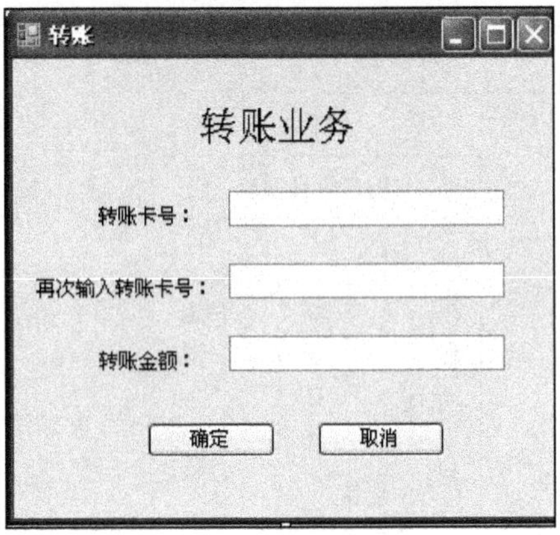

图 14.26 "转账"对话框

表 14.9 "转账"对话框所需控件

控件类型	Name	Text	其他属性	说　明
Form	ZhuanZhang	转账		
Label	Label1	转账业务		
Label	Label2	转账卡号：		
Label	Label3	再次输入转账卡号：		
Label	Label4	转账金额：		
TextBox	txtCid			
TextBox	txtCid2			
TextBox	txtZmoney			
Button	Button1	确定		
Button	Button2	取消		

14.3　企业客户信息管理系统——数据库设计

随着公司业务规模的不断扩大、企业客户增多，客户信息管理仅靠传统的手工方式已无法满足企业发展的需要。为提高企业的管理水平和办事效率，企业提出了实现管理信息化的要求，以适应企业发展的需要。

客户管理系统是一个对客户信息进行录入、删除、修改、浏览、查找和排序等操作的管理应用软件，用户可以对文件中存储的客户信息进行查找和浏览，客户信息中包含编号、姓名、性别、手机及备注等信息。

14.3.1　需求分析

1．用户角色分析

该类系统通常设置两种用户角色，一种是普通管理员，只具有一定的操作权限；另一种是超级管理员，对整个系统具有全部的操作权限。这样的设置有利于企业合理安排，企业的主管可以拥有超级管理员权限，而一般员工只具有普通管理员权限。该系统的各角色和相应的权限如表 14.10 所示。

表 14.10 角色权限表

角色名称	权限
一般用户	查看客户信息、注册新用户；修改密码（个人）
超级管理员	添加、修改、删除和注册新用户；修改密码（个人）

2．功能需求分析

系统功能层次图。一个完善的客户管理系统会涉及多方面的功能，比如客户信息的统计分析、数据的备份与恢复、数据字典、报表生成等功能。该系统只具备客户信息管理系统的基本功能，即客户信息管理和用户信息管理。整个系统的功能需求层次如图 14.27 所示。

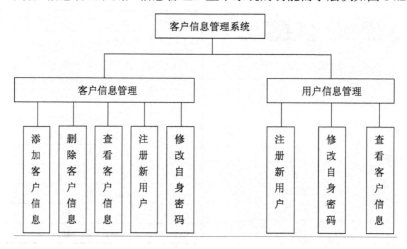

图 14.27 系统功能

3．功能需求说明

（1）添加客户信息。按照给出的客户信息进行添加。添加成功后，能够自动更新界面的数据显示，并给出添加成功提示。该项功能仅适用于超级管理员角色。

（2）删除客户信息。要求删除前能够给出确认提示，防止误操作。删除后能够在界面自动刷新，并给出删除成功提示。

（3）注册新用户信息。用于查看客户信息，但是不能对其进行删除等其他操作。

（4）删除用户信息。选择要删除的用户记录，仅适用于超级管理员角色。

（5）修改用户密码。对已注册用户进行用户验证，输入新密码，实现密码修改。

14.3.2 数据库的设计和实现

1．客户信息表

客户信息表用于记录客户基本信息，其中客户编号设置为主键，如表 14.11 所示。

表 14.11 tb_ClientInfo 客户信息表

列名	数据类型	是否主键	允许 Null	说明
ClientID	int	是	否	客户编号
CName	varchar(50)	否	是	客户名称
CStep	varchar(20)	否	是	客户级别

续表

列　名	数据类型	是否主键	允许 Null	说　明
CRoot	varchar(20)	否	是	客户来源
CTrade	varchar(20)	否	是	所在行业
CType	char(10)	否	是	客户类型
CArea	varchar(50)	否	是	所在区域
CPhone	varchar(20)	否	是	联系电话
CFax	varchar(20)	否	是	传真号码
CPostCode	varchar(20)	否	是	邮政编码
CAddress	varchar(50)	否	是	联系地址
CEmail	varchar(50)	否	是	电子邮件
CRemark	varchar(1000)	否	是	备注

2．用户信息表

用户信息表主要记录系统使用者的信息，其中用户编号设置为主键，如表 14.12 所示。

表 14.12　tb_User 用户信息表

列　名	数据类型	是否主键	允许 Null	说　明
UserID	Varchar(20)	是	否	用户编号
UserName	Varchar(20)	否	是	用户名称
UserPwd	Varchar(20)	否	是	用户密码

14.3.3　客户信息维护的实现

1．主界面的设计

主界面设计包括菜单栏和 bindingNavigator 设置，还有滚动字幕的设计，主界面设计如图 14.28 所示。该客户信息管理系统功能简单，只包含 4 个菜单项，并且为菜单项分别设置快捷方式。

超级管理员界面主要可以实现的一些功能有：显示所有客户的信息，添加客户，删除客户，修改字体和颜色外观，注册新用户等。超级管理员主界面设计如图 14.29 所示。

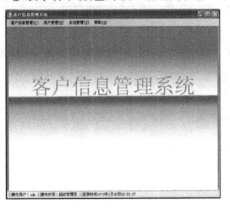

图 14.28　主界面

图 14.29　超级管理员界面

一般用户的界面设计和超级管理员的界面设计没有很大的区别，只是没有了添加和删除功能，其他功能基本上是一样的。

为了实现上述主界面设计，所需的控件及相应设置如表 14.13 所示。

表 14.13　主界面控件

控件类型	Name	Text	其他属性
Form	KeHuMsg	客户信息管理系统	
menuStrip1	客户信息管理 ToolStripMenuItem	客户信息管理	主级菜单
	TSpMItemXSKehu	显示所有客户信息	二级菜单
	AddKehu	添加客户	二级菜单
	DelKeHu	删除客户	二级菜单
	TlpMenuExit	退出	二级菜单
	用户管理 ToolStripMenuItem	用户管理	主级菜单
	TSpZhuC	注册新用户	二级菜单
	TSpMenuXg	修改密码	二级菜单
	TSpMenuGeShi	格式	主级菜单
	tspZiT	字体	二级菜单
	更改颜色 ToolStripMenuItem	颜色	二级菜单
	tspZiTiYanSe	字体颜色	三级菜单
	tspBeiJinYanSe	背景颜色	三级菜单
	帮助 HToolStripMenuItem	帮助	主级菜单
statusStrip1	tsslUser		
	tsslData		
bindingNavigator1	tspBtnXs	显示客户信息	
	tspbtnAdd	添加客户	
	tspDel	删除客户	
	tspZhuCe	注册新用户	
	tspXiuGai	修改密码	
	tspQinchu	清除客户信息	
Datagridview1	DGVInfo		用于显示数据
fontDialog1			用于修改字体
Colodialog1			用于修改背景颜色

2．添加客户信息界面

按照主界面设计所能提供的功能，还需添加"客户基本信息"对话框，如图 14.30 所示。

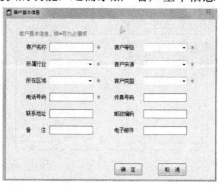

图 14.30　"客户基本信息"对话框

所需控件及相应设置如表 14.14 所示。

表 14.14　客户信息所需控件

控件类型	Name	Text	其他属性	说明
Form	frmAddKuHuMsg	客户基本信息	MaximizeBox:false MinmizeBox:false	
Label	Label	客户名称		
Label	Label	*		
Label	Label	客户等级		
Label	Label	*		
Label	Label	所属行业		
Label	Label	*		
Label	Label	客户来源		
Label	Label	*		
Label	Label	所在区域		
Label	Label	*		
Label	Label	客户类型		
Label	Label	*		
Label	Label	电话号码		
Label	Label	*		
Label	Label	传真号码		
Label	Label	联系地址		
Label	Label	邮政编码		
Label	Label	备注		
Label	Label	电子邮件		
Button1	btnAdd	确定		
Button2	btnCancel	取消		
TextBox	txtCCode			客户编号
TextBox	txtCName			客户名称
ComboBox	cbxCStep			客户级别
ComboBox	cbxCRoot			客户来源
ComboBox	cbxCTrade			所在行业
ComboBox	cbxCType			客户类型
ComboBox	cbxCArea			所在区域
TextBox	txtCPHone			联系电话
TextBox	txtCFax			传真号码
TextBox	txtCPCode			邮政编码
TextBox	txtCAddress			联系地址
TextBox	txtCEmail			电子邮件
TextBox	txtCRemark			备注
DataGridView	DGVInfo			

3. 功能实现

（1）添加客户信息。具体代码如下：

```
    private void tsbtnSave_Click(object sender, EventArgs e)
    { if (M_int_judge == 0)
      {if (txtCName.Text == "")
        { MessageBox.Show("客户名称不能为空！", "提示", MessageBoxButtons.OK,
MessageBoxIcon.Information); }
        else
        { if (!opAndvalidate.validatePhone(txtCPhone.Text.Trim()))
          {errorCFax.Clear();errorCPostCode.Clear();errorCEmail.Clear();
           errorCPhone.SetError(txtCPhone, "电话号码格式不正确"); }
          else if (!opAndvalidate.validateFax(txtCFax.Text.Trim()))
          {errorCPhone.Clear();errorCPostCode.Clear();errorCEmail.Clear();
           errorCFax.SetError(txtCFax, "传真号码输入格式不正确"); }
          else if (!opAndvalidate.validatePostCode(txtCPostCode.Text.Trim()))
          {errorCFax.Clear();errorCPhone.Clear();errorCEmail.Clear();
           errorCPostCode.SetError(txtCPostCode, "邮编输入格式不正确");}
          else if (!opAndvalidate.validateEmail(txtCEmail.Text.Trim()))
          {errorCFax.Clear();errorCPhone.Clear();errorCPostCode.Clear();
           errorCEmail.SetError(txtCEmail, "E-mail 地址输入格式不正确"); }
          else{errorCFax.Clear();errorCPhone.Clear();
              errorCPostCode.Clear();errorCEmail.Clear();
              boperate.getcom("insert into tb_ClientInfo(ClientID,
CName,CStep,CRoot,CTrade,CType,"+"CArea,CPhone,CFax,CPostCode,CAddress,CEm
ail,CRemark)values('"+txtClientCode.Text.Trim()+"','" + txtCName.Text.Trim()
+ "','" + cboxCStep.Text.Trim()+"','"+ cboxCRoot.Text.Trim()+ "','" +
cboxCTrade.Text.Trim()+"','"+cboxCType.Text.Trim()+"','"+cboxCArea.Text.Tr
im()+"','"+txtCPhone.Text.Trim()+"','"+txtCFax.Text.Trim()+"','"+txtCPostC
ode.Text.Trim()+"','"+txtCAddress.Text.Trim() + "','" + txtCEmail.Text.Trim()
+ "','" + txtCRemark.Text.Trim() + "')");
              frmClientManage_Load(sender, e);
              MessageBox.Show("客户信息添加成功！", "提示", MessageBoxButtons.
OK, MessageBoxIcon.Information);
              tsbtnSave.Enabled = false; }}}
```

（2）修改客户信息。具体代码如下：

```
    if (M_int_judge == 1)
    { if (txtCName.Text == "")
      {MessageBox.Show("客户名称不能为空！", "提示", MessageBoxButtons.
          OK, MessageBoxIcon.Information); }
      else{if(!opAndvalidate.validatePhone(txtCPhone.Text.Trim()))
      {errorCFax.Clear();errorCPostCode.Clear();errorCEmail.Clear();
       errorCPhone.SetError(txtCPhone, "电话号码格式不正确");}
      else if(!opAndvalidate.validateFax(txtCFax.Text.Trim()))
      {errorCPhone.Clear();errorCPostCode.Clear();errorCEmail.Clear();
       errorCFax.SetError(txtCFax, "传真号码输入格式不正确");}
      else if(!opAndvalidate.validatePostCode(txtCPostCode.Text.Trim()))
      {errorCFax.Clear();errorCPhone.Clear();errorCEmail.Clear();
       errorCPostCode.SetError(txtCPostCode, "邮编输入格式不正确");}
      else if(!opAndvalidate.validateEmail(txtCEmail.Text.Trim()))
      {errorCFax.Clear();errorCPhone.Clear();errorCPostCode.Clear();
       errorCEmail.SetError(txtCEmail, "E-mail 地址输入格式不正确");}
      else{errorCFax.Clear(); errorCPhone.Clear();
          errorCPostCode.Clear();   errorCEmail.Clear();
          boperate.getcom("update tb_ClientInfo set CName='" + txtCName.
Text.Trim()+  "',CStep='"  +  cboxCStep.Text.Trim()  +  "',CRoot='"  +
cboxCRoot.Text.Trim() + "',CTrade='" + cboxCTrade.Text.Trim() + "',CType='"
```

```
+ cboxCType.Text.Trim() + "',CArea='" + cboxCArea.Text.Trim() + "',CPhone='"
+    txtCPhone.Text.Trim()+"',CFax='"+txtCFax.Text.Trim()+"',CPostCode='"+
txtCPostCode.Text.Trim()+"',CAddress='"+txtCAddress.Text.Trim()+
"',CEmail='" + txtCEmail.Text.Trim()+"',CRemark='"+txtCRemark.Text.Trim() +
"' where ClientID='" + txtClientCode.Text.Trim() + "'");
        frmClientManage_Load(sender, e);
        MessageBox.Show("客户信息修改成功!", "提示", MessageBoxButtons.
OK, MessageBoxIcon.Information);
        tsbtnSave.Enabled = false;}}}}
```

(3) 删除客户信息。具体代码如下:

```
private void tsbtnDel_Click(object sender, EventArgs e)
{try
 {if (MessageBox.Show("确定要删除该客户吗?", "提示", MessageBoxButtons
.OKCancel, MessageBoxIcon.Question) == DialogResult.OK)
   {boperate.getcom("delete from tb_ClientInfo where ClientID='" +
Convert.ToString(dgvClientInfo[0,dgvClientInfo.CurrentCell.RowIndex].V
alue).Trim() + "'");
   frmClientManage_Load(sender, e);
   MessageBox.Show("删除数据成功!", "提示", MessageBoxButtons.OK, Message
BoxIcon.Information);}}
 catch (Exception ex)
 {MessageBox.Show(ex.Message, "提示", MessageBoxButtons.OKCancel, Message
BoxIcon.Information);}}
```

14.3.4 客户信息查询的实现

管理员可以根据客户的名称或序号以两种不同的方式查询,分别提示输入要查询客户信息的名称或序号,如果在磁盘文件中有对应的客户信息,则提示用户已找到,并逐项列出对应的客户信息。在该功能中,需提示用户是否需要继续查询,如不再继续查询,则返回主界面,并可进行模糊查找。逐条显示全部记录后,管理员可在客户文件中对所有的客户编号进行排序。

1. 界面设计
客户信息查询界面设计如图 14.31 所示。

图 14.31 客户信息查询界面设计

2. 功能实现
具体代码如下:

```
CRM.BaseClass.BaseOperate boperate = new CRM.BaseClass.BaseOperate();
CRM.BaseClass.OperateAndValidate opAndvalidate = new CRM.BaseClass.
OperateAndValidate();
protected string M_str_sql = "select ClientID as 客户编号,CName as 客户名称,CStep
as 客户等级," + "CRoot as 客户来源,CTrade as 所属行业,CType as 客户类别,CArea as 所在区
域,CPhone as 联系电话," + "CFax as 传真号码,CPostCode as 邮政编码,CAddress as 联系地
址,CEmail as E-mail 地址,CRemark as 备注 from tb_ClientInfo";
protected string M_str_table = "tb_ClientInfo";
protected int M_int_judge;
private void frmClientManage_Load(object sender, EventArgs e)
{opAndvalidate.cboxBind("select AreaName from tb_Area", "tb_Area",
"AreaName", cboxCArea);
```

```csharp
            DataSet myds = boperate.getds(M_str_sql, M_str_table);
            dgvClientInfo.DataSource = myds.Tables[0];
            if (myds.Tables[0].Rows.Count > 0) tsbtnDel.Enabled = true;
            else  tsbtnDel.Enabled = false;}
        private void tsbtnAdd_Click(object sender, EventArgs e)
        {opAndvalidate.autoNum("select     ClientID     from    tb_ClientInfo", "tb_ClientInfo", "ClientID", "KH", "1000001", txtClientCode);
            tsbtnSave.Enabled = true;
            M_int_judge = 0;  ClearText();}
        private void tsbtnLook_Click(object sender, EventArgs e)
        {try
            {if (tstxtKeyWord.Text == "") frmClientManage_Load(sender, e);
            if (tscboxCondition.Text.Trim() == "客户编号")
            {DataSet myds = boperate.getds(M_str_sql + " where ClientID like '%" + tstxtKeyWord.Text.Trim() + "%'", M_str_table);
            if(myds.Tables[0].Rows.Count > 0)
               dgvClientInfo.DataSource = myds.Tables[0];
            else MessageBox.Show("没有要查找的相关记录！");}
            if(tscboxCondition.Text.Trim() == "客户名称")
            {DataSet myds = boperate.getds(M_str_sql + " where CName like '%" + tstxtKeyWord.Text.Trim() + "%'", M_str_table);
            if(myds.Tables[0].Rows.Count > 0)
               dgvClientInfo.DataSource = myds.Tables[0];
            else MessageBox.Show("没有要查找的相关记录！");}
            if(tscboxCondition.Text.Trim() == "客户来源")
            {DataSet myds = boperate.getds(M_str_sql + " where CRoot like '%" + tstxtKeyWord.Text.Trim() + "%'", M_str_table);
              if(myds.Tables[0].Rows.Count > 0)
                dgvClientInfo.DataSource = myds.Tables[0];
              else MessageBox.Show("没有要查找的相关记录！");}
            if(tscboxCondition.Text.Trim() == "所属行业")
            { DataSet myds = boperate.getds(M_str_sql + " where CTrade like '%" + tstxtKeyWord.Text.Trim() + "%'", M_str_table);
            if(myds.Tables[0].Rows.Count > 0)
                dgvClientInfo.DataSource = myds.Tables[0];
            else  MessageBox.Show("没有要查找的相关记录！");}}
            catch (Exception ex)
        {MessageBox.Show(ex.Message, "提示", MessageBoxButtons.OK, MessageBoxIcon.Information);}}
        private void tsbtnRClient_Click(object sender, EventArgs e)
        {CRM.DataManage.frmRClient dmFRC = new frmRClient();
         dmFRC.ShowDialog();}
        private void tsbtnExit_Click(object sender, EventArgs e)
        {this.Close();}
        private void dgvClientInfo_CellClick(object sender, DataGridViewCellEventArgs e)
         {txtClientCode.Text=Convert.ToString(dgvClientInfo[0,dgvClientInfo.
                  CurrentCell.RowIndex].Value).Trim();
        txtCName.Text = Convert.ToString(dgvClientInfo[1, dgvClientInfo.CurrentCell.RowIndex].Value).Trim();
        cboxCStep.Text = Convert.ToString(dgvClientInfo[2, dgvClientInfo.CurrentCell.RowIndex].Value).Trim();
        cboxCRoot.Text = Convert.ToString(dgvClientInfo[3, dgvClientInfo.CurrentCell.RowIndex].Value).Trim();
        cboxCTrade.Text = Convert.ToString(dgvClientInfo[4, dgvClientInfo.CurrentCell.RowIndex].Value).Trim();
        cboxCType.Text = Convert.ToString(dgvClientInfo[5, dgvClientInfo.CurrentCell.RowIndex].Value).Trim();
```

```
        cboxCArea.Text = Convert.ToString(dgvClientInfo[6, dgvClientInfo.
CurrentCell.RowIndex].Value).Trim();
        txtCPhone.Text = Convert.ToString(dgvClientInfo[7, dgvClientInfo.
CurrentCell.RowIndex].Value).Trim();
        txtCFax.Text = Convert.ToString(dgvClientInfo[8, dgvClientInfo.
CurrentCell.RowIndex].Value).Trim();
        txtCPostCode.Text = Convert.ToString(dgvClientInfo[9, dgvClientInfo.
CurrentCell.RowIndex].Value).Trim();
        txtCAddress.Text = Convert.ToString(dgvClientInfo[10, dgvClientInfo.
CurrentCell.RowIndex].Value).Trim();
        txtCEmail.Text = Convert.ToString(dgvClientInfo[11, dgvClientInfo.
CurrentCell.RowIndex].Value).Trim();
        txtCRemark.Text = Convert.ToString(dgvClientInfo[12, dgvClientInfo.
CurrentCell.RowIndex].Value).Trim();}
    public void ClearText()
    { txtCName.Text = ""; txtCPhone.Text = ""; txtCFax.Text = "";
      txtCPostCode.Text = "";  txtCAddress.Text = "";  txtCEmail.Text = "";
      txtCRemark.Text = "";}
```

14.3.5 客户级别分析报表的实现

实现客户信息管理系统中客户级别分析报表，效果如图 14.32 所示，操作步骤如下。

（1）首先创建 rpt 文件，右击"解决方案浏览器"选项，在弹出的菜单中选择"添加"→"添加新项"→"Crystal 报表"命令，如图 14.33 所示。

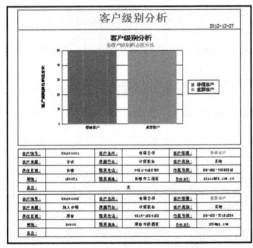

图 14.32　客户级别分析报表　　　　　图 14.33　"添加新项"窗口

（2）在"Crystal Report 库"中选择"作为空白报表"选项，最后单击"确定"按钮，如图 14.34 所示。

（3）出现水晶报表设计器，如图 14.35 所示。

（4）右击报表中的"详细资料区"项目，选择"数据库"→"数据库专家"命令。在弹出的"数据库专家"窗口中，单击"OLE DB(ADO)"选项，此时会弹出另外一个"OLE DB(ADO)"窗口。

（5）在弹出的"OLE DB (ADO)"窗口中，选择"Microsoft OLEDB Provider for SQL Server"选项然后单击"下一步"按钮，如图 14.37 所示。

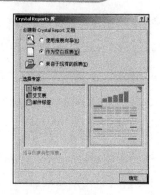

图 14.34 "CrystalReports 库"窗口

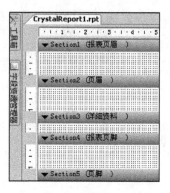

图 14.35 "CrystalReport1.rpt"窗口

图 14.36 添加数据源

图 14.37 链接 OLEDB 文件

（6）指定连接的信息（选择 db_CRM 库），单击"下一步"按钮，最后单击"完成"按钮，如图 14.38 所示。

（7）这时用户就能在"数据库专家"窗口中看到所选择的数据库。选择"Pubs"数据库列表，选择"表"列表，选择"employee"表并将其加到"选定的表"区域中，单击"确定"按钮，如图 14.39 所示。

图 14.38 链接信息

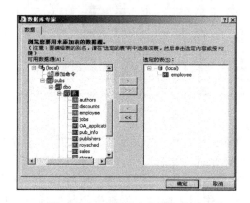

图 14.39 "数据库专家"窗口

（8）在"字段资源浏览器"窗口中，左侧的"数据库字段"区域中显示所选择的表，以及表中的字段，如图 14.40 所示。

（9）将需要的字段拖放到报表的"详细资料"区。字段名将会自动出现在"页眉"区。如果用户想修改头部文字，则可以右击"页眉"区中的文字，选择"编辑文本对象"选项并进行编辑，保存并浏览信息，如图 14.41 所示。

图 14.40　字段资源管理器

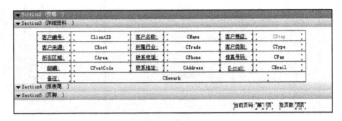

图 14.41　页眉设计

（10）在报表头的空白处，右击鼠标，选择"插入"→"图表"命令，如图 14.42 所示。

图 14.42　插入图表

（11）在"图表专家"窗口中设置图表类型，如图 14.43 所示。
（12）在"图表专家"窗口中设置图表数据及显示值，如图 14.44 所示。

图 14.43　设置图表类型

图 14.44　设置图表数据及显示值

（13）在"图表专家"窗口中设置文本，如图 14.45 所示；单击"确定"按钮后查看报表效果，如图 14.46 所示。

（14）回到 WinForm 中，拖放一个 CrystalReport Viewer 控件到页面中去，设置它的属性，指定创建的.rpt 文件，如图 14.47 所示。

（15）调出 Crystal Report Viewer 控件的属性窗口，选择"ReportSource"区，点击下拉列表。此时能够从 Crystal Report Viewer 控件中看到使用一些虚拟数据组成的报表文件的预览，如图 14.48 所示。

图 14.45 设置文本

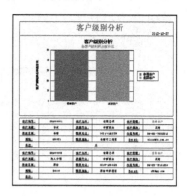

图 14.46 客户级别分析表

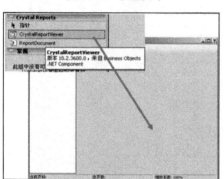

图 14.47 拖放到页面

图 14.48 报表文件预览